国家职业技能鉴定培训用书

中等职业教育改革发展示范学校规划教材

计算机装配、调试与维修（中级）

主　编　于居泉

副主编　赵延博

参　编　赵相缅　李　萍

主　审　张学杰

机 械 工 业 出 版 社

本书根据中等职业学校计算机技能培训教学的实际需要，从初学者的角度出发，按照最新国家职业标准计算机装配调试员和计算机维修工（中级）的要求，优化必备的技能点和理论知识点，以计算机装配、调试、维修的实际顺序，采用"模块—项目—任务"的形式展开内容，清晰地讲解了计算机装配、调试与维修的基础知识。

本书主要内容包括拆装计算机部件，编写组装计算机的配置单，组装计算机，设置 CMOS 参数，DOS 命令基本知识，分区、格式化硬盘，安装、设置、优化操作系统，利用工具软件测试、维护系统，扩展使用外部设备（简称外设）。此外，还介绍了计算机在实际使用过程中经常遇到的软件、硬件故障的诊断排除方法。

为便于教学，本书配有电子课件和习题答案，选择本书作为教材的教师可登录 www.cmpedu.com 或 QQ：982557826 免费索取。

本书内容深入浅出、图文并茂，可作为中等职业学校计算机应用及相关专业的技能培训教材，也可作为职业资格认证和晋级考核的培训用书。

图书在版编目（CIP）数据

计算机装配、调试与维修：中级/于居泉主编. —北京：机械工业出版社，2012.11

国家职业技能鉴定培训用书. 中等职业教育改革发展示范学校规划教材

ISBN 978-7-111-40033-2

Ⅰ.①计… Ⅱ.①于… Ⅲ.①电子计算机-组装-中等专业学校-教材②电子计算机-调试方法-中等专业学校-教材③电子计算机-维修-中等专业学校-教材 Ⅳ.①TP30

中国版本图书馆 CIP 数据核字（2012）第 241390 号

机械工业出版社（北京市百万庄大街 22 号 邮政编码 100037）
策划编辑：齐志刚 责任编辑：齐志刚 吴超莉 版式设计：霍永明
责任校对：杜雨霏 封面设计：路恩中 责任印制：张 楠
中国农业出版社印刷厂印刷
2013 年 1 月第 1 版第 1 次印刷
184mm×260mm·16.5 印张·402 千字
0 001—3 000 册
标准书号：ISBN 978-7-111-40033-2
定价：32.00 元

凡购本书，如有缺页、倒页、脱页，由本社发行部调换
电话服务　　　　　　　　　　网络服务
社 服 务 中 心：(010) 88361066　　教材网：http://www.cmpedu.com
销 售 一 部：(010) 68326294　　机工官网：http://www.cmpbook.com
销 售 二 部：(010) 88379649　　机工官博：http://weibo.com/cmp1952
读者购书热线：(010) 88379203　　**封面无防伪标均为盗版**

前　言

　　本书旨在使读者掌握微型计算机组装与维修工作岗位群所需要的理论知识和工艺方法，能够从事计算机维修工相应等级职业技能标准所规定的工作中的对计算机及外设进行安装、检测、调试和维护、故障查找与排除以及其他相关工作，以适应相关岗位群的需要。

　　本书采用"模块—项目—任务"结构形式，若干个计算机维修工工作项目（任务）承载了课程标准所规定的全部内容。相关的理论知识和工艺方法都可以在一系列项目实施的工作过程中进行学习。本书还充分兼顾了有关职业技能鉴定的理论知识和操作项目。

　　本书的主要特色有：

　　1）根据计算机维修工职业能力分析，教材内容划分为八个模块，每个模块又由若干项目组成，教学过程通过各个项目的实施来完成。

　　2）模块内容保证了专业技能的系统性、连续性，根据知识目标和技能要求来设计训练项目，强调对学生动手操作能力的培养。

　　3）每个项目都列出了详尽的操作步骤，按计算机组装与维修工作的顺序编排各任务，可操作性强。

　　4）操作训练项目和理论训练项目中部分采用了以往的职业技能鉴定考核题目。

　　5）插图以实物图为主，图文并茂。

　　6）教学内容同时注意培养学生的职业理念、安全意识和合作、交流、协调能力。

　　使用本书的建议：

　　1）由具备很强动手能力的"双师型"教师任教。教学中宜采用练、讲结合的教学方法，由学生按照操作步骤完成项目操作，达到规定的目标。需要的相关理论知识随讲随练。

　　2）提倡在技能教室上课，采用现场式、小班化教学，理论与实践一体化教学。

　　本书的参考培训学时为 90 学时，学时分配建议如下：

序　号	教 学 内 容	学 时 数
模块一	拆卸计算机、安装部件	14
模块二	配置、组装一台计算机	8
模块三	设置 BIOS 参数	6
模块四	分区、格式化硬盘	8
模块五	安装、设置、优化操作系统	18
模块六	常用工具软件的应用	16
模块七	安装、配置外设	10
模块八	诊断、排除计算机故障	10
合　　计		90

　　本书由山东省轻工工程学校于居泉主编和统稿。具体分工如下：模块一、模块二由赵相缃编写，模块三、模块四、模块八由于居泉编写，模块五由李萍编写，模块六、模块七由赵延博编写。海信移动通信技术股份有限公司工程师张学杰任主审。

　　由于计算机技术的更新速度很快，加上编者水平所限，书中缺点和错误之处在所难免，敬请使用本书的教师及广大读者批评指正。

编　者

目　录

模块一 拆卸计算机、安装部件

项目一 拆卸计算机部件

一、项目目标

1）认识并正确使用组装计算机的常用工具，熟练掌握操作技能。

2）认识计算机各主要组成部件及其之间的连接；熟知各部件的名称、参数、规格、功能和用途；掌握计算机部件的拆卸技术和各部件之间的连接关系。

3）能按操作规程正确拆卸一台完整的计算机。

4）树立正确的职业道德观念。

二、项目内容

1. 工具（见表1-1）

表1-1 工具

工具名称	规格	数量	备注
一字形螺钉旋具		1把	带磁性
十字形螺钉旋具		1把	带磁性
尖嘴钳子		1把	
斜口钳子		1把	
镊子		1把	
大粗纹螺钉		若干	固定硬盘、机箱
细纹螺钉		若干	
记录本、笔			
万用表	指针式	1块	
电烙铁	30W	1把	
DOS启动CD-ROM光盘		1张	含FDISK、FORMAT程序

2. 材料

旧多媒体计算机整机一台，说明书、驱动光盘等资料齐全。

配置参数见表1-2。

表1-2 配置参数

材料名称	型号规格	数量	备注
6.4GB硬盘	EIDE接口	1块	
机箱、电源	ATX机箱、300W	1套	

（续）

材料名称	型号规格	数　量	备　注
主板	845 系列芯片组	1 块	
内存条	DDR400,256MB	2 根	
CPU 及风扇	Pentium 4 2.4GHz	1 套	
光驱	CD-ROM	1 块	
键盘、鼠标	PS/2 接口	1 套	
显卡、显示器	AGP 接口、CRT	1 套	
网卡	10/100Mbit/s 自适应	1 块	PCI 接口

三、操作步骤

【任务一】 划分项目小组，认识、使用维修工具。

1. 划分项目小组

每两名同学组成一个项目小组，指定一名同学任组长，负责本组项目的实施，讨论日常生活中遇到的计算机故障现象。

目前，随着计算机技术的普及以及大众对用计算机进行商务交流、学习、工作等需求的增长，计算机已经成为人们工作和生活中必不可少的高科技产品之一。多媒体计算机如图1-1 所示。计算机在使用过程中不可避免要出现各种各样的故障。这些故障有的是硬件出了问题而引起的；有的是使用者非正常操作或者软件本身存在缺陷所造成的。那么，要排除这些故障，就需要了解和掌握计算机的组装和维修技术。

计算机的故障有两大类。第一类是软件故障，它们是由软件或计算机病毒引起的，组成计算机的元器件没有问题。对这类故障，只要把相应的软件、机器设置等恢复正常或清除病毒，系统即可重新正常工作。第二类为硬件故障，这类故障是由机器的元器

图 1-1

件损坏引起的，对这类故障，一般要找出产生故障的部位，更换坏的元器件，即进行硬件维修。这类故障的维修要困难一些。很多计算机发生的所谓故障，大多是由操作不当造成的，机器本身没有问题，如电源开关未开，电缆未接好，插接件松动或插歪；也有软件、设置或病毒引起的。有些故障表面上很像硬件故障，但实际上仍是软件故障。所以一旦发现故障，首先要检查供电、接线、开关、系统设置、是否感染了病毒和软件是否有问题，最后才检查硬件。

（1）常见的软件故障现象　常见的软件故障一般可根据屏幕提示的错误信息判断。平时常见的微机故障现象中，有很多并不是真正的硬件故障，而是由于某些设置或使用者不熟悉系统特性而造成的故障现象。认识类似下面的微机故障现象有利于快速地确认故障原因，避免不必要的故障排查工作。

故障现象1：微机通过自检，但不能引导系统，屏幕上有下面类似的显示：

Invalid system disk（没有系统盘）。

故障现象2：一台微机，用户称每次开机都无法进入 Windows，光标停留在屏幕左上角闪动，死机。但安全模式下可以进入。

故障现象3：运行速度明显降低以及内存占有量减少，虚拟内存不足或者内存不足。

故障现象4：移动鼠标时，鼠标指针跳动。

（2）常见的硬件故障现象

故障现象1：开机无显示，机箱内的蜂鸣器发出长时间蜂鸣。

故障现象2：Windows 注册表经常无故损坏，提示用户恢复。

故障现象3：Windows 经常自动进入安全模式。

故障现象4：屏幕显示"Keyboard error or no Keyboard present"出错信息。

2. 组装前的准备和注意事项

1）准备一张宽大的工作台，要求桌面是绝缘体，最好在桌面上铺一层绝缘橡胶。

2）组装前要检查所用电源是否有接大楼地线的三线插座，在组装前释放人体所带静电。

3）准备电源排型插座。

4）准备一个透明的小器皿。计算机在安装和拆卸的过程中有许多螺钉及一些小零件需要随时取用，可以放在小器皿中以防丢失。

5）认真阅读各部件的使用说明书。要特别重视注意事项、配置方法、安装方法、附带软件的安装要求等。

6）准备操作系统安装光盘、板卡驱动程序光盘以及常用工具软件和启动软盘、光盘、U 盘等。

7）对主板进行跳线、安装 CPU 和内存时，最好在主板的焊接面垫上一张防静电的海绵。

3. 训练使用维修工具（见图1-2）

1）使用各种规格的螺钉旋具松紧螺钉，包括十字形螺钉旋具和一字形螺钉旋具。最好是小号和中号的螺钉旋具各一把，主要用于固定或拆卸各种部件的固定螺钉。

2）尖嘴钳子，用于夹住螺母或拧紧螺钉。

3）简单的指针式万用表，可用于测量输出电压、交流供电情况。

4）手电筒，用于照明部件中看不清的标注或光线弱的位置。

5）防静电腕带，防止静电损坏芯片和器件。

6）镊子，当螺钉不小心掉到机箱中时用来夹起螺钉。

7）导热硅脂，涂抹于 CPU 表面，以使 CPU 与散热风扇相互紧密接触，增强散热性能。

【任务二】　认识计算机主机箱、显示器、键盘、鼠标及它们之间的连接。

计算机已经深入到人们的生活之中，因此要了解它的主要硬件组成及连接方法。计算机有些部件的整体是可以直接看到的，如机箱、显示器、音箱、键盘和鼠标等；有些部件只能看到一部分，如光驱、软驱；有些只能看见其接口，如主板、显卡、声卡、网卡等；有些则深藏在机箱内部，从外面什么也看不到，如内存、硬盘、CPU 等。

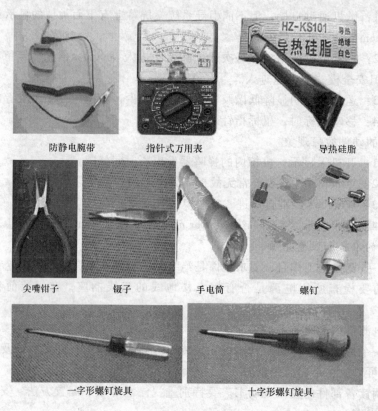

图 1-2

1. 主机箱

计算机机箱分为卧式机箱和立式机箱，如图 1-3 所示。现在大多使用立式 ATX 机箱。ATX 立式机箱的内部结构如图 1-4 所示。

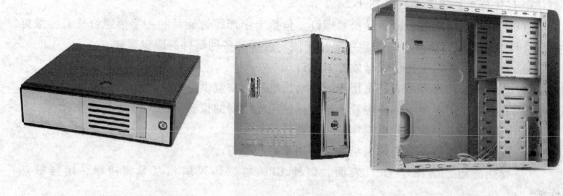

图 1-3　　　　　　　　　　　　　　　　　图 1-4

2. 显示器

目前显示器主要有两种：CRT 显示器（见图 1-5）和液晶显示器（见图 1-6）。

3. 键盘

根据接口不同，键盘分为 PS/2 接口键盘（见图 1-7）和 USB 接口键盘（见图 1-8）。

图 1-5

图 1-6

图 1-7

图 1-8

4. 鼠标

鼠标也分为 PS/2 接口鼠标和 USB 接口鼠标，如图 1-9 所示。

PS/2 接口鼠标

USB 接口鼠标

图 1-9

5. 音箱

音箱分为无源音箱和有源音箱，如图 1-10 所示。有源音箱内部集成了功率放大单元。

那么，上面所述的这些外设通过专用接口连接到主机箱上，其连接如图 1-11 所示。

【任务三】 打开机箱，拆下各部件；认识、记录各部件的名称、参数、规格和原始设置；认识有关接口及连接线；绘制各部件连接表。

1. 断开电源

拔下主机箱、显示器的交流电源插头，如图 1-12 所示。

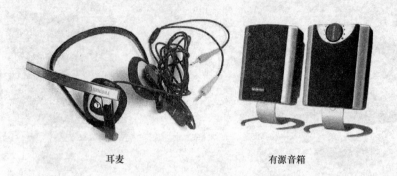

耳麦　　　　　　　　　　　有源音箱

图 1-10

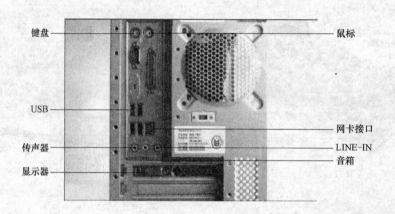

图 1-11

图 1-12

2. 断开外设

从主机箱上小心拔下显示器、键盘、鼠标和音箱的数据线，如图 1-13 所示。并记录插头的名称、形状、特征、颜色以及与机箱背后各种接口的对应关系，填写表 1-3。

表 1-3　计算机部件连接关系表

部件名称	插头类型特征	连接机箱接口的名称特征	连接线颜色
显示器			
键盘			

（续）

部 件 名 称	插头类型特征	连接机箱接口的名称特征	连接线的颜色
鼠标			
音箱			

1断开显示器数据线　　　　　　　　　2断开键盘插头

 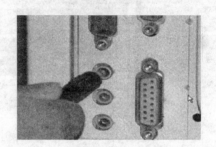

3断开鼠标插头　　　　　　　　　4断开音箱数据线

图 1-13

3. 打开机箱

1）用十字形螺钉旋具卸下固定机箱侧面板的螺钉，并把卸下的螺钉放到准备好的小器皿中。在拆卸过程中，仔细观察顶盖是如何与机箱脱离的，也可以试着拆开顶盖，然后马上将顶盖再次合上，看看顶盖是否能够紧紧扣上。打开机箱后，仔细观察各部件的数量、原始连接位置和初始设置，观察每个部件是如何跟主板相连的。

机箱内部主要安装有主板、电源、硬盘、光驱、CPU、内存、显卡、声卡、网卡、机箱前面板连接线等，如图 1-14 所示。

2）参照主板示意图（见图 1-15）、主板接口说明（见图 1-16）、主板-机箱前面板插针（见图 1-17），找出硬盘、光驱、电源、CPU、内存、显卡、声卡、机箱前面板连接线等部件在主板上的连接位置，并填写表 1-4。

表 1-4　机箱内计算机部件的连接关系表

部 件 名 称	主板连接线的特征	连接线的颜色	对应主板的插槽
硬盘			
光驱			
CPU			

（续）

部 件 名 称	主板连接线的特征	连接线的颜色	对应主板的插槽
内存			
显卡			
声卡			
电源			
面板连线			

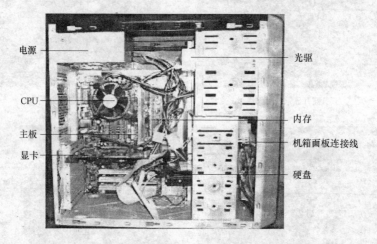

图 1-14

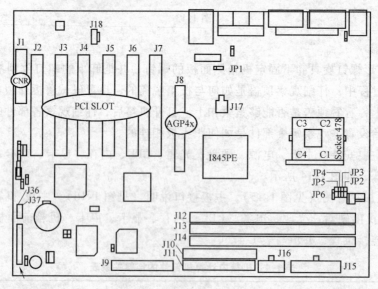

图 1-15

【任务四】 断开主板上的连接线，分离各部件。

打开机箱后就会看到主板。主板是一块最大的电路板，计算机中所有部件都连接到主板上。

主板上接口说明

J1–J8	扩展槽
J9	Floppy
J10,J11	IDE1,IDE2
J12–J14	184针DIMM1–3
J15	ATX电源接口
J16	AUX电源接口
J17	12V电源接口
J18	CD音频接口
J36 J37	前置USB接口

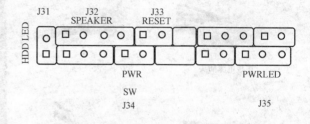

图 1-16　　　　　　　　　　　　　　　　图 1-17

1. 卸下硬盘、光驱

1）拔下硬盘数据线（见图 1-18）和光驱数据线（见图 1-19），把音频线的一端从光驱上拔下（见图 1-20）。注意用力要均匀，不要把数据接口上的针弄弯。记录数据线电缆带颜色的一端原来的安装位置。

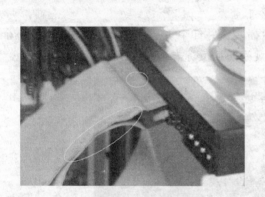
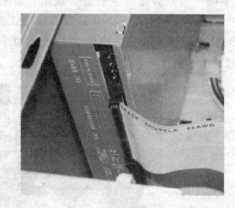

图 1-18　　　　　　　　　　　　　　　　图 1-19

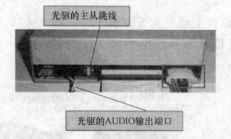

图 1-20

2）把电源线从硬盘、光驱上拔下，并观察电源插头和接口的形态，如图 1-21 所示。

2. 拆除显卡、声卡和网卡

1）用十字形螺钉旋具卸下显卡、声卡和网卡与机箱扩展口的固定螺钉，并将螺钉放到透明塑料盒中。

2）抓紧板卡的边缘轻轻地前后用力沿上下方向摇动，然后向上拔出板卡，如图 1-22 所示。不要左右摇动板卡，否则会损坏板卡。

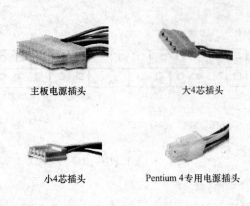

主板电源插头　　　　　大4芯插头

小4芯插头　　　　Pentium 4专用电源插头

图 1-21　　　　　　　　　　　　　　图 1-22

3）做好记录。注意不要用手触摸板卡的"金手指"，否则手上的汗渍或油渍接触到"金手指"后，会使"金手指"氧化、腐蚀，导致连接失败，产生故障。

3. 分离主板与电源、机箱前面板的连线，卸下电源

1）在主板上找到从电源连过来的两个电源插头，并卸下。一个是 20 针插头，另一个是 12V 供电的 4 针插头，如图 1-23 所示。注意观察防插反标志，做好记录。

图 1-23

2）机箱前面板上至少有 5 组插头（见图 1-24）连到了主板的 5 组插针（见图 1-25）上，分别对应机箱前面板的电源开关、复位按钮、电源指示灯、硬盘指示灯和机箱扬声器。

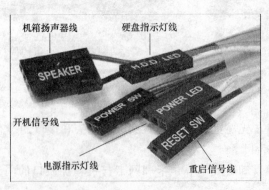

机箱扬声器线　　　硬盘指示灯线

开机信号线

电源指示灯线　　　　重启信号线

图 1-24

3）把 5 组插头从对应插针上拔下。注意仔细观察，做好记录，并填写表 1-5。

图 1-25

表 1-5 面板插头与主板插针的连接关系表

机箱面板插头名称	插 头 标 识	连接线的颜色	主板插针名称	正、负极
电源开关				
复位按钮				
电源指示灯				
硬盘指示灯				
机箱扬声器				

4）拆卸电源，如图 1-26 所示。确认电源所有的连接线已经拔下，并且已经做好记录。

用十字形螺钉旋具卸下固定电源与机箱的螺钉，并将螺钉放到透明塑料盒中。注意：拆卸电源时一般应该使机箱的一侧支撑电源，或者在卸下最后一颗螺钉时用手托住电源，避免电源卸下后悬空跌落而砸坏主板。

图 1-26

5）放置好电源。

4. 分离主板

1）确认已经去除了主板上所有的连接线和板卡，用十字形螺钉旋具卸下固定主板的螺钉，轻轻地向上提起主板，置于防静电海绵垫子上。注意不要用手触摸电子元器件。

虽然不同的主板是以不同的方法来固定的，但是对于标准机箱，通用的办法是用成对的螺钉和塑料支撑杆把主板固定在机架上。

有些主板只用塑料支撑杆来保持主板和机架的定位和隔离，支撑杆顶部有个固定夹子，是为了避免主板移动。用尖嘴钳把每个固定夹子夹紧后，使它缩进主板的定位孔里，然后就可以提起了。

2）把主板置于防静电的海绵垫子上，对照说明书和图 1-27 找出各接口和芯片的位置，以及相关参数。

5. 从主板上卸下内存条

1）向外拨动主板上内存条插槽两侧白色的固定卡子，就可以直接从插槽中取出内存条，如图 1-28 所示。

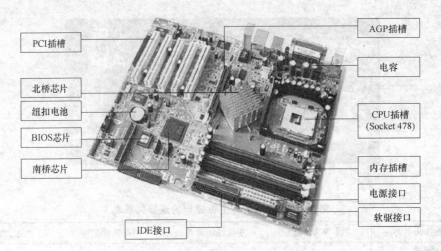

图 1-27

图 1-28

2）记录内存条的生产商、容量、"金手指"数量等参数。图 1-29 所示为 184 线 DDR 内存条。

图 1-29

3）将内存条放置好，最好放到防静电的袋子或盒子里。

6. 卸下 CPU 风扇和 CPU

1）拆卸 CPU 风扇前应确认风扇电源的插头已经从主板上拔下，如图 1-30 所示，并且已经做好记录。

2）不同 CPU 插座的 CPU 散热器的安装方式是不一样的。Socket 478 插座采用塑料扣具，这种散热器的拆卸比较容易，只要沿着图 1-31 所示反向提起散热器顶端的白色拉杆，然后轻轻晃动散热器，脱开四角的塑料扣具即可。

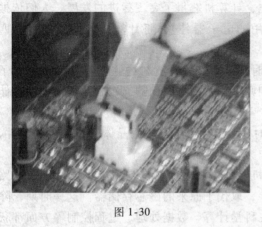

图 1-30   图 1-31

3）卸下 CPU。

① 先轻轻向外拨动 CPU 插座旁的小扳手，向上抬起小扳手，如图 1-32 所示。用手拿稳 CPU 的边缘轻轻上下晃动，将 CPU 拿起。注意不要触碰 CPU 的"金手指"。

② 记录 CPU 的品牌、主频、缓存容量、FSB（前端总线）、产地等参数，观察主板上 CPU 插座与 CPU 的特征。

③ 将 CPU 放置好，最好放到防静电的袋子或盒子里。

【任务五】 清扫各部件灰尘、登记各部件参数。

1）整理工作台，将卸下的各部件摆放整齐，把各部件的详细参数登记在笔记本上，并仔细研究每个部件。

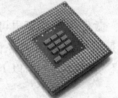

2）用毛刷清扫各部件上的灰尘。

CPU背面的金属针脚   Pentium 4 CPU散热器

3）清扫机箱内部的灰尘，把卸下的

图 1-32

螺钉置于透明塑料盒中，并比较螺钉的不同之处，了解各种螺钉的用途。

4）至此，拆卸完一台完整的计算机。

四、考核标准

1）能识别计算机硬件设备。

2）能熟练使用组装、维修计算机所用的工具。

3）职业道德良好，操作技能熟练。

五、相关知识

（一）计算机发展概述

1. 计算机的各个时代

电子计算机是人类 20 世纪重大的发明之一。世界上第一台计算机是在 1946 年 2 月由美国宾夕法尼亚大学的莫奇莱及埃克特等人研制成功的。该机命名为 ENIAC，是 Electronic Numerical Integrator And Computer 的缩写。意为"电子数值积分计算机"。

自第一台电了计算机诞生至今的半个多世纪，计算机获得了突飞猛进的发展。人们依据计算机性能和当时的硬件技术（主要根据所使用的电子器件），将计算机的发展划分为四代，目前正向第五代发展。

第一代（1946~1957年）是电子管计算机时代。这一代计算机的主要特点是采用电子管作为逻辑部件，以水银延时线作为主存，后期则采用了磁芯存储器，以磁鼓作为辅助存储器，数据表示主要是定点数。

第二代（1958~1964年）是晶体管计算机时代。其主要特点是用晶体管作为逻辑部件，普遍使用磁芯作为主存储器，采用磁鼓、磁盘作为辅助存储器。

第三代（1965~1970年）是集成电路计算机时代。其主要特点是用中小规模集成电路作为逻辑部件，开始采用半导体存储器作为主存，取代了原来的磁芯存储器。这一时期，除大型机外，还生产了小型机和超小型机。它们在科学计算、数据处理、过程控制等方面都获得了广泛应用。

第四代（1971年至今）是超大规模集成电路计算机时代。其主要特点是采用大规模、超大规模集成电路作为主要功能部件，使计算机的体积、成本、重量等均大幅度降低，并出现了以微处理器为核心的微型计算机。当今，计算机网络已获得普遍应用，多媒体技术在软硬件方面都有了很大发展，在许多办公领域得到了应用。

自20世纪80年代开始，一些发达国家都宣布开始新一代（第五代）计算机的研究。目前，这种研究正在加紧进行之中。第五代计算机主要着眼于机器的智能化，以知识库为基础，采用智能接口，能理解人类自然语言，能进行逻辑推理，完成判断和决策任务。

2. 微处理器的发展

CPU也称为微处理器，微处理器的历史可追溯到1971年，当时Intel公司推出了世界上第一台微处理器4004。它是用于计算器的4位微处理器，含有2300个晶体管。从此以后，Intel便与微处理器结下了不解之缘。下面以Intel公司的80×86系列为例，介绍微处理器的发展历程。

第一代：4位及低档8位微处理器（4位处理器Intel 4004、8位处理器Intel 8008为代表）。

第二代：中、高档8位微处理器（Intel 8080、8085、Z80、M6800等处理器为代表）。

第三代：16位微处理器（Intel 8086、8088、M68000、80286等处理器为代表）。

第四代：32位微处理器（Intel 80386、80486等处理器为代表）。

第五代：64位微处理器（Intel Pentium、Pentium Pro、Pentium MMX、Pentium Ⅱ、Pentium Ⅲ、Pentium 4、Pentium 4E、多核多线程i3/i5/i7等处理器）。

微型计算机的发展是与微处理器的发展同步的，微处理器的出现是一次伟大的工业革命，微处理器的发展日新月异，令人难以置信。目前，个人计算机上的微处理器的性能比20世纪80年代小型机上的处理器的性能要强大。可以说，人类的其他发明都没有微处理器发展得那么快，影响那么深远。

（二）计算机的主要参数

1. CPU类型

CPU类型是指微机系统所采用的CPU芯片型号，它决定了微机系统的档次。

2. 字长

字长是指CPU一次最多可同时传送和处理的二进制位数。字长直接影响到计算机的功能、用途和应用范围。

3. 时钟频率和机器周期

时钟频率又称主频，是指 CPU 内部晶振的频率，常用单位为兆（MHz），反映了 CPU 的基本工作节拍。一个机器周期由若干个时钟周期组成，在机器语言中，使用执行一条指令所需要的机器周期数来说明指令执行的速度。一般使用 CPU 类型和时钟频率来说明计算机的档次，如 Pentium Ⅲ 500 等。

4. 运算速度

运算速度是指计算机每秒能执行的指令数。单位有 MIPS（每秒百万条指令）、MFLOPS（每秒百万条浮点指令）。

5. 存储器的存取时间

存储器完成一次读取或写入操作所需的时间，称为存储器的存取时间或访问时间。

6. 存储容量

内存储器的容量是指内存的存储容量，即内储存器能够存储信息的字节数。外存储器是指可将程序和数据永久保存的存储介质，可以说其容量是无限的。

存储容量是指存储器所能记忆信息的总量。常用字节（Byte）来表示，一个字节为 8 个二进制位。另外，还用千字节（KB）、兆字节（MB）、千兆字节（GB）等单位来表示存储容量。换算关系如下：

$$1KB = 1024B \quad 1MB = 1024KB \quad 1GB = 1024MB$$

存储容量可反映计算机记忆信息的能力。存储容量越大，则记忆的信息越多，计算机的功能就越强。

（三）计算机的基本硬件结构

计算机一开始是作为计算工具出现的，它的运算过程和算盘差不多。根据美国科学家冯·诺依曼提出的计算机模型：程序存储、程序控制，将计算机硬件结构划分为控制器、运算器、存储器、输入设备、输出设备 5 大部分。

在计算机中有 3 种信息在流动：数据信息、地址信息及控制信息，它们在不同的线路上传送，称为三总线：数据总线、地址总线和控制总线。

存储器是用来存放程序指令和数据的部件。有人习惯上将其分为内部存储器（简称内存）和外部存储器（简称外存）两大类，但从原理上讲存储器只是指内部存储器。

按存取方式来分，内存又可分为 ROM 和 RAM 两种。

所有程序和数据，只有放到内存中才能运行。一般来说，RAM 的容量越大越好。目前，微机内存配置为：1024MB、2GB 或更高。RAM 的工作速度较快。

（四）计算机的输入与输出

1. 接口

输入设备用来接受用户输入的原始数据和程序，并将它们变为计算机能识别的二进制存入到内存中。常用的输入设备有键盘、鼠标、扫描仪等。

输出设备用于将存入内存中的由计算机处理的结果转变为人们能接受的形式输出。常用的输出设备有显示器、打印机、绘图仪等。

输入/输出设备一般不能直接与 CPU 相连，必须通过接口电路，以便把外设传给计算机的信息转换成与计算机兼容的格式，从而解决外设与 CPU 之间信息传送的匹配问题。不同设备的接口电路要分配使用不同的 I/O 地址。

接口电路的基本功能有：转换信号电平；转换数据格式；寄存和缓冲数据；控制和监视外设；产生中断请求和 DMA 请求。

在计算机内，主机通过主板上的扩展总线插槽和插槽上的接口卡与外设进行通信联系，如显示卡（简称显卡）、声卡、网卡等。一般，一个外设可占用多个地址以传送不同的信息，如外设状态口、外设控制口、外设读数据口、外设写数据口等都要分配 I/O 地址。

不同的外设不能使用相同的地址，否则会造成地址冲突，产生故障。

2. 传送方式

主机与外设之间传送数据的方式可分为如下几种。①无条件传送；②查询传送；③中断传送；④直接存储器存取（DMA 方式）。

3. 中断系统

中断系统是计算机组成的重要单元，分为非屏蔽中断和可屏蔽中断两类。非屏蔽中断不受中断允许标志的屏蔽，不论任何时候到来，CPU 都必须响应并立即进行处理。通常系统只有一个非屏蔽中断。可屏蔽中断是可以屏蔽掉的，即 CPU 可以不响应这种中断请求，只有当中断允许标志被设置为"允许"时 CPU 才处理产生的该种中断。

系统提供 16 个系统中断号给外设使用，分别为 IRQ0 ~ IRQ15。一般来说，不同的外设不能使用同一个中断号，若使用了将会造成一个或几个外设不能正常使用，称为中断冲突。

4. DMA 系统

DMA 的含义是直接存储器存取。在 DMA 方式下，外设利用专门的接口电路直接和存储器进行高速数据传输，而不经过 CPU，使传输速率和效率大幅提高。

六、拓展训练

（一）操作训练

1）把拆下的内存条重新插到主板的内存插座上，体验内存条的插入方向和按压的力度。

2）把 CPU 安装到主板的 CPU 插座上，并马上安装 CPU 风扇，连接风扇电源线到主板的供电插座上。

（二）理论知识练习

请从给出的选项中选择正确的答案填在空白处。

1）Intel 于 1971 年顺利开发出的全球第一块微处理器是＿＿＿。（单选）

A. 8086 芯片　　　　　B. Z80 芯片　　　　　C. 80286 芯片　　　　　D. 4004 芯片

2）CPU 的中文含义是＿＿＿。（单选）

A. 主机　　　　　B. 逻辑部件　　　　　C. 中央处理器　　　　　D. 控制器

3）在计算机工作的过程中，很多设备可能同时要求 CPU 为其服务，为了解决这个矛盾，计算机采用"中断"方式进行工作。以下是有关计算机中断工作方式的表述，其中正确的是＿＿＿。（多选）

A. 用中断方式可以大大提高 CPU 的工作效率

B. 两个中断设备可以共用一个中断号

C. 采用中断方式可实现 CPU 与外设并行工作

D. 软中断是由外设引起的

4）外设要通过接口电路与 CPU 相连。在 PC 中，接口电路一般做成插卡的形式，也有做在主板上的。下列部件中，一般不插在主板上的是____。（单选）

A. CPU　　　　　　B. 内存　　　　　　C. 显示器　　　　　　D. 硬盘

5）在计算机内部，数字是以____形式存储和运算的。（单选）

A. 二进制　　　　　B. 十六进制　　　　C. 十进制　　　　　D. 八进制

6）计算机软硬件之间的关系是____。（多选）

A. 硬件是软件的基础　　　　　　　　B. 软件是硬件功能的扩充和完善

C. 软件和硬件毫无关系　　　　　　　D. 没有软件计算机也可以工作

7）在微型计算机中，可利用硬件使数据在外设与内存之间直接进行传送而不通过 CPU 的介入，一般将这种工作方式简称为____方式。（单选）

A. DMA　　　　　　B. INT　　　　　　C. IRC2　　　　　　D. NMI

8）____不属于外设。（单选）

A. 硬盘　　　　　　B. 打印机　　　　　C. CPU　　　　　　D. 键盘

9）在微型计算机中，执行一条指令所需要的时间称为____。（单选）

A. 时钟周期　　　　B. 指令周期　　　　C. 总线周期　　　　D. 读写周期

项目二　在主板上安装 CPU 和内存

一、项目目标

1）掌握 CPU 主频、外频及倍频的概念。

2）熟悉 CPU 的接口类型。

3）会在主板上安装、设置 CPU。

4）了解内存的型号、容量和品牌。

5）认识主板上的各部件。

6）熟练安装主板。

二、项目内容

1. 工具（见表 1-6）

表 1-6　工具

工具名称	规　格	数　量	备　注
镊子		1 把	
橡皮	绘图橡皮	1 块	
毛刷		1 把	
一字形螺钉旋具	带磁性	1 把	
十字形螺钉旋具	带磁性	1 把	
尖嘴钳子		1 把	

2. 材料（见表 1-7）

表 1-7 材料

材 料 名 称	型 号 规 格	数 量	备 注
主板	865PE 系列芯片组	1 块	
CPU、风扇	Pentium 4 2.4GHz	1 套	
导热硅脂		1 块	
内存条	DDR400,1GB	2 根	
机箱、电源	ATX 机箱、300W 电源	1 套	

三、操作步骤

【任务一】 认识并安装 CPU。

CPU 是中央处理单元（Central Processing Unit）的缩写，简称微处理器（Microprocessor），不过经常被人们直接称为处理器（Processor）。CPU 是计算机的核心，其重要性好比大脑对于人一样，因为它负责处理、运算计算机内部的所有数据。

生产 CPU 的主要厂商有 Intel 和 AMD。Intel CPU 如图 1-33 所示；AMD CPU 如图 1-34 所示。

图 1-33　　　　　　　　　　　　　　　　　　　图 1-34

1）摸一下暖气管或用水龙头洗洗手，以释放人身上的静电（有条件的可以带上已经接地的防静电环）。把计算机主板平放在绝缘的海绵垫子上，稍向外/向上用力拉开 CPU 插座上的锁杆，使其与插座成 90°角，以便让 CPU 插入处理器插座，如图 1-35 和图 1-36 所示。

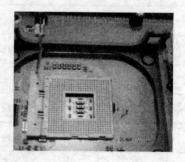

图 1-35　　　　　　　　　　　　　　　　　　　图 1-36

2）然后将 CPU 上针脚有缺针的部位对准插座上的缺口，如图 1-37 所示。

3）CPU 只有在方向正确时才能被插入插座中，然后按下锁杆，如图 1-38 所示。

图 1-37

图 1-38

4）在 CPU 的表面均匀涂上足够的散热膏（硅脂），如图 1-39 所示，这有助于将热量由处理器传导至散热装置。但要注意不要涂得太多，只要均匀地涂上薄薄一层即可。

5）将散热器轻轻地和 CPU 核心接触在一起，如图 1-40 所示；然后将卡子扣在 CPU 插槽凸出的位置上，再扣上另一端的卡子，如图 1-41 所示。

6）将 CPU 风扇的电源线接到主板上 3 针的 CPU 风扇电源接头上，如图 1-42 所示。

图 1-39

图 1-40

图 1-41

图 1-42

【任务二】　认识并安装内存。

计算机中所用的内存主要有 SDRAM、DDR SDRAM 和 DDR2 SDRAM 等几类。图 1-43 所示为 168 线 SDRAM 内存条，图 1-44 所示为 184 线 DDR SDRAM 内存条，图 1-45 所示为 240 线 DDR2 SDRAM 内存条。

图 1-43

图 1-44

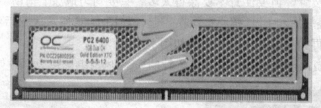

图 1-45

1）安装内存前先要将内存插槽两端的白色卡子向两边扳动，将其打开，如图 1-46 所示。然后再插入内存条，内存条的 1 个凹槽必须直线对准内存插槽上的 1 个凸点（隔断），如图 1-47 所示。

图 1-46

图 1-47

2）将内存条垂直放入内存插槽，双手在内存条两端均匀用力，使得两边的白色卡子能将内存牢牢卡住，即完成内存条的安装，如图 1-48 和图 1-49 所示。

【任务三】 认识并安装主板。

1）主板安装在机箱内，是微机最基本的也是最重要的部件之一。主板一般为矩形电路板，上面安装了组成计算机的主要电路系统，一般有 BIOS 芯片、I/O 控制芯片、键盘和面板控制开关接口、指示灯插接件、扩展槽、主板及插卡的直流电源供电插接件等元件。

2）ATX 结构的主板如图 1-50 所示。

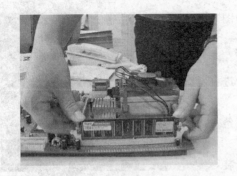

图 1-48

图 1-49

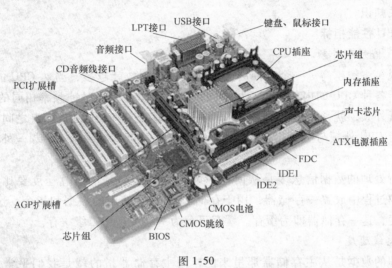

图 1-50

　　主板上大都有 6～8 个扩展槽，供微机外设的控制卡（适配器）插接。通过更换这些插卡，可以对微机的相应子系统进行局部升级，使厂家和用户在配置机型方面有更大的灵活性。总之，主板在整个微机系统中扮演着举足轻重的角色。可以说，主板的类型和档次决定着整个微机系统的类型和档次，主板的性能影响着整个微机系统的性能。

　　3）先在机箱底部的螺钉孔里装上定位螺钉，如图 1-51 所示。

　　4）主板的外设接口部分和机箱背面挡板的孔对齐，将主板平行于机箱底部放入，如图 1-52 所示。

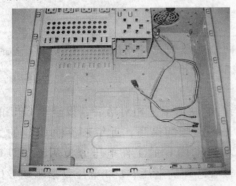

图 1-51

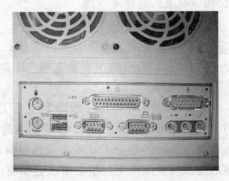

图 1-52

5）逐个拧上螺钉，把主板固定在机箱中，如图 1-53 所示。

图 1-53

四、考核标准

1）能够根据 CPU 型号选择合适的主板，并进行正确的安装。

2）能根据主板内存插槽的配置正确选择内存条型号，并能正确地将内存条安装到主板上。

3）能够识别主板上的各部件，并可熟练安装主板。

五、相关知识

（一）CPU 性能指标

1. 主频、倍频和外频

一般来说，主频越高，一个时钟周期里完成的指令数就越多，当然 CPU 的速度也就越快。不过由于各种 CPU 的内部结构不尽相同，所以并非所有的时钟频率相同的 CPU 的性能都一样。至于外频，就是系统总线的工作频率，具体是指 CPU 到芯片组之间的总线速度。而倍频则是指 CPU 外频与主频相差的倍数。三者有十分密切的关系：主频＝外频×倍频。

2. 缓存

CPU 进行处理的数据信息多是从内存中调取的，但 CPU 的运算速度要比内存快得多，为此在此传输过程中放置一存储器，用于存储 CPU 经常使用的数据和指令，这样可以提高数据传输速度，这一存储器即为缓存。缓存可分为一级缓存和二级缓存。

3. 内存总线速度

CPU 处理的数据是从主存储器那里来的，而主存储器指的就是我们平常所说的内存。一般存在外存（磁盘或者各种存储介质）中的资料都要通过内存，再进入 CPU 进行处理。

4. 扩展总线速度

扩展总线是指安装在微机系统上的局部总线，如 ISA、PCI、AGP 总线。打开计算机的时候会看见一些插槽，这些就是扩展槽，而扩展总线就是 CPU 联系这些外设的桥梁。

5. 地址总线宽度

地址总线宽度决定了 CPU 可以访问的物理地址空间，简单地说，就是 CPU 到底能够使用多大容量的内存。对于 386 以上的微机系统，地址线的宽度为 32 位，最多可以直接访问 4096MB（4GB）的物理空间。

6. 数据总线宽度

数据总线负责整个系统的数据流量的大小，而数据总线宽度则决定了 CPU 与二级高速缓存、内存以及输入/输出设备之间一次数据传输的信息量。

7. 工作电压

早期 CPU 的工作电压一般为 5V，那是因为当时的制造工艺相对落后，以至于 CPU 的发热量太大，使寿命减短。随着 CPU 的制造工艺水平与主频的提高，近年来各种 CPU 的工作电压有逐步下降的趋势，以解决发热过高的问题。目前 CPU 的工作电压分为两种，即 CPU 的核心电压和 I/O 电压。核心电压是指驱动 CPU 核心芯片的电压，I/O 电压是指驱动 I/O 电路的电压。CPU 的核心电压要比 I/O 电压小。

（二）CPU 接口类型

目前常见的 CPU 接口方式有卡式（Slot）、触点式（Socket T）、针脚式（Socket）等几种。不同的 CPU 封装类型，对应到主板上有相应类型的插槽。目前 CPU 的接口都是针脚式接口，对应到主板上有相应的插槽类型。CPU 接口类型不同，在插孔数、体积、形状上都有变化，所以不能互相插接。

1. 常见 CPU 型号及接口（见表1-8）

表1-8　常见 CPU 型号及接口

CPU 型 号	接　口	CPU 型 号	接　口
Celeron 850MHz	Socket 370	AMD Duron 1.3G	Socket A
Celeron 1GHz	Socket 370	AMD Duron 1800	Socket A
Celeron 1.70MHz	Socket 478	AMD Athlon XP 2000 +	Socket A
Celeron 2.10MHz	Socket 478	AMD Athlon XP 3200 +	Socket A
Celeron 2.50MHz	Socket 478		

2. 其他类型的 CPU 接口

（1）Socket AM3　AMD 于 2009 年 2 月发布了首批共 5 款采用 Socket AM3 接口的 Phenom Ⅱ X4/X3 系列处理器，包括 Phenom Ⅱ X4 910、Phenom Ⅱ X4 810/805 三款四核心和 Phenom Ⅱ X3 720 BE/710 两款三核心。CPU 针脚数由原来 AM2 的 940 根改为 938 根。

（2）Socket 775　Socket 775 又称为 Socket T，是目前应用于 Intel LGA775 封装的 CPU 所对应的接口，目前采用此接口的有 LGA775 封装的单核心的 Pentium 4、Pentium 4 EE、Celeron D 以及双核心的 Pentium D 和 Pentium EE 等 CPU。与以前的 Socket 478 接口 CPU 不同，Socket 775 接口 CPU 的底部没有传统的针脚，而代之以 775 个触点，即并非针脚式而是触点式，通过与对应的 Socket 775 插槽内的 775 根触针接触来传输信号。Socket 775 接口不仅能够有效提升处理器的信号强度和频率，同时也可以提高处理器生产的优良品率、降低生产成本。随着 Socket 478 的逐渐淡出，Socket 775 已经成为 Intel 桌面 CPU 的标准接口。

（3）Socket 478　最初的 Socket 478 接口是早期 Pentium 4 系列处理器所采用的接口类型，针脚数为 478 根。Socket 478 的 Pentium 4 处理器面积很小，其针脚排列极为紧密。Intel 公司的 Pentium 4 系列和 P4 赛扬系列都采用此接口，目前这种 CPU 已经逐渐退出市场。

但是，Intel 公司于 2006 年初推出了一种全新的 Socket 478 接口。这种接口是目前 Intel 公司采用 Core 架构的处理器 Core Duo 和 Core Solo 的专用接口，与早期桌面版 Pentium 4 系列的 Socket 478 接口相比，虽然针脚数同为 478 根，但是其针脚定义以及电压等重要参数完全不相同，所以二者之间并不能互相兼容。随着 Intel 公司的处理器全面向 Core 架构转移，今后采用新 Socket 478 接口的处理器将会越来越多，例如即将推出的 Core 架构的 Celeron M 也会采用此接口。

（4）Socket A　Socket A 接口，也叫 Socket 462，是 AMD 公司 Athlon XP 和 Duron 处理器的插座接口。Socket A 接口具有 462 个插孔，支持 133MHz 外频。

（5）Socket 370　Socket 370 架构是 Intel 公司开发的用于代替 Slot 架构的，外观上与 Socket 7 非常像，也采用零插拔力插槽，对应的 CPU 是 370 针脚。Intel 公司著名的"铜矿"和"图拉丁"系列 CPU 采用的就是此接口。

（6）Slot 1　Slot 1 是 Intel 公司为取代 Socket 7 而开发的 CPU 接口，并申请了专利，这样其他厂商就无法生产 Slot 1 接口的产品。Slot 1 接口的 CPU 不再是大家熟悉的方方正正的样子，而是变成了扁平的长方体，而且接口也变成了"金手指"，不再是插针形式。Slot 1 是 Intel 公司为 Pentium Ⅱ 系列 CPU 设计的插槽，其将 Pentium Ⅱ CPU 及其相关控制电路、二级缓存都做在一块子卡上。目前此接口已经被淘汰。

（7）Slot A　Slot A 接口类似于 Intel 公司的 Slot 1 接口，供 AMD 公司的 K7 Athlon 使用。在技术和性能上，Slot A 主板可完全兼容原有的各种外设扩展卡设备。它使用的并不是 Intel 的 P6 GTL＋总线协议，而是 Digital 公司的 Alpha 总线协议 EV6。EV6 架构是一种较先进的架构，采用多线程处理的点到点拓扑结构，支持 200MHz 的总线频率。

（三）内存性能参数

1. 速度

内存速度一般用存取一次数据所需的时间（单位一般是 ns）来作为性能指标，时间越短，速度就越快。只有当内存与主板速度、CPU 速度相匹配时，才能发挥计算机的最大效率，否则会影响 CPU 高速性能的充分发挥。

2. 容量

内存是计算机的主要部件，是相对于外存而言的。而 Windows 操作系统、打字软件、游戏软件等，一般都是安装在硬盘等外存上的，必须把它们调入内存中运行才能使用，如输入一段文字或玩一个游戏，其实都是在内存中进行的。内存容量是多多益善，但要受到主板支技最大容量的限制，而且对目前的主流计算机而言，这个限制仍是阻碍。单条内存的容量通常为 512MB、1GB、2GB，早期还有 128MB、256MB 等产品。

3. 内存的奇偶校验

为检验内存在存取过程中是否准确无误，每 8 位容量配备 1 位作为奇偶校验位，配合主板的奇偶校验电路对存取数据进行正确校验，这就需要在内存条上额外加装一块芯片。带有奇偶校验芯片的内存条通常用于服务器。

4. 内存电压

FPM 内存和 EDO 内存均使用 5V 电压，SDRAM 使用 3.3V 电压，而 DDR 使用 2.5V 电压。在使用中注意主板上的跳线不能设置错。

5. 数据宽度和带宽

内存的数据宽度是指内存同时传输数据的位数，以 bit（位）为单位；内存的带宽是指内存的数据传输速率。

6. 内存的线数

内存的线数是指内存条与主板接触时接触点的个数，这些接触点就是"金手指"，有 72 线、168 线和 184 线等。72 线、168 线和 184 线内存条的数据宽度分别为 8 位、32 位和 64 位。

（四）内存条的种类

1. 按用途分类

内存条分为台式机内存条、服务器内存条、笔记本内存条。

2. 按"金手指"数量分类

内存条分为 SDRAM、DDR SDRAM、DDR2 SDRAM、DDR3 SDRAM。

3. 目前台式机上性能较好的内存条是 DDR3 SDRAM。

DDR3 是一种计算机内存规格。它属于 SDRAM 家族的内存产品，提供了比 DDR2 SDRAM 更高的运行效能与更低的电压，是 DDR2 SDRAM 的后继者（增加至 8 倍），也是现时流行的内存产品。

4. 笔记本内存

由于笔记本计算机整合性高，设计精密，对于内存的要求比较高，因此笔记本内存必须符合小巧的特点，需采用优质的元件和先进的工艺，拥有体积小、容量大、速度快、耗电低、散热好等特性。出于追求体积小巧的考虑，大部分笔记本计算机最多只有两个内存插槽。

（五）选购内存的注意事项

1. 看品牌

和其他产品一样，内存芯片也有品牌的区别，不同品牌的芯片质量自然也是不同。一般来说，一些久负盛名的内存芯片在出厂的时候都会经过严格的检测，而且在对一些内存标准的解释上也会有所不同。另外，一些名牌厂商的产品通常会给最大时钟频率留有一定的空间，所以有人说超频是检验内存好坏的一种方法也不无道理。

2. 优质的 PCB

内存条由内存芯片和 PCB 组成，因此 PCB 对内存性能也有很大的影响。决定 PCB 好坏有几个因素，首先就是板材，一般来说，如果内存条使用 4 层板，那么内存条在工作过程中由于信号干扰所产生的杂波就会很大，有时会产生不稳定的现象。而使用 6 层板设计的内存条相应的干扰就会小得多。当然，并不是所有的东西都是肉眼能观察到的，比如内部布线等只能通过试用才能发觉其好坏，但我们还是能看出一些端倪，比如好的内存条表面有比较强的金属光洁度，色泽也比较均匀，部件焊接也比较整齐划一，没有错位；"金手指"部分也比较光亮，没有发白或者发黑的现象。

3. 接口类型

一定要选购与主板上内存插槽对应的接口类型。

4. 内存散热片的硬度和做工

散热片的厚度与硬度要求能很好地防止产品变形。

（六）主板结构分类

1. AT

AT 是标准尺寸的主板，因 IBM PC/AT 首先使用而得名，有的 486、586 主板也采用 AT 结构布局

2. Baby AT

Baby AT 是袖珍尺寸的主板，因比 AT 主板小而得名。很多原装机的一体化主板都首先采用此主板结构。

3. ATX

ATX 是改进型的 AT 主板，对主板上的元件布局作了优化，有更好的散热性和集成度，需要配合专门的 ATX 机箱使用。

4. 一体化（All in One）主板

一体化主板上集成了声音、显示等多种电路，一般不需再插卡就能工作，具有高集成度

和节省空间的优点，但也有维修不便和升级困难的缺点。一体化主板在原装品牌机中采用较多。

5. NLX

NLX 是 Intel 最新的主板结构，最大的特点是主板、CPU 的升级灵活、方便、有效，不再需要每推出一种 CPU 就必须更新主板设计。此外还有一些上述主板的变形结构，如华硕主板就大量采用了 3/4 Baby AT 尺寸的主板结构。

（七）主板构成

1. 芯片部分

（1）BIOS 芯片　BIOS 芯片是一块方块状的存储器，里面存有与该主板搭配的基本输入/输出系统程序，如图 1-54 所示。BIOS 芯片能够让主板识别各种硬件，还可以设置引导系统的设备，调整 CPU 外频等。

图 1-54

（2）南北桥芯片　横跨 AGP 插槽左右两边的两块芯片就是南北桥芯片。南桥多位于 PCI 插槽的上面；而 CPU 插槽旁边，被散热片盖住的就是北桥芯片。芯片组以北桥芯片为核心，一般情况主板都是以北桥的核心名称命名的（如 P45 的主板就是用的 P45 的北桥芯片）。北桥芯片主要负责处理 CPU、内存、显卡三者间的"交通"，由于发热量较大，因而需要散热片散热。南桥芯片则负责硬盘等存储设备和 PCI 之间的数据流通。南桥和北桥合称芯片组。芯片组在很大程度上决定了主板的功能和性能。

2. 扩展槽部分

所谓插拔部分，是指这部分的配件可以用"插"来安装，用"拔"来反安装。

（1）内存插槽　内存插槽一般位于 CPU 插座下方，如图 1-55 所示。

图 1-55

（2）AGP 插槽　AGP 插槽颜色多为深棕色，位于北桥芯片和 PCI 插槽之间，如图 1-56 所示。AGP 插槽有 1X、2X、4X 和 8X 之分。AGP 4X 的插槽中间没有间隔，AGP 2X 的插槽中间则有间隔。在 PCI Express 出现之前，AGP 显卡较为流行，其传输速率最高可达到 2133MB/s（AGP 8X）。

（3）PCI Express 插槽　随着 3D 性能要求的不断提高，AGP 已越来越不能满足视频处理带宽的要求，目前主流主板上显卡接口多转向 PCI Express。PCI Express 插槽有 1X、

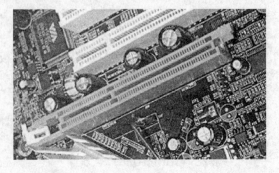

图 1-56

2X、4X、8X 和 16X 之分。目前主板支持双卡：nVIDIA SLI/ ATI 交叉火力。

（4）PCI 插槽 PCI 插槽多为乳白色，是主板的必备插槽，可以插上声卡、网卡、显卡等设备。

3. 对外接口部分

（1）硬盘接口 硬盘接口可分为 IDE 接口和 SATA 接口。在老型号的主板上，多集成两个 IDE 接口，如图 1-57 所示。通常 IDE 接口都位于 PCI 插槽下方，从空间上则垂直于内存插槽（也有横着的）。而在新型主板上，IDE 接口大多缩减，甚至没有，代之以 SATA 接口。

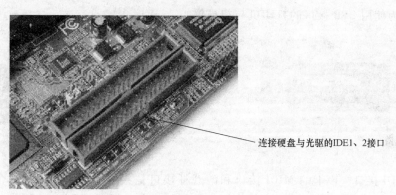

连接硬盘与光驱的IDE1、2接口

图 1-57

（2）软驱接口 软驱接口用于连接软驱，多位于 IDE 接口旁，如图 1-58 所示，比 IDE 接口略短一些，因为它是 34 针的，所以数据线也略窄一些。

（3）COM 接口（串口） 目前大多数主板都提供了两个 COM 接口，分别为 COM1 和 COM2，作用是连接串行鼠标和外置 Modem 等设备，如图 1-59 所示。

（4）PS/2 接口 PS/2 接口的功能比较单一，仅能用于连接键盘和鼠标，如图 1-60 所示。一般情况下，鼠标的接口为绿色、键盘的接口为紫色。

图 1-58

图 1-59

图 1-60

（5）USB 接口　USB 接口（见图 1-61）是现在最为流行的接口，最大可以支持 127 个外设，并且可以独立供电，其应用非常广泛。USB 接口可以从主板上获得 500mA 的电流，支持热拔插，真正做到了即插即用。一个 USB 接口可同时支持高速和低速 USB 外设的访问，由一条四芯电缆连接，其中两条是正负电源，另外两条是数据传输线。高速外设的传输速率为 12Mbit/s，低速外设的传输速率为 1.5Mbit/s。此外，USB 2.0 标准最高传输速率可达 480Mbit/s。

（6）LPT 接口（并口）　LPT 接口一般用来连接打印机或扫描仪，如图 1-62 所示。其默认的中断号是 IRQ7，采用 25 脚的 DB-25 接头。现在使用 LPT 接口的打印机与扫描仪已经很少了，多为使用 USB 接口的打印机与扫描仪。

图 1-61

图 1-62

（7）MIDI 接口　声卡的 MIDI 接口和游戏杆接口是共用的。接口中的两个针脚用来传送 MIDI 信号，可连接各种 MIDI 设备，例如电子键盘等。现在市面上已很难找到基于该接口的产品。

（8）SATA 接口　SATA（见图 1-63）的全称是 Serial Advanced Technology Attachment（串行高级技术附件），一种基于行业标准的串行硬件驱动器接口，是由 Intel、IBM、Dell、APT、Maxtor 和 Seagate 公司共同提出的硬盘接口规范。在 IDF Fall 2001 大会上，Seagate 宣布了 Serial ATA 1.0 标准，正式宣告了 SATA 规范的确立。SATA 规范将硬盘的外部传输速率的理论值提高到 150MB/s，比 PATA 标准 ATA/100 高出 50%，比 ATA/133 也要高出约 13%，而随着后续版本的发展，SATA 接口的速率还可扩展到 2X 和 4X（300MB/s

图 1-63

和 600MB/s）。从其发展计划来看，未来的 SATA 也将通过提升时钟频率来提高接口传输速率，让硬盘也能够超频。

六、拓展训练

（一）操作训练

1）提供 Pentium 4 2.80GHz CPU 及配套的主板两块，请进行如下操作。

① 将 CPU 安装到主板上。

② 手动设置 CPU 外频。

③ 手动设置 CPU 电压。

2）提供一块 Intel 915 芯片组主板，DDR、DDR2 内存各一条，请选择合适的内存条并正确安装到主板上。

3）提供一块 ATX 主板，将其正确安装到机箱内，并能说出每个部件的名称。

（二）理论知识练习

请从给出的选项中选择正确的答案填在空白处。

1）Pentium 4 CPU 是 Intel 公司的产品，所采用的接口类型是_____。（多选）

A. Socket 370　　　　B. Socket 423　　　　C. Socket 478　　　　D. LGA 775

2）下列关于并行口和串行口的叙述中，正确的是_____。（多选）

A. 主机侧并行口是插孔，串行口是插针

B. 并行口只用于接打印机

C. 串行口只能接鼠标

D. 串行口是串行传送数据，一次只传送一位数据

E. 并行口是并行传送数据，一次传送 8 位数据

3）计算机中负责运算的部件是_____。（单选）

A. 主存储器　　　　B. CPU　　　　C. BIOS　　　　D. ROM

4）在 PC 中，关于 ROM 和 RAM 的叙述正确的是_____。（多选）

A. 系统既能读 ROM 中的内容，又能向 ROM 中写入信息

B. RMA 所存的内容会因断电而丢失

C. RAM 存储器一般用来存放永久性的系统程序

D. ROM 存储器所存的内容不会因断电而丢失

5）关于 SDRAM，下列说法正确的是_____。（多选）

A. 工作电压一般为 3.3V　　　　　　　B. 其接口多为 168 线的 DIMM 类型

C. 其速度比 FPRAM 和 EDO-RAM 块　　D. 最高可支持 133MHz

6）DRAM 是微机中使用最多的一种存储器，DRAM 与 SRAM 相比具有_____特点。（多选）

A. 集成度高　　　　B. 功耗小　　　　C. 存取速度快　　　　D. 不需要刷新

7）以下能支持 USB 2.0 的主板芯片组包括_____。（多选）

A. Intel 865P　　　　B. Intel 845GL　　　　C. Intel 845　　　　D. Intel 965P

8）____设备已经部分采用了 USB 接口。（多选）

A. 数码相机　　　　B. 打印机　　　　C. 显示器　　　　D. 键盘

项目三　安装电源和机箱

一、项目目标

1）认识电源和机箱。

2）会在机箱内熟练安装电源。

二、项目内容

1. 工具（见表 1-9）

表 1-9　工具

工　具　名　称	规　　格	数　　量	备　　注
一字形螺钉旋具		1 把	

（续）

工具名称	规　格	数　量	备　注
十字形螺钉旋具		1 把	
尖嘴钳子		1 把	
镊子		1 把	

2. 材料（见表 1-10）

表 1-10　材料

材料名称	型号规格	数　量	备　注
机箱、电源	ATX 机箱、300W	1 套	

三、操作步骤

【任务一】　认识电源。

计算机电源是一个安装在主机箱内的封闭式独立部件，如图 1-64 和图 1-65 所示。它的作用是将交流电通过一个开关电源变压器换为 5V、–5V、12V、–12V、3.3V 等稳定的直流电，以供主机箱内系统主板、软盘和硬盘驱动及各种适配器扩展卡等系统部件使用。

图 1-64

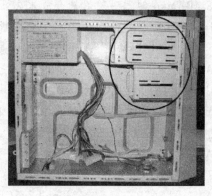

图 1-65

查找并认识各种不同接口的电源。

主板供电接口：20 + 4pin 和 4 + 4pin。

PCI-E 显卡供电电源接口：6pin 和 6 + 2pin。

IDE 硬盘、光驱供电接口：大 4pin D 型。

SATA 硬盘、光驱供电接口：5pin。

【任务二】　认识机箱。

机箱（见图 1-66）作为计算机配件中的一部分，它起的主要作用是放置和固定各计算机配件，起承托和保护作用。

【任务三】　拆卸机箱。

1）使用螺钉旋具将机箱侧面的面板拆除，如图 1-67 所示。

2）识别机箱内部结构。

【任务四】　安装电源。

1）将电源放置到电源安装位置，然后将各个孔对准，如图 1-68 所示。

2）逐个拧上电源的固定螺钉，如图 1-69 所示。

图 1-66

图 1-67

图 1-68

图 1-69

四、考核标准

1）认识电源的型号、结构和与主板的搭配，会给机箱选购合适的机箱电源。

2）会在机箱里安装固定电源。

五、相关知识

机箱是计算机所有零配件的容器，而电源是动力源泉，一台计算机除了显示器可以直接由外来电源供电外，其余部件均靠机箱内部电源供电。

（一）选购机箱

1. 坚固耐用

好的机箱，外壳采用较厚的钢板，能承受较大的压力。同时外层和内部支架边缘切口平整圆滑，不会在拆装的时候把手划破。

机箱的钢板厚度一般为 1mm 左右，如果设计时没有卷边、镂空孔等工艺措施，机箱面板和侧板很容易被压弯。

电磁辐射对人体非常有害，长期在计算机旁工作很有可能得职业病。应该尽量减少机箱外壳的开孔和缝隙，并且要做到接地良好，以防电磁波外泄。

2. 良好的易用性

机箱要有足够数量的各种前置接口，例如前置 USB 接口、前置 IEEE 1394 接口、前置音频接口和读卡器接口等。

3. 良好的散热性

计算机在工作过程中 CPU 和显卡等主要部件会产生大量的热量，如果机箱的散热性不好，则会引起计算机的不稳定及部件的提前老化，甚至损坏。

（二）选购电源

电源一般都是与机箱一同出售。如果单独购买电源，应该注意以下几个方面。

1. 安全认证

这是个强制性标准。该标准要求产品在性能和安全上都达到一定的标准。目前使用最多的是 CCC 认证标准，它对电源提出了安全和电磁辐射控制两项要求，在电源上看到 CCC 标志，就说明该电源已经通过了 3C 认证。

2. 功率的选择

如果是普通用户，建议选 300W 的电源，购买时最好问清楚是额定功率为 300W 还是最大功率为 300W。游戏玩家或主板上插了很多负载物的用户推荐选择 400~500W 的电源。

3. 电源外壳的选择

一般电源外壳钢材的厚度为 0.8mm 或 0.6mm，当然是选用厚度大的电源外壳了。

4. 电源风扇的选择

电源风扇是电源散热用的。一般情况下，风扇口径非常大，出风量也大；另外，风扇的转速也影响散热，转得越快散热越好。

（三）电源的分类

1. AT 电源

AT 电源的功率一般为 150~220W，共有四路输出（±5V、±12V），另向主板提供一个 P.G. 信号。输出线为两个六芯插座和几个四芯插头，两个六芯插座给主板供电。AT 电源采用切断交流电网的方式关机。在 ATX 电源未出现之前，从 286 到 586 计算机由 AT 电源垄断。随着 ATX 电源的普及，AT 电源如今已渐渐淡出市场。

2. ATX 电源

Intel 公司 1997 年 2 月推出 ATX 2.01 标准。和 AT 电源相比，其外形尺寸没有变化，主要增加了 3.3V 和 5V StandBy 两路输出和一个 PS-ON 信号，输出线改用一个 20 芯线给主板供电。

随着 CPU 工作频率的不断提高，为了降低 CPU 的功耗以减少发热量，需要降低芯片的工作电压，所以，由电源直接提供 3.3V 输出电压成为必须。5V StandBy 也叫辅助 5V，只要插上 220V 交流电它就有电压输出。PS-ON 信号是主板向电源提供的电平信号，低电平时电源启动，高电平时电源关闭。利用 5V Stand By 和 PS-ON 信号，就可以实现软件开关机器、键盘开机、网络唤醒等功能。5V Stand By 始终是工作的，有些 ATX 电源在输出插座的下面加了一个开关，可切断交流电源输入，彻底关机。

3. Micro ATX 电源

Micro ATX 是 Intel 公司在 ATX 电源之后推出的标准，主要目的是降低成本。其与 ATX 的显著变化是体积和功率减小了。ATX 的体积是 150mm × 140mm × 86mm，Micro ATX 的体积是 125mm × 100mm × 63.51mm；ATX 的功率在 220W 左右，Micro ATX 的功率是 90~145W。

六、拓展训练

（一）操作训练

1）观察所提供计算机电源的铭牌，记录各电压输出的额定电流值。然后将电源正确安装到机箱内。

2）说出计算机电源的输出插头中，各插头都是为哪些设备（板卡）供电的。

（二）理论知识练习

请从给出的选项中选择正确的答案填在空白处。

1）微机 AT 电源输出的 4 组直流电是_____。（单选）

A. ±5V、±12V　　　　B. ±3V、±12V　　　　C. ±4V、±12V　　　　D. ±5V、±10V

2）ATX 主板电源接口插座为双排_____。（单选）

A. 20 针　　　　　　B. 12 针　　　　　　C. 18 针　　　　　　D. 25 针

3）ATX 电源大 4 芯插头可以连接_____。（单选）

A. 硬盘　　　　　　B. 软驱　　　　　　C. CPU　　　　　　D. 主板

4）下列认证中，属于（中国电工产品认证）长城安规检测的是_____。（单选）

A. CSA　　　　　　B. CB　　　　　　　C. CCEE　　　　　　D. FCC

5）硬盘工作状态指示灯是_____。（单选）

A. LED　　　　　　B. PW-ON　　　　　C. RESET　　　　　　D. HDD LED

项目四　安装显卡、网卡、声卡

一、项目目标

1）认识显卡。

2）能在主板上熟练安装显卡。

3）认识网卡、声卡。

4）在主板上熟练安装、设置网卡和声卡。

二、项目内容

1. 工具（见表 1-11）

表 1-11　工具

工 具 名 称	规　格	数　量	备　注
一字形螺钉旋具	带磁性	1 把	
十字形螺钉旋具	带磁性	1 把	
尖嘴钳子		1 把	
镊子		1 把	

2. 材料（见表 1-12）

表 1-12　材料

材 料 名 称	型 号 规 格	数　量	备　注
机箱、电源	ATX 机箱、300W	1 套	
主板	865PE 系列芯片组	1 块	
内存条	DDR400,1GB	2 根	

（续）

材料名称	型号规格	数 量	备 注
CPU、风扇	Pentium 4 2.4GHz	1套	
显卡	AGP 接口	1块	
网卡	10/100Mbit/s 自适应	1块	
声卡	PCI 接口	1块	

三、操作步骤

【任务一】 认识并安装显卡。

显卡是 CPU 与显示器之间的接口电路，因此也叫"显示适配器"。显卡的作用是在 CPU 的控制下，将主机送来的显示数据转换为视频信号送给显示器，最后再由显示器来形成各种各样的图像。

PCI 接口显卡如图 1-70 所示。

AGP 接口显卡如图 1-71 所示。PCI-E 接口显卡如图 1-72 所示。

1）取下机箱后面板上显卡插槽对应的挡板，如图 1-73 所示。

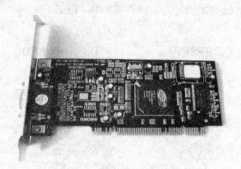

图 1-70

图 1-71

图 1-72

图 1-73

2）找到插显卡的插槽，扳开固定显卡的卡子。

3）将显卡垂直插入插槽中。当听到"咔哒"声后检查"金手指"是否全部进入显卡插槽，如图 1-74 所示。

4）拧上固定螺钉，如图 1-75 所示。

【任务二】 在主板上安装网卡、声卡。

计算机与外界局域网的连接是通过在主机箱内插入一块网卡实现的（或者是在笔记本计算机中插入一块 PCMCIA 卡），如图 1-76 所示。

图 1-74

图 1-75

声卡（Sound Card）也叫音频卡，是多媒体技术中最基本的组成部分，是实现声波/数字信号相互转换的一种硬件，如图 1-77 所示。声卡的基本功能是把来自传声器、磁带、光盘的原始声音信号加以转换，输出到耳机、扬声器、扩音机、录音机等声响设备，或通过音乐设备数字接口（MIDI）使乐器发出美妙的声音。

图 1-76

图 1-77

1）卸下机箱上网卡的挡板，如图 1-78 所示。

2）在 PCI 插槽中插入网卡，如图 1-79 所示。

图 1-78

图 1-79

3）用螺钉固定网卡，如图 1-80 所示。

4）卸下机箱上声卡的挡板，如图 1-81 所示。

5）把声卡插入 PCI 插槽中，如图 1-82 所示。

6）用螺钉固定声卡，如图 1-83 所示。

图 1-80

图 1-81

图 1-82

图 1-83

四、考核标准

1）认识显卡，并能熟练地将其安装到主板上。

2）认识声卡与网卡，并能正确地将它们安装到主板上。

五、相关知识

（一）显卡的性能参数

1. 显示芯片

显示芯片是显卡的核心芯片，它的性能好坏直接决定了显卡的性能。

2. 色深

色深是指每个像素可显示的颜色数，单位是"位"，位数越高，每个像素可显示出的颜色数量就越多。在显示分辨率一定的情况下，一块显卡所能显示的颜色数量还取决于其显存的大小。

目前常用的色深一般为：

256 色：8 位。

增强色：16 位，64K 色。

真彩色：24 位，16M 色。

真彩色：32 位，16M 色。

目前的显卡都支持 32 位色。

3. 显存速度

显存速度是指显存的工作频率，在显存颗粒上用 ns 表示，一般有 6ns、5ns 等。显存工作频率 = 1/显存速度，例如 5ns 显存的工作频率 = 1/5ns = 200MHz。显存速度越小，则显卡性能越好。

4. 显存

显存是存放图形数据的地方。在图形芯片处理完图形信号以后，首先要进入显存中进行存放，再通过 AGP 总线输出到 CPU 以供调用，因此它的大小和速度也是决定显卡档次的关键因素。

5. 分辨率

分辨率是显卡在显示器上所能描绘的像素点的数量，反映了视频图像的最大清晰度，由每幅图像在显示屏幕上的水平和垂直方向上的像素点来表示。比如，某显示分辨率为 800 × 600 像素，则表示水平方向上有 800 个像素点，垂直方向上有 600 个像素点。

6. 刷新频率

通常，CRT 显示器电子枪同时发出三束射线分别控制红、绿、蓝三原色，电子枪发出的射线轰击荧光粉只能让一个个点依次发光，但是为什么看到的是完整的图像而不是一个个闪烁的点呢？

这是因为电子枪发射射线的速度大大超过了人眼的反应速度，电子枪先是扫描完一排一排的点直到满屏，然后又再重新开始，如此周而复始。当电子枪刷新画面的速度低于 60 次/s（60Hz）时，眼睛会明显地感觉到闪烁，75Hz 时眼睛感觉比较舒适，85Hz 时眼睛感觉稳定而舒适。"刷新频率"就是指每秒能完成多少次画面刷新，单位是 Hz。

（二）选购显卡

1. 按需配置，不贪功能多

目前计算机的主要用途包括诸如 Word、WPS、Excel 以及财务软件等文字处理、学校教学、上网、影视播放及一般 3D 游戏等需求。

对于此类应用，目前一般的显卡就能满足其需求，可以随意选购，甚至集成显卡都能胜任。

2. 看清容量，不追大容量

在大多数人的观念里，64MB 显存的显卡肯定比 32MB 的速度快，128MB 的显卡肯定比 64MB 的快，256MB 的显卡肯定比 128MB 的速度快！

显存与普通的内存不同，显存仅由显卡使用，根据所设的分辨率及色深，需用一定量的显存，多余的显存根本就不使用。

（三）VGA 输出接口

计算机所处理的信息最终都要输出到显示器上，显卡的 VGA 输出接口（图 1-84）就是计算机与显示器之间的桥梁，它负责向显示器输出相应的图像信号，也就是显卡与显示器相连的输出接口，通常是 15 针 CRT 显示器接口。

（四）DVI 输出接口

DVI 输出接口（见图 1-84）的功能是专门输出数字信号给 LCD 显示器，这样可以获得更高的显示质量。

（五）GPU

GPU（Graphic Processing Unit）就是图形处理芯片，如图 1-85 所示。GPU 是显卡的"心脏"，相当于 CPU 在计算机中的作用，它决定了该显卡的档次和大部分功能，现在市场上的显卡大多采用 nVIDIA 和 ATI 公司的图形处理芯片。GPU 上往往有散热片或风扇。

VGA输出接口

DVI输出接口

图 1-84

图 1-85

（六）AGP 接口

AGP（Accelerate Graphical Port）是加速图形接口。随着显示芯片的发展，PCI 总线日益无法满足其需求。Intel 公司于 1996 年 7 月正式推出了 AGP 接口，它是一种显卡专用的局部总线。严格地说，AGP 不能称为总线，它与 PCI 总线不同，因为它是点对点连接，即连接控制芯片和 AGP 显卡，但在习惯上我们依然称其为 AGP 总线。AGP 接口是基于 PCI 2.1 版规范并进行扩充修改而成的，工作频率为 66MHz。

AGP 接口的发展经历了 AGP 1.0（AGP 1X、AGP 2X）、AGP 2.0（AGP Pro、AGP 4X）、AGP 3.0（AGP 8X）等阶段，其传输速率也从最早的 AGP 1X 的 266MB/s 的带宽发展到了 AGP 8X 的 2.1GB/s。

不同 AGP 接口模式的传输方式不同。

表 1-13 比较了所有 AGP 模式的异同。

表 1-13　所有 AGP 模式的异同

规　　格	AGP 1.0	AGP 2.0	AGP 3.0
模 式 名 称	AGP、AGP 2X	AGP 4X	AGP 8X
信号电压/V	3.3	1.5	0.8
时钟频率/MHz	66 2 倍	66 4 倍	66 8 倍
总线位数/bit	32	32	32
传输带宽/(MB/s)	266、533	1066	2133
向后兼容性	是	是	仅兼容于 AGP 4X

（七）PCI-E 接口

AGP 接口的显卡已经逐渐被淘汰，所以当前选购显卡时主要选择 PCI-E 接口的显卡，当然与之配套的主板上必须具备 PCI-E 插槽才行。购买 PCI-E 显卡时要注意其是否支持 DirectX 最新版本。

PCI-E 属于点对点串行总线，总线中的每个设备独享带宽，并且具备双向传输能力。此外，对于 PCI-E 总线而言，通道数越多，带宽就越大，主板上插显卡的 PCI-E x16 插槽的带宽达到了 8GB/s。

（八）显示器

显示器是计算机向用户显示信号的外设。它让用户知道计算机处于什么工作状态，或操作是否正确。可以说，显示器是计算机与用户交流信息的一条最主要的途径，它的好坏不仅关系到机器性能的发挥，而且关系到人的眼睛及人体的健康问题。显示器可以分为 CRT 显示器和 LCD 显示器。

CRT 显示器（阴极射线显像管）主要由电子枪（Electron gun）、偏转线圈（Deflection coils）、荫罩（Shadow mask）、高压石墨电极和荧光粉涂层（phosphor）和玻璃外壳 5 部分组成。其中我们最熟悉的是玻璃外壳，也可以叫做荧光屏，因为它的内表面可以显示丰富的色彩图像和清晰的文字。

LCD 显示器是一种采用液晶控制透光度技术来实现色彩的显示器。和 CRT 显示器相比，LCD 显示器的优点是很明显的。由于 LCD 显示器通过控制是否透光来控制亮和暗，当色彩不变时，液晶也保持不变，这样就无须考虑刷新率的问题。对于画面稳定、无闪烁感的 LCD 显示器，刷新率不高但图像很稳定。LCD 显示器还通过液晶控制透光度的技术原理让底板整体发光，所以它做到了真正的完全平面。一些高档的数字 LCD 显示器采用数字方式传输数据、显示图像，这样就不会产生由显卡造成的色彩偏差或损失。LCD 显示器完全没有辐射，即使长时间观看屏幕也不会对眼睛造成很大伤害。体积小、能耗低也是 CRT 显示器无法比拟的，一般一台 15 寸 LCD 显示器的耗电量相当于 17 寸纯平 CRT 显示器的 1/3。

（九）网卡

网卡是工作在物理层的网络组件，是局域网中连接计算机和传输介质的接口，不仅能实现与局域网传输介质之间的物理连接和电信号匹配，还涉及帧的发送与接收、帧的封装与拆封、介质访问控制、数据的编码与解码以及数据缓存的功能等。

在组装时，是否能正确选用、连接和设置网卡，往往是能否正确接通网络的前提和必要条件。一般来说，在选购网卡时要考虑以下因素。

1. 网络类型

现在比较流行的有以太网、令牌环网、FDDI 网等，选择时应根据网络的类型来选择相对应的网卡。一般情况下，我们所使用的网卡是以太网网卡。

2. 传输速率

应根据服务器或工作站的带宽需求，并结合物理传输介质所能提供的最大传输速率来选择网卡的传输速率。以以太网为例，可选择的速率就有 10Mbit/s、100Mbit/s、1000Mbit/s，甚至 10Gbit/s，但不是速率越高就越合适。例如，为连接在只具备 100Mbit/s 传输速率的双绞线上的计算机配置 1000Mbit/s 的网卡就是一种浪费，因为其至多也只能实现 100Mbit/s 的传输速率。

（十）选购网卡

1. 网卡的传输速率和接口类型

如果是家庭使用，百兆网卡足够日常使用。若是网络中经常需要大容量的数据传输，可以考虑 1000Mbit/s 的网卡。

2. 识别品牌

比较知名的网卡生产商有 3COM、Intel 等。

（十一）选购声卡

1. 根据用途选择声卡种类

如果只是普通使用，则主板集成的声卡或普通独立声卡即可。如果对音质要求较高，则需要选择四声道或 5.1 声道声卡。

2. 接口类型

PCI 接口卡为市场主流，外置式声卡通过 USB 接口与计算机连接，使用方便，便于移动。

六、拓展训练

（一）操作训练

1）将提供的 AGP 接口显卡正确安装到主板的相应插槽上。

2）将提供的声卡、网卡正确安装到主板上。

（二）理论知识练习

请从给出的选项中选择正确的答案填在空白处。

1）AGP 8X 是继 AGP 4X 以后全新一代的 AGP 接口标准，其数据带宽为_____。（单选）

A. 16 位　　　　　　B. 32 位　　　　　　C. 64 位　　　　　　D. 128 位

2）AGP 8X 所能达到的最高数据传输率为_____。（单选）

A. 266MB/s　　　　B. 532MB/s　　　　C. 1.06GB/s　　　　D. 2.133GB/s

3）AGP 是目前最为常见的图形接口，其标准有 AGP、AGP 2X、AGP 4X、AGP 8X。其中 AGP 4X 的工作频率为_____。（单选）

A. 66MHz　　　　　B. 133MHz　　　　　C. 266MHz　　　　　D. 533MHz

4）显卡的选购应注意_____。（单选）

A. 与主板总线插槽的匹配　　　　　　B. 与显示器类型的匹配

C. 与硬盘的匹配　　　　　　　　　　D. 与光驱的匹配

5）AGP 8X 接口标准的工作电压为_____。（单选）

A. 3.3V　　　　　　B. 1.5V　　　　　　C. 0.8V　　　　　　D. 2.0V

6）显示存储器一般安装在_____。（单选）

A. 微机主板上　　　B. 显示器适配器上　C. 显示器内部　　　D. 多功能卡上

7）网卡是应用最广的网络设备之一，它连接计算机与网络的硬件设备，是局域网最基本的组成部分。目前，网卡主要采用的总线有_____。（多选）

A. PCI　　　　　　　B. ISA　　　　　　　C. AGP　　　　　　　D. USB

8）以太网网卡是常用的网卡，目前以太网网卡的最高传输速率为_____。（单选）

A. 10Mbit/s　　　　B. 100Mbit/s　　　　C. 480Mbit/s　　　　D. 1000Mbit/s

9）若要将计算机接入网络中，需在该计算机内增加一块_____。（单选）

A. 网卡　　　　　　B. 网络服务板　　　　C. MPEG 卡　　　　　D. 多功能卡

10）某用户计算机主板集成了声卡，后因工作需要又购置了一块 PCI 声卡，PCI 声卡使用一直正常，但用户重新安装 Windows 并正常安装了各设备的驱动程序后，PCI 声卡不能发出声音，最可能的原因是_____。（单选）

A. Windows 多媒体设置问题　　　　　B. 两个声卡存在硬件冲突

C. Windows 系统有问题　　　　　　　D. PCI 声卡故障

项目五　安装硬盘、光驱

一、项目目标

1）认识硬盘、光驱。

2）熟练安装硬盘、光驱、软驱。

二、项目内容

1. 工具（见表1-14）

表1-14　工具

工具名称	规　格	数　量	备　注
一字形螺钉旋具	带磁性	1把	
十字形螺钉旋具	带磁性	1把	
尖嘴钳子		1把	
镊子		1把	
粗纹螺钉		若干	固定硬盘
细纹螺钉		若干	固定光驱

2. 材料（见表1-15）

表1-15　材料

材料名称	型号规格	数　量	备　注
硬盘	IDE接口40GB	1块	未分区
机箱、电源	ATX机箱、300W	1套	
主板	865PE系列芯片组	1块	
内存条	DDR400,1GB	2根	
CPU、风扇	Pentium 4　2.4GHz	1套	
光驱	CD-ROM	1个	
键盘、鼠标	PS/2接口	1套	
显卡	AGP接口	1块	
网卡	10/100Mbit/s自适应	1块	PCI接口

三、操作步骤

【任务一】　认识硬盘、光驱。

1. 硬盘

硬盘是一种主要的计算机存储媒介，由一个或者多个铝制或者玻璃制的碟片组成，如图1-86和图1-87所示。这些碟片外面覆盖有铁磁性材料，被永久性地密封固定在洁净的腔体中。绝大多数硬盘都是固定安装在计算机机箱里，不过，现在可移动使用的硬盘越来越普及，种类也越来越多。

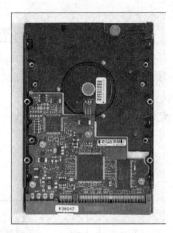

图 1-86   图 1-87

2. 光驱

光驱是计算机用来读写光盘内容的部件，是台式机里比较常见的一个配件，如图 1-88 所示。随着多媒体的应用越来越广泛，使得光驱在台式机诸多配件中已经成为标准配置。目前，光驱可分为 CD-ROM 驱动器、DVD 光驱（DVD-ROM）、康宝（COMBO）和刻录机等。

【任务二】 安装硬盘。

1）设置硬盘的主从关系。现在的主板 IDE 接口都是双通道的，也就是一个 IDE 接口能接两个 IDE 设备。如果在一根数据线上接两个 IDE 设备，就必须设置"主从关系"，否则不能正常工作。

不同品牌的硬盘主从跳线设置不一定相同，不过具体的设置方法一般都标注在硬盘的标签上，如图 1-89 所示。

	Master or single drive
	Drive is slave
	Master with non ATA – compatible slave
	Cable select
	Limit drive capacity 40 Gbytes=32 GB <40Gbytes=2.1Gbytes

图 1-88   图 1-89

为了区别同一 IDE 接口上的两个 IDE 设备，在每一台 IDE 设备上都有设置主（Master）、从（Slave）方式的跳线。IDE 硬盘在出厂时通常预设为 Single（单一）方式，相当于 Master，若要调整为 Slave 方式，则需要参照硬盘使用手册调整跳线状态。

按照硬盘标签上的指示，把该硬盘设置为 Master。

2）将硬盘推入硬盘驱动器舱，并使硬盘侧面的螺钉孔与硬盘驱动器舱上的螺钉孔对齐。

3）逐个拧上固定螺钉，如图 1-90 所示。

【任务三】　安装光驱。

1）设置主从跳线。如果硬盘和光驱使用同一条 IDE 电缆线，应把硬盘设为主盘，光驱设为从盘。光驱单独用一根数据线接在 IDE 2 上时，光驱一般设为主盘。

把光驱设为 Master。

2）取下机箱前面板上一个 5in 的光驱挡板，如图 1-91 所示。

3）在该槽口中放入光驱，对齐各螺钉孔，并调整好光驱位置，如图 1-92 所示。

图 1-90

图 1-91

图 1-92

4）拧上固定螺钉。

四、考核标准

认识硬盘、光驱，并能安装到机箱内。

五、相关知识

（一）硬盘的性能指标

1. 容量

作为计算机系统的数据存储器，容量是硬盘最主要的参数。

2. 转速

转速（Rotation Speed 或 Spindle Speed），是硬盘内电动机主轴的旋转速度，也就是硬盘盘片在 1min 内所能完成的最大转数。转速的快慢是衡量硬盘档次的重要参数之一，是决定硬盘内部传输速率的关键因素之一，在很大程度上直接影响硬盘的速度。硬盘的转速越快，硬盘寻找文件的速度也就越快，相对的硬盘的传输速率也就得到了提高。硬盘转速以转/分钟来表示，单位为 RPM（Revolutions Per minute）。RPM 值越大，内部传输速率就越快，访问时间就越短，硬盘的整体性能也就越好。

3. 平均访问时间

平均访问时间（Average Access Time）是指磁头从起始位置到达目标磁道位置，并从目标磁道上找到要读写的数据扇区所需的时间。

平均访问时间体现了硬盘的读写速度，包括硬盘的寻道时间和等待时间，即平均访问时间 = 平均寻道时间 + 平均等待时间。

硬盘的平均寻道时间（Average Seek Time）是指硬盘的磁头移动到盘面指定磁道所需的时间。这个时间当然越小越好，目前硬盘的平均寻道时间通常为 8 ~ 12ms，而 SCSI 硬盘则应小于或等于 8ms。

硬盘的等待时间，又叫潜伏期（Latency），是指磁头已处于要访问的磁道，等待所要访问的扇区旋转至磁头下方的时间。平均等待时间为盘片旋转一周所需时间的一半，一般在 4ms 以下。

4. 传输速率（Data Transfer Rate）

硬盘的数据传输率是指硬盘读写数据的速度，单位为 MB/s。硬盘数据传输率包括内部数据传输率和外部数据传输率。

内部数据传输率（Internal Data Transfer Rate）也称为持续数据传输率（Sustained Data Transfer Rate），反映了硬盘缓冲区未用时的性能。内部数据传输率主要依赖于硬盘的旋转速度。

外部数据传输率（External Data Transfer Rate）也称为突发数据传输率（Burst Data Transfer Rate）或接口数据传输率，标称的是系统总线与硬盘缓冲区之间的数据传输率。外部数据传输率与硬盘接口类型和硬盘缓存的大小有关。

5. 缓存

缓存（Cache Memory）是硬盘控制器上的一块内存芯片，具有极快的存取速度，是硬盘内部存储和外界接口之间的缓冲器。由于硬盘的内部数据传输速率和外部接口传输速率不同，缓存在其中起到一个缓冲的作用。缓存的大小与速度是直接关系到硬盘的传输速率的重要因素，能够大幅度地提高硬盘的整体性能。当硬盘存取零碎数据时需要不断地在硬盘与内存之间交换数据，可以将零碎数据暂存在缓存中，以减轻系统的负荷，也提高了数据的传输速率。

6. 接口

（1）IDE　IDE 的英文全称为 Integrated Drive Electronics（电子集成驱动器），它的本意是指把硬盘控制器与盘体集成在一起的硬盘驱动器。把盘体与硬盘控制器集成在一起的做法减少了硬盘接口的电缆数目与长度，数据传输的可靠性得到了提高，硬盘制造起来变得更容易，因为硬盘生产厂商不需要再担心硬盘是否与其他厂商生产的控制器兼容。对用户而言，硬盘安装起来也更为方便。

（2）SCSI　SCSI 的英文全称为 Small Computer System Interface（小型计算机系统接口），是同 IDE（ATA）完全不同的接口。IDE 接口是普通 PC 的标准接口，而 SCSI 并不是专门为硬盘设计的接口，是一种广泛应用于小型计算机上的高速数据传输技术。SCSI 接口具有应用范围广、多任务、带宽大、CPU 占用率低，以及热插拔等优点，但较高的价格使得它很难像 IDE 硬盘一样普及，因此 SCSI 硬盘主要应用于中高端服务器和高档工作站中。

（3）SATA　使用 SATA 口的硬盘又叫串口硬盘，是未来 PC 硬盘的趋势。SATA 采用串行连接方式，SATA 总线使用嵌入式时钟信号，具备了更强的纠错能力，与以往相比其最大的优势在于能对传输指令（不仅仅是数据）进行检查，如果发现错误会自动纠正，这在很大程度上提高了数据传输的可靠性。串行接口还具有结构简单、支持热插拔的优点。

相对于并行 ATA 来说，SATA 具有非常多的优势。首先，SATA 以连续串行的方式传送数据，一次只传送一位数据。这样能减少 SATA 接口的针脚数目，使连接电缆数目变少，效率也会更高。实际上，SATA 仅用 4 根针脚就能完成所有的工作，分别用于连接电缆、连接地线、发送数据和接收数据，同时这样的架构还能降低系统能耗和系统复杂性。其次，SATA 的起点更高、发展潜力更大，SATA 1.0 定义的数据传输速率可达 150MB/s，这比目前最新的并行 ATA（即 ATA/133）所能达到 133MB/s 的最高数据传输速率还高，而 SATA 2.0

的数据传输速率将达到 300MB/s，最终 SATA 将实现 600MB/s 的最高数据传输率。

（二）光驱的性能指标

1. 传输速率

数据传输速率（Sustained Data Transfer Rate）是 CD-ROM 光驱最基本的性能指标。该指标直接决定了光驱的数据传输速率，通常以 KB/s 来计算。最早出现的 CD-ROM 的数据传输速率只有 150KB/s，当时有关国际组织将该速率定为单速，而随后出现的光驱速度与单速标准是倍率关系，比如 2 倍速的光驱，其数据传输速率为 300KB/s，4 倍速为 600KB/s，8 倍速为 1200KB/s，12 倍速时传输速率已达到 1800KB/s，依次类推。

2. CPU 占用时间

CPU 占用时间（CPU Loading）是指 CD-ROM 光驱在维持一定的转速和数据传输速率时所占用 CPU 的时间。该指标是衡量光驱性能的一个重要指标。

3. 高速缓存

高速缓存通常用 Cache 表示，也有些厂商用 Buffer Memory 表示。它的容量大小直接影响光驱的运行速度。其作用就是提供一个数据缓冲，先将读出的数据暂存起来，然后一次性进行传送，目的是解决光驱速度不匹配问题。

4. 平均访问时间

平均访问时间（Average Access Time），即平均寻道时间。作为衡量光驱性能的一个标准，平均访问时间是指从检测光头定位到开始读盘这个过程所需要的时间，单位是 ms。该参数与数据传输速率有关。

5. 容错性

尽管目前高速光驱的数据读取技术已经趋于成熟，但仍有一些产品为了提高容错性能，采取调大激光头发射功率的办法来达到纠错的目的，这种办法的最大弊病就是人为地造成激光头过早老化，缩短产品的使用寿命。

6. 稳定性

稳定性是指一个光驱在较长的一段时间（至少一年）内能保持稳定的、较好的读盘能力。

（三）选购硬盘

硬盘是计算机不可或缺的配件。选购硬盘时，考虑的基本因素有容量、转速、接口、稳定性、缓存大小、售后服务等。

1. 容量

容量是选购硬盘最为直观的参数。发展至今，硬盘的最大单碟容量已经超过了 80GB，并向着下一个分水岭迈进。如此高的单碟容量使得当今最大硬盘容量可达 1TB，当然，对个人应用来说如此之大的空间也完全没必要，选择 500GB 的硬盘已经绰绰有余了。

2. 硬盘的转速

硬盘的转速是指硬盘中盘片每分钟旋转的圈数或旋转速度，单位是 RPM（Rotation Per Minute）。硬盘最普遍的转速规格是 7200RPM，高端的硬盘可达 10000～15000RPM。转速越快，代表硬盘寻找数据的速度越快，性能越好，价格也越高。

3. 缓存

计算机处理器的数据处理速度比硬盘读、写数据的速度快得多，硬盘电路板上的高速缓存（Buffer）可以降低彼此间的速度差异，减少彼此间的等待时间。缓存可以把处理器要存入硬盘的数据快速暂存起来，再陆续写入硬盘中，或者将处理器需要的数据先在缓存中准备好，再让处理器一次取走，这样运行就可以提高计算机的整体性能。

中低端硬盘的缓存大小一般为 2MB，中高端硬盘的缓存达到 8 ~ 16MB。缓存越大，硬盘性能越好，价格也越高。

4. 硬盘的稳定性和售后服务

硬盘的容量变大了，转速加快了，稳定性的问题也日渐凸现。所以在选购硬盘之前要多参考一些权威机构的测试数据，对那些不太稳定的硬盘还是敬而远之为好。而在硬盘的数据和震动保护方面，各个公司都有一些相关的技术给予支持，如 DPS 数据保护系统、SPS 震动保护系统等。

硬盘的售后服务是非常重要的，在选购硬盘时，应尽量购买质量保证时间长的产品。希捷硬盘采用的是 5 年质保售后服务，西部数据、迈拓、三星等盒装产品一般为 3 年质保。

（四）选购光驱

1. 读写速度

光驱都有自己的标称速度，就是我们平时说的多少倍速。而一般刻录机上显示的是 16X、24X、32X、40X、48X 字样，这是告诉我们当前这个刻录机的写入速度/复写速度/读取速度。其中的写入速度是刻录机的一个重要技术指标，写入速度直接决定了刻录机的性能、档次与价格。更快的读写速度能为用户节约大量的时间，有效提高工作效率。

2. 缓存容量

对于光驱来说，缓存越大，则连续读取数据的性能越好。当刻录机刻录盘时，数据先从硬盘或光驱传送到刻录机的缓存中，然后刻录软件便直接从缓存中读出数据，并把数据刻录到 CD-R/RW 盘片上，在刻录的同时后续的数据再写入缓存中，以保持写入数据实现良好的缓冲和连续传输。整个刻录过程中，硬盘或光驱要不断地向刻录机的缓存中写入数据，而刻录机又不停地把数据刻写在光盘上。因此，缓存容量的大小，直接影响刻录的稳定性。

3. 兼容性

刻录机的兼容性主要包括两个方面，分别是格式兼容性和软件兼容性。目前主流刻录机一般都支持 CD-ROM、CD-R/RW、CD-Audio、CD-ROM XA、CD-I、CD-Extra、Photo CD、Video CD 等多种数据格式，刻录的光盘也能被大多数 CD-ROM、CD-R/RW、DVD-ROM，甚至家用 VCD/DVD 机读取，具有较好的数据兼容性。

4. 平均寻道时间

平均寻道时间是指激光头查找一条位于 CD-ROM 光盘可读取区域中的数据道所花费的平均时间，单位是 ms。它也是衡量光驱和刻录机读写速度的一个重要指标，刻录机的平均寻道时间一般都比 CD-ROM 的平均寻道时间长。平均寻道时间越短越好。

5. CPU 占用率

任何硬件在工作时，对 CPU 的占用率都是越少越好。对于刻录机来说，CPU 占用率的大小跟所使用的具体的刻录软件也有很大的关系。

六、拓展训练

（一）操作训练

请将图 1-93 所示的硬盘设置为主盘（写出 JP1、JP2、JP3 的状态）。

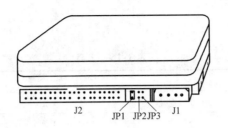

	JP1	JP2	JP3
MASTER	SHORT	OPEN	OPEN
SLAVE	OPEN	SHORT	OPEN
CABLE	OPEN	OPEN	SHORT

图 1-93

（二）理论知识练习

请从给出的选项中选择正确的答案填在空白处。

1）SATA（Serial ATA）是一种高速的串行连接方式，可以广泛应用于硬盘、光驱和磁盘阵列等存储设备。一个 SATA 接口可以同时接_____块硬盘或光驱。（单选）

A. 1   B. 2   C. 4   D. 8

2）_____不是硬盘驱动器的接口标准。（单选）

A. SCSI   B. ST 506/412   C. IDE   D. ECP

3）硬盘在理论上讲可以作为计算机的_____。（单选）

A. 输入设备   B. 输出设备

C. 存储器   D. 既是输入设备，又是输出设备

4）目前微机系统常用的 CD-ROM 驱动器的接口类型为_____。（多选）

A. IDE   B. SCSI   C. RS-232   D. SPP

5）一般来说，下列外部存储器中，读取速度最快的是_____。（单选）

A. 软盘   B. 硬盘   C. 光盘   D. 磁带

6）硬盘是常用的外部存储器，与 CD-ROM 相比其优点是_____。（多选）

A. 价廉   B. 读取速度快   C. 不会感染病毒   D. 可读写

7）下列说法正确的是_____。（单选）

A. ST 506/412 接口不能用来接硬盘   B. AT BUS 接口不能用来接硬盘

C. ESDI 接口不能用来接硬盘   D. SCSI 接口不能用来接硬盘

E. 以上说法都不对

8）某 40 倍速光盘驱动器，其传输速率一般为_____。（单选）

A. 1500KB/s   B. 6000KB/s   C. 3000KB/s   D. 12000KB/s

项目六 连接机箱内的连接线

一、项目目标

1）识别各种数据线、电源线。

2）熟练连接机箱内部的各种连接线。

二、项目内容

1. 工具（见表1-16）

表1-16 工具

工具名称	规　　格	数　　量	备　　注
一字形螺钉旋具	带磁性	1把	
十字形螺钉旋具	带磁性	1把	
尖嘴钳子		1把	
镊子		1把	

2. 材料（见表1-17）

表1-17 材料

材料名称	型号规格	数　　量	备　　注
硬盘	EIDE接口、40GB	1块	未分区
机箱、电源	ATX机箱、300W	1套	
主板	865PE系列芯片组	1块	
内存条	DDR400,1GB	2根	
CPU、风扇	Pentium 4　2.4GHz	1套	
光驱	CD-ROM	1块	
光驱音频线		1根	
IDE数据线	80芯	2根	
键盘、鼠标		1套	
显卡	AGP接口	1块	
网卡	10/100Mbit/s自适应	1块	PCI接口

三、操作步骤

【任务一】 连接硬盘的电源线和数据线。

1）从电源的输出电源接口中找到一个4孔的插头（D型头）插入硬盘的电源接口中，如图1-94所示。

2）将单独一根IDE数据线的一端插入主板上的IDE1插座中，如图1-95所示。

图1-94

图1-95

3）将 IDE 数据线的另一端插入硬盘的数据线接口中，如图 1-96 所示。

【任务二】　连接光驱的电源线和数据线。

1）从电源输出的连接线中找到一个 4 孔的插头（D 型头）插入光驱的电源接口中，如图 1-97 所示。

图 1-96

图 1-97

2）将单独一根 IDE 数据线的一端插入主板上的 IDE2 插座中，如图 1-98 所示。注意数据线的红色线对应 1 号针。

3）将 IDE 数据线的另一端插入光驱的数据线插槽中，如图 1-99 所示。注意数据线的红色线对应 1 号针。

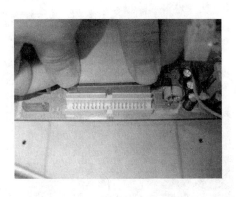

图 1-98

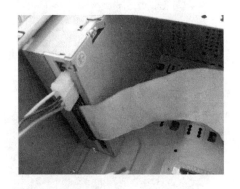

图 1-99

4）将光驱音频线的一端插入光驱的 Audio 端口。

5）将光驱音频线的另一端插在声卡的 CD IN 音频接口上。

【任务三】　连接主板信号控制线。

1）机箱中有许多开关、指示灯和计算机扬声器的信号控制线需要插接在主板的插针上，如图 1-100 所示。

2）将各信号控制线分别插入主板对应的接口中，如图 1-101 所示。

3）在主板上找到标识有 USB 字样的插座，如图 1-102 所示。根据主板说明书，将 USB 接口的各插针插好，如图 1-103 所示。

【任务四】　连接主板电源线。

1）将主板电源插头插入主板电源插座，如图 1-104 所示。

2）将两个塑料卡子互相卡紧。

3）将 CPU 电源插头插到主板上对应的插座中，如图 1-105 所示。

图 1-100

图 1-101

图 1-102

图 1-103

图 1-104

图 1-105

【任务五】 整理机箱内的连线。

1）理顺机箱内部的各条连线，如图 1-106 所示。

2）用扎线将它们绑在一起。

四、考核标准

1）硬盘和光驱的主、从盘跳线设置无误，硬盘、光驱分别单独用一根数据线接在不同的 IDE 接口上。

图 1-106

2）IDE 数据线无插反现象。

3）机箱面板插针插接正确。

五、相关知识

（一）硬盘数据线

硬盘数据线为 40 针或者 80 针，SATA 接口硬盘数据线，如图 1-107 所示。色线对应 1 号针。

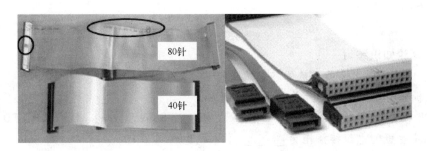

图 1-107

（二）常见机箱面板信号线的功能

POWER LED：电源指示灯。

RESET SW：复位启动开关。

SPEAKER：计算机扬声器。

H. D. D LED：硬盘指示灯。

PWR SW：电源开关。

一般情况下，色线对应主板插针的正极端。重启信号线、开机信号线不区分正负极，硬盘指示灯线和电源指示灯线若插反，指示灯则不亮。

六、拓展训练

（一）操作训练

正确连接图 1-108 和图 1-109 中的硬盘灯、电源开关、电源指示灯、扬声器、复位启动开关等部件。

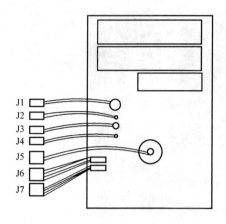

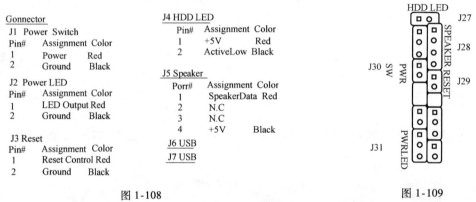

Gonnector	J4 HDD LED
J1 Power Switch	Pin# Assignment Color
Pin# Assignment Color	1 +5V Red
1 Power Red	2 ActiveLow Black
2 Ground Black	

图 1-108   图 1-109

（二）理论知识练习

请从给出的选项中选择正确的答案填在空白处。

1）主机箱面板上的电源开关引线连接到主板上标有_____字样的接脚上。（单选）

A. SPEAKER   B. RST SW   C. PWR SW   D. HDD LED

2）ATX 主板的电源接插座为_____。（单选）

A. 40 针   B. 44 针   C. 24 针   D. 12 针

3）主板上 AGP 插槽的颜色是_____。（单选）

A. 红色   B. 白色   C. 蓝色   D. 褐色

4）一根 IDE 接口的数据线最多可以连接的硬盘个数为_____。（单选）

A. 1 个   B. 2 个   C. 3 个   D. 4 个

模块二　配置、组装一台计算机

项目一　确定计算机配置清单

一、项目目标
1）能合理搭配主板与其他配件之间的性能参数。
2）会填写组装计算机的配置清单。

二、项目内容
1. 工具（见表 2-1）

表 2-1　工具

工 具 名 称	规 格	数 量	备 注
多媒体计算机		1 台	可以接入互联网

2. 材料（见表 2-2）

表 2-2　材料

材 料 名 称	型 号 规 格	数 量	备 注
笔		1 支	
配置表		1 张	

三、操作步骤
【任务一】　根据计算机的用途，确定计算机配置。

在购买配件组装计算机的时候，需要根据计算机的用途、购买预算确定计算机的配置，有机配合这些硬件，需要注意以下几点。

1. 确定 CPU 类型

CPU 市场上主要存在 Intel 与 AMD 两大阵营，由于商业竞争的缘故，两大阵营之间的产品完全不兼容。例如，AMD 的 Socket AM2 和 Intel 的 LGA 775 等，分别需要对应不同的芯片组，CPU 在针脚、主频、工作电压、接口类型等方面都有差异。正因为如此，在搭配整机时，首先需要确定 CPU 的类型。

2. 内存与主板的搭配

目前使用的内存有 DDR、DDR2、DDR3 规格，主板支持的内存规格由主板芯片组决定。所以在选择内存时，要确定主板芯片组所支持的内存规格，否则会导致主板不支持，内存无法使用。

3. 显卡与主板的搭配

目前主流显卡大多为 PCI Express 接口和 AGP 接口的产品，因此在选择显卡时首先要考虑的是主板显卡插槽类型，之后再选择显卡类型，还要考虑主板显卡接口的技术规范。

对于 AGP 插槽来说，将支持 AGP 2X 接口规范的显卡插到支持 AGP 8X 接口规范的显卡插槽上，显卡就不能使用；而将支持 AGP 8X 接口规范的显卡插到支持 AGP 4X 接口规范的显卡插槽上，显卡只能以 AGP 4X 接口规范工作，达不到原有的工作频率和速度。也就是说，插槽的传输速率无法满足显卡的要求，显卡的性能就会受到巨大的限制，再好的显卡也无法发挥作用。

对于 PCI Express 插槽来说，分为 X1、X2、X4、X8、X16、X32 六种规范，每一种规范的工作电压、时钟频率、带宽等都不相同，因此它们也不能完全兼容。

4. 电源、机箱与主板的搭配

机箱、电源与系统的搭配是整机搭配中一个非常重要的环节，这两者的选择与所用主板的类型及系统硬件设备的数量有很大关系。

在选择机箱时，首先必须根据所用主板的板型结构来选择机箱大小。目前市场上的主板基本上都是 ATX 标准的大板子，而很多对硬件不熟悉的用户却只购买了支持 Micro ATX 主板的"迷你"小机箱来安装 ATX 主板，最终的结果就是主板根本就安装不下。

电源的搭配要注意两个问题，首先是接口问题，目前主板的电源普遍采用 24pin 电源接口和 4pin 电源接口，还有一些主板采用 20pin 电源接口和 4pin 电源接口。所以在购买电源时，要考虑主板的电源接口。其次是功率问题，如果接的硬盘、光驱、板卡数量较多，需要选择功率稍大的电源。

5. CPU 风扇与 CPU 的搭配

不同 CPU 的功率各不相同，有的 65W 左右，有的 100W 左右。功率不同，相应的发热量也不相同。发热量大的 CPU 尽量选择散热性能较好的风扇。另外，在购买 CPU 风扇时要看清 CPU 风扇的支持范围。

【任务二】 接入互联网，上网查询有关配件的信息，填写准备组装的主要用于上网、看电影、聊天，偶尔做一些文字工作的计算机的配置清单。

综上所述，用户对计算机的性能要求不高，但大屏幕、低噪声是必需的。处理器可以选用 45nm 制程的 Athlon Ⅱ X2 245，配以双热管大直径风扇的散热器，功耗和噪声都很低。内存要求也一般，可以选用 DDR3 1333 2GB 的容量，一根就够了。从保护视力的角度出发，就不要选用 CRT 显示器了，虽然 16:9 面板价格便宜，但相对来说点距较大的 16:10 的 22 英寸 LCD 显示器更适合家庭使用。显卡可用主板集成的，显存有 512MB 就足够了。

考虑到用户经常上网、看电影，还会下载一些 MP3 歌曲、电视连续剧等音视频，最好配置 SATA 500GB、7200RPM 的硬盘，采用集成的网卡即可。为了达到理想的影音效果，最好购置 5.1 声卡和高质量音箱。键盘、鼠标手感要舒适柔软，可以在很大程度上减轻双手的疲劳。机箱方面要求外形小巧、辐射低，电源要求够用、噪声低。

请根据以上配置需求列出装机配置单，见表 2-3。

表 2-3 装机配置单

名称	品牌型号、规格	数量	主要性能指标	价格
CPU				
主板				
内存				

（续）

名称	品牌型号、规格	数量	主要性能指标	价格
硬盘				
显卡				
声卡				
网卡				
光驱				
电源				
机箱				
键盘				
鼠标				
音箱				

四、考核标准

能够根据用户组装计算机的用途和预算，列出满足性能要求、价格合理的配置清单。

五、相关知识

1. 主板与 CPU、内存、显卡的搭配

在一台主机中，主板是用于连接各部件的，主要起连接、支持的作用。其中，对 CPU 与内存之间配置关系的支持尤为重要。主板采用何种内存也是由芯片组决定的，在北桥芯片中集成了极为重要的内存控制器。例如，选择了 CPU 和内存，就要用适当的主板来配套，否则只支持某端，计算机就配置不成了，或为某端提供的性能不足，也限制了另一端的性能。比如，原本想用一个 533MHz FSB 的 Pentium 4 CPU 和双通道 DDR266 的组合，但选用的主板却不支持 533 总线的 CPU 或双通道的内存，这样就配置不成了。又或者想用 800MHz FSB 的 Pentium 4 配 DDR400，但主板对内存却只支持双通道 DDR333，这样也就限制了内存的档次。

这些配置不当的主板（主芯片）在市面上也时有发现，因此在配搭时要特别注意这一点，不要选用了不当的配置组合或配置不当的主板。其实，熟悉组装计算机的用户往往都是对 CPU、内存和主板一起考虑的，即便不清楚具体购买哪些厂商的部件，也已经大致规划好购买的 CPU、内存和主板的规格种类，弄清了它们之间的性能关系。知道选用了某些 CPU，就只能选择一定范围内的内存和主板，反之选用了某内存或主板后，也只能选用一定范围内的 CPU。

至于主板与显卡的配置，只要根据自己的需要，挑选出低、中或高端的产品即可。一般来说，如果选用的 CPU 和内存都是高端产品，则应该相应地选用高端的显卡；如果 CPU 和内存是低端的，则应该选用低端的显卡，配件之间的高、中、低端成正比，以让彼此之间能够充分发挥之余又不浪费性能。其实只要挑选了相应档次的 CPU 和内存，也会相应支持适当范围的显卡的，主板的搭配基本可让显卡和 CPU、内存之间在性能上不会相偏太远，尤其是现在支持 AGP 8X 和 PCI Express 端口的主板。

2. 主板与硬盘各部件的搭配

主板与硬盘各部件，主要是指主板南桥的南北桥传输速率。它负责硬盘、PCI、AGP、PCI Express、USB、IEEE 1394 和 PS/2 等设备的应用。例如硬盘，目前常见的最小都要 100MB/s 的传输速率，也就是说，一个硬盘就已经占用了南北桥传输的 100MB/s 的资源了，如果再多几个 PCI 设备（每个 PCI 设备占用 133MB/s 的资源），就要有相当高的传输速率才行。如果是早期 Intel 的南桥 ICH5，仅有 266MB/s 的南北桥传输速率，就可能产生瓶颈。不过，如今的主板南北桥传输速率都在 800MB/s 或以上（Intel 的 ICH6 达到了 2GB/s，这种速率可以完全满足如今南桥与计算机硬盘等各部件之间的数据传输需要。

六、拓展训练

（一）操作训练

某用户是一个计算机平面设计工作者，每天的工作就是长时间盯着屏幕，修改高分辨率的图片，修改完成后把作品刻录在光盘上存档。请为他配置一台计算机，列出配置清单，见表 2-4。

表 2-4　配置清单

配件名称	品版、型号、规格	数量	主要性能参数	当前价格
主板				
内存				
CPU				
显卡				
硬盘				
光驱				
显示器				
机箱、电源				
键盘、鼠标				
声卡				
总价				

（二）理论知识练习

请从给出的选项中选择正确的答案填在空白处。

1）购买计算机电源时，应着重关注电源的_____。（单选）

A. 峰值功率　　　　B. 额定功率　　　　C. 瞬时功率　　　　D. 容量

2）下列 CPU 接口中不是当今主流类型的是_____。（单选）

A. Socket 775　　　　B. Socket AM2　　　　C. Socket AM3　　　　D. Socket 7

3）在 Socket 775 主板上，CPU 专用电源接口的针数是_____。（单选）

A. 4 口　　　　B. 20 口　　　　C. 6 口　　　　D. 24 口

4）现在流行的显卡一般会插在主板的_____插槽内。（单选）

A. PCI　　　　B. PCI-E　　　　C. SATA　　　　D. DIMM

5）一般计算机电源提供的电源接口有_____。（多选）

A. 24 芯主板电源插头　　　　　　　　B. 大 4 芯插头

C. Pentium 4 CPU 专用插头　　　　　　D. SATA 插头

6）决定主板能插何种类型 CPU 的主要因素是_____。（单选）

A. 硬盘的容量　　　　　　　　　　　　B. 所插的显卡

C. 主板所采用的芯片组类型　　　　　　D. 机箱的类型

项目二 组装一台酷睿2双核计算机

一、项目目标

1）掌握计算机组装的流程和注意事项。

2）会选择合适的计算机配件。

3）组装一台多媒体计算机并通电启动。

二、项目内容

1. 工具（见表2-5）

表2-5 工具

工 具 名 称	规 格	数 量	备 注
一字形螺钉旋具	带磁性	1把	
十字形螺钉旋具	带磁性	1把	
尖嘴钳子		1把	
镊子		1把	
大粗纹螺钉		若干	固定硬盘
DOS启动CD-ROM光盘	启动盘	1张	含FDISK、FORMAT程序
光驱音频线		1根	
光驱、硬盘数据线	SATA接口	2根	

2. 材料（见表2-6）

表2-6 材料

材 料 名 称	型 号 规 格	数 量	备 注
显示器	CRT	1台	
键盘	PS/2接口	1个	
鼠标	USB接口	1个	
机箱	ATX立式机箱	1个	
电源	ATX2.3 300W	1套	
主板及说明书	nVIDIA nForce 650i Ultra	1套	集成声卡、网卡
CPU	酷睿2双核	1块	
内存条	DDR2 800	2根	
显卡	PCI-E接口	1块	
硬盘	120GB SATA接口	1块	使用说明书
光驱	SATA接口 DVD-RW	1个	
音箱		1套	
驱动光盘	主板、声卡、网卡、显卡	1套	
散热膏		1盒	

三、操作步骤

【任务一】 对照工具、材料清单清点检查、认识各部件，在主板上安装 CPU。

1）把主板平放在绝缘泡沫上，找到 CPU 插座。从包装盒中取出 CPU，观察 CPU 金色三角符号和主板上对应的缺口，如图 2-1 所示。

2）把 CPU 插座的 ZIP 拉杆拉起来，把 CPU 放入插槽，如图 2-2 和图 2-3 所示。注意对准缺口。

3）扣下 CPU 插座上的拉杆，使 CPU 得到固定，如图 2-4 和图 2-5 所示。

图 2-1

图 2-2

图 2-3

图 2-4

4）在 CPU 上均匀涂上散热膏。

【任务二】 安装 CPU 风扇。

1）紧贴着 CPU 平稳地放置好 CPU 风扇，并扣下风扇的拉杆，如图 2-6 所示。

图 2-5

图 2-6

2）把风扇的4个固定柱向下按，使4个扣角扣紧在主板上的定位固定孔中，旋转4个固定柱，使之锁定，如图2-7所示。

将连接好CPU风扇的电源线接到主板上标识字符为CPU_FAN的3针电源插头上，如图2-8所示。

图2-7　　　　　　　　　　　　　　　　　　图2-8

【任务三】　在主板上安装两根内存条。

1）将内存插槽的两个固定架扳开。

2）插入内存条，如图2-9所示。内存条的一个凹槽必须直线对准内存插槽的一个凸出的隔断。

3）双手均匀向下用力按下内存条。将紧压内存条的两个白色的固定杆向上拉起，确保内存条被固定住，如图2-10所示。在同色的两个内存插槽中各插入一根内存条，实现双通道存取，如图2-11所示。

图2-9　　　　　　　　　　　　　　　　　　图2-10

图2-11

【任务四】 在机箱里安装电源。

1）打开机箱侧面板。

2）将电源放入主机箱的电源架中，调整位置，使电源上的孔与机箱上的孔对齐，如图 2-12 所示。

3）用螺钉分别固定住，如图 2-13 所示。

图 2-12

图 2-13

【任务五】 把已经安装好 CPU 和内存的主板装到机箱中。

1）将固定主板用的螺钉柱安装在机箱对应主板有安装固定孔的位置，如图 2-14 所示。

2）将主板放入机箱内，注意要把主板外设接口与机箱后面板相应位置对准，主板螺钉孔与螺钉柱对准。

3）把所有的螺钉对准主板的固定孔，并安装好，如图 2-15 所示。

图 2-14

图 2-15

4）从主板上找到给主板供电的 20 孔 ATX 电源插座，如图 2-16 所示。从机箱电源输出线中找到 20 线 ATX 主板电源线插头，插入主板上的 ATX 电源插座，如图 2-17 所示。注意：该插座上有一个钩，拔出插头时，需要按住钩柄，使钩端抬起，否则难以拔出。

5）现在的 CPU 在主板上都有一个专用的供电接口，一般为 4 芯，同样具有防插反设计。从电源输出线中找到 4 芯插头插入主板上的 CPU 专用 4 芯电源插座中，并使两个塑料卡子互相卡紧。

【任务六】 安装连接机箱前面板的插接线。

1）查阅主板说明书，确定主板上插针的相应位置。

2）按照机箱插接线的塑料头上的标识，对号入座，插到对应的针上。

图 2-16

图 2-17

【任务七】 安装显卡。

1）取下机箱后面对应主板 PCI-E 插槽位置的挡板，如图 2-18 所示。

2）将显卡插入对应的 PCI-E 插槽中，插入过程中要垂直用力并将显卡插到底部，保证显卡和插槽接触良好，如图 2-19 所示。

3）用螺钉固定好显卡。

图 2-18

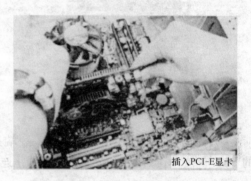

图 2-19

【任务八】 安装硬盘、光驱。

1）将硬盘放入对应支架，并用粗纹螺钉将其固定，如图 2-20 和图 2-21 所示。

图 2-20

图 2-21

2）用一根 SATA 接口数据线，一端插入硬盘数据接口，另一端插入主板的 SATA0 接口，如图 2-22 所示。同时，连接好硬盘的电源线，如图 2-23 所示。

图 2-22

图 2-23

3）先将机箱前面板的一个驱动器槽的挡板取下，将光驱平行推入驱动器槽中并用螺钉固定，如图 2-24 和图 2-25 所示。

图 2-24

图 2-25

4）用另一根 SATA 接口数据线，一端插入光驱的 SATA 数据接口中，另一端插入主板的 SATA1 接口，如图 2-26 所示。同时，连接好光驱的电源线，如图 2-27 所示。

图 2-26

图 2-27

【任务九】　整理内部连线。

1）将机箱内部连线整理好，将各种连线扎好，同时检查机箱内是否有遗留螺钉，如图 2-28 和图 2-29 所示。

2）合上机箱，然后用螺钉固定，计算机主机部分便安装完成了。

【任务十】　连接键盘、鼠标、显示器、音箱等外设。

1）连接键盘，将键盘的 PS/2 接头对准机箱后部的 PS/2 接口，然后插入，如图 2-30 所示。

图 2-28

图 2-29

2）连接 USB 接口鼠标的方法和键盘一样，只是位置不一样，如图 2-31 所示。

图 2-30

图 2-31

3）将 D 型 15 针的显示器信号线接头对准 VGA 接头，然后均匀用力插入，最后将两边的螺钉固定，以防脱落，如图 2-32 所示。

4）将 RJ-45 网线头接入网卡，如图 2-33 所示。

图 2-32

图 2-33

5）插入主机电源线。

四、考核标准

1）螺钉拧紧，跳线正确，板卡固定牢固，设置正确，能启动。掌握计算机的组装过程。

2）操作规范，无失误。

五、相关知识

在正式组装计算机之前，只把 CPU（包括风扇）、主板、内存、显卡、显示器、电源进行连接安装，如果此时能够顺利"点亮"显示器，那么意味着整个装机过程成功了大半，说明主要部件没有问题。这种检测方法叫最小系统法。

最小系统检测成功后，就可以把组成最小系统的部件装到机箱里，然后再安装硬盘、光驱等外部板卡、设备，再通电启动，开始设置 CMOS 参数、安装操作系统等后续工作。

在实际装机过程、排除故障的过程中，经常用到最小系统。

六、拓展训练

（一）操作训练

1）接入互联网，查找有关信息，自己动手列出组装一台当前性价比较高的办公用计算机的配置清单，并模拟选购配件自行组装。

2）利用 Windows XP 操作系统对硬盘进行分区和格式化。

3）利用工具软件 GDISK 对硬盘进行分区和格式化。

4）利用共享的 Ghost 工具光盘对硬盘进行快速分区并格式化为 4 个盘符。

5）比较以上方法，总结各种方法的特点。

（二）理论知识练习

请从给出的选项中选择正确的答案填在空白处。

1）主板上的 PCI 插槽的颜色通常是_____。（单选）

A. 红色   B. 褐色   C. 黑色   D. 白色

2）主板上的硬盘接口通常标注有_____字样。（单选）

A. HDD   B. CD-ROM   C. S-ATA   D. FDC

3）"64 位微型计算机"中的"64"是指_____。（单选）

A. 微型机计算机的型号   B. 内存容量

C. 字长   D. 显示器规格

4）CPU 主频、外频和倍频的关系是_____。（单选）

A. 主频 = 外频 × 倍频   B. 倍频 = 外频 × 主频

C. 外频 = 主频 × 倍频   D. 主频 = 外频/倍频

5）现在接键盘、鼠标的接口不可能是_____。（单选）

A. USB 接口   B. PS/2 接口   C. 串口   D. VGA 接口

6）假设已经安装了高质量的声卡及音响设备，但却始终听不到声音，其原因可能是_____。（单选）

A. 音响设备没有打开   B. 音量调节过低

C. 没有安装相应的声卡驱动程序   D. 以上都有可能

7）显卡上相当于"图形处理器"的是_____。（单选）

A. 显存   B. GPU   C. DVI 接口   D. 显卡 BIOS

模块三 设置 BIOS 参数

项目一 观察认识计算机的自检、启动过程

一、项目目标

1）会用冷启动、热启动法启动计算机。

2）能查看计算机系统配置、中断号分配、I/O 地址分配表。

3）会进入 BIOS 设置程序。

二、项目内容

1. 工具（见表 3-1）

表 3-1 工具

工具名称	规　格	数　量	备　注
USB-FDD U 盘		1 个	
DOS 启动软盘	3.5 英寸	1 张	含 FDISK、FORMAT 程序
DOS 启动光盘		1 张	含 FDISK、FORMAT 程序

2. 材料（见表 3-2）

表 3-2 材料

材料名称	型号规格	数　量	备　注
多媒体计算机主机	带有声卡、网卡、硬盘、光盘驱动器	1 台	硬盘未分区

三、操作步骤

【任务一】 冷启动计算机，记录屏幕显示信息。

1）按主机箱前面板上的 POWER 按钮，计算机将通电冷启动。系统启动过程中首先显示的是显卡的初始化信息，包含显卡图像处理芯片的型号、版本、生产日期和显示存储器的容量等信息，如图 3-1 所示。

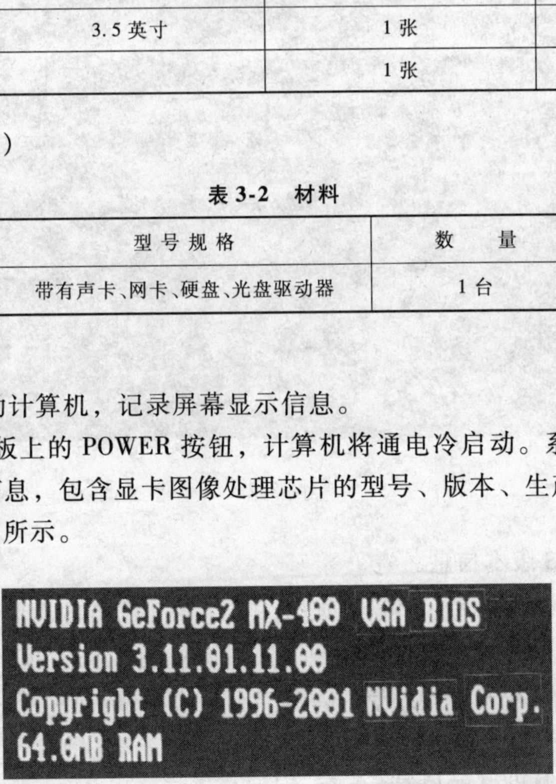

```
NVIDIA GeForce2 MX-400 VGA BIOS
Version 3.11.01.11.00
Copyright (C) 1996-2001 NVidia Corp.
64.0MB RAM
```

图 3-1

2）把显卡的信息填入表 3-3。

表 3-3 显卡信息表

显卡图像处理芯片的型号	版 本 号	生 产 日 期	显示存储器的容量

【任务二】 查看并记录计算机系统配置信息。

1）按键盘上的 Pause Break 键。显卡初始化完成以后，将继续对系统主要部件进行初始化检测，给出清单。此时迅速按键盘上的 Pause Break 键，屏幕显示将暂停滚动，显示如图 3-2 所示界面（注：此时按 Delete 键将进入 BIOS 设置程序）。

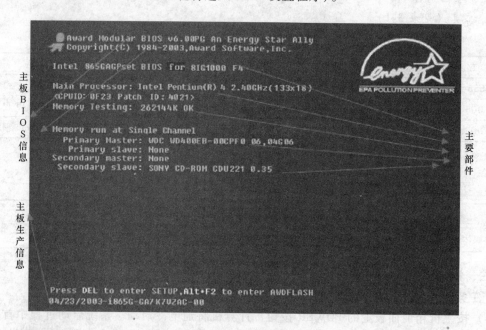

图 3-2

第一行，主板 BIOS 版本信息。

第二行，BIOS 版权信息。

第三行，主板芯片组名称。

第四、五行，CPU 信息，包括品牌、主频（外频×倍频）、标识号码等。

第六行，内存容量显示（单位：KB）。

第八行，计算机配置的硬盘信息。

第十一行，计算机配置的光驱信息。

最后一行，指出了 BIOS 日期、主板所采用的芯片组等信息。

根据屏幕上显示的信息填写表 3-4。

表 3-4 主要部件配置表

部 件 名 称	品　牌	型　号	规　格
主板 BIOS 型号			
主板芯片组名称			
CPU 主频、外频、倍频			
内存容量			
硬盘			
光驱			
主板生产日期			

2）交替按键盘上的［Enter］键与［Pause Break］键。按键盘上的［Enter］键，让 BI-OS 初始化程序继续运行，对其他接口电路进行检测，再按下［Pause Break］键，暂停屏幕滚动后，显示如图 3-3 所示的系统配置单。

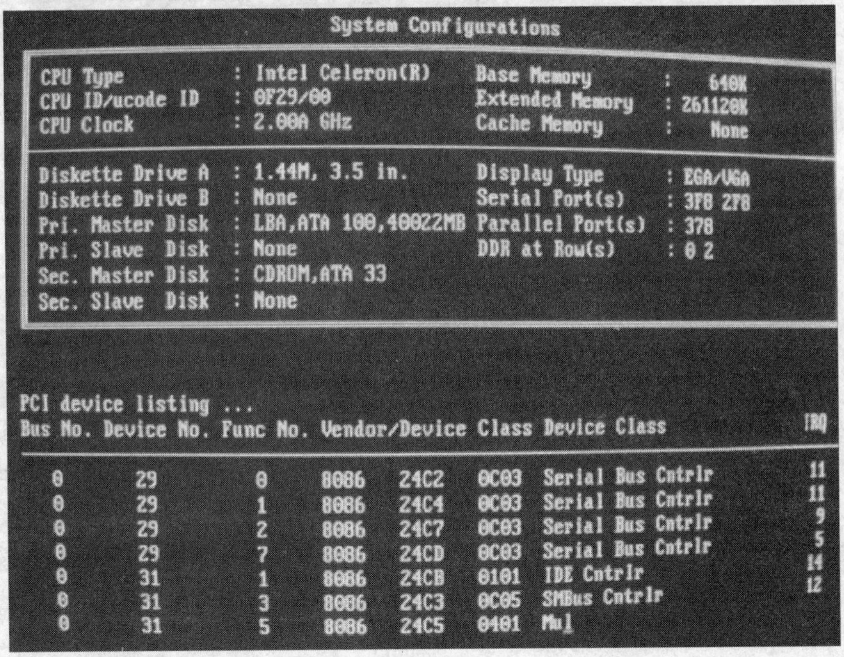

图 3-3

可以查看系统中 CPU 名称、主频、缓存大小，光驱、硬盘的安装情况，内存条安装的根数，串口、并口的输入/输出地址，以及其他部件中断号的分配情况等。

【任务三】 热启动计算机。

同时按键盘上的［Ctrl］+［Alt］+［Delete］键，计算机将热启动。热启动时计算机不检测内存，如图 3-4 所示。冷启动检测内存，如图 3-5 所示。通过比较可以看出，热启动减少了内存检测环节，所以热启动速度比冷启动快。

【任务四】 进入 BIOS 设置程序。

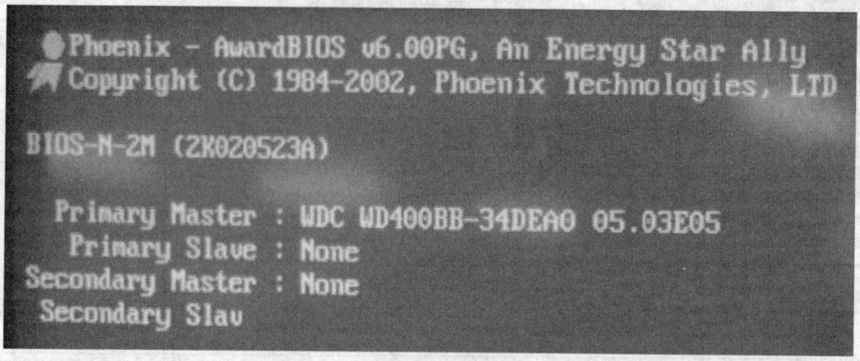

图 3-4

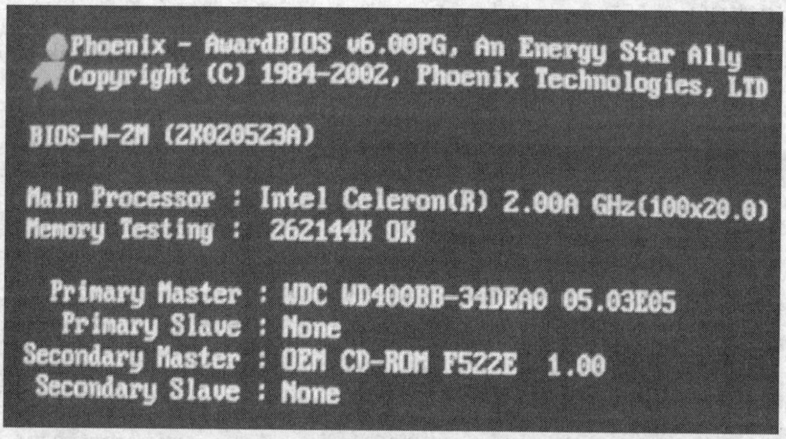

图 3-5

1）在计算机启动过程中当屏幕出现如图 3-6 所示画面时，及时按下键盘上的 ［Delete］键，就可以进入 BIOS 设置程序，对系统的运行参数进行合理设置。关键是要掌握好按 ［Delete］键的时机，当屏幕底部出现 Press DEL to enter SETUP 信息时迅速按下 ［Delete］键。

2）按 ［Delete］键后，进入 BIOS 设置程序主界面，如图 3-7 所示。

四、考核标准

1）检查列出的计算机系统的 CPU 参数、中断号分配、内存条根数、I/O 地址、DMA、BIOS、显卡等相关参数。

2）进入 BIOS 设置程序界面。

五、相关知识

（一）BIOS 及其启动过程

1. BIOS 的含义

所谓 BIOS，即计算机的基本输入/输出系统（Basic Input/Output System），其内容集成在计算机主板上的一个 ROM 芯片上，如图 3-8 所示。主板 BIOS 是直接与硬件打交道的底层代码，它为操作系统提供了控制硬件设备的基本功能。主板 BIOS 主要包括有关计算机系统最重要的基本输入/输出程序，BIOS 系统设置程序，开机上电自检程序和 BIOS 系统启动自举程序，控制基本输入/输出设备的 BIOS 中断服务程序等。

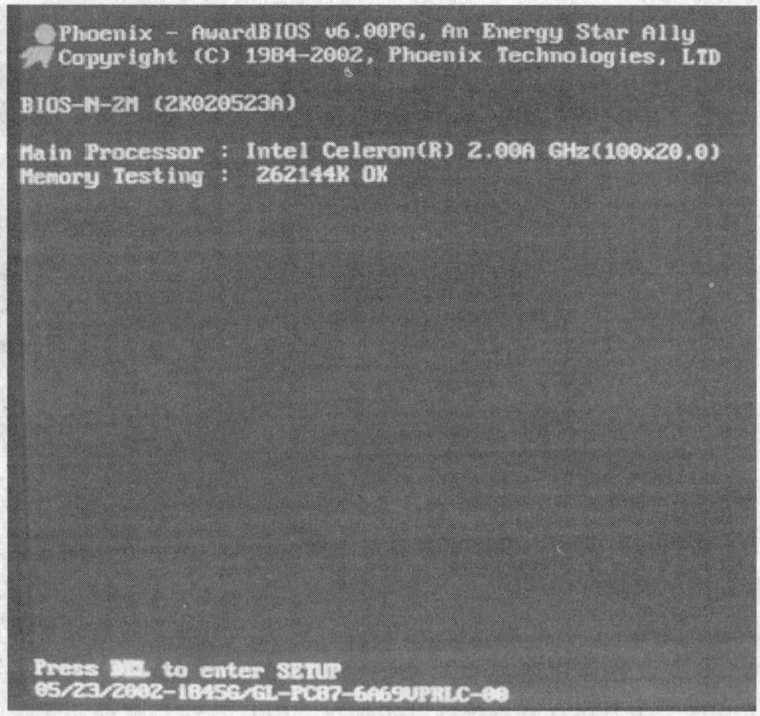

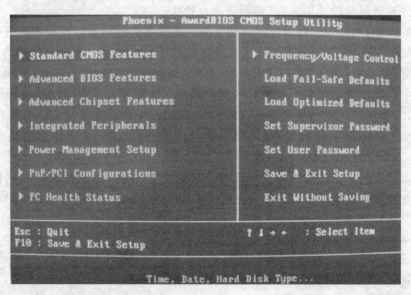

图 3-6

图 3-7

2. BIOS 的功能

可以在主板上找到 BIOS ROM 芯片，主板的性能在很大程序上跟 BIOS 管理功能的强弱有关。BIOS 管理功能包括：

1）BIOS 中断服务程序实质上就是计算机系统中软件与硬件之间的一个可编程接口，主

PLCC封装的BIOS芯片

图 3-8

要由程序设计人员在编程时调用，以控制计算机硬件。例如，Windows 操作系统对光驱、硬盘的管理都大量调用中断服务程序。

2）BIOS 系统设置程序：在开机时按［Delete］键进入 CMOS 参数设置界面，就是计算机系统运行 BIOS 系统设置程序所显示出来的。计算机部件配置记录是放在一块可写的 CMOS RAM 芯片中的，主要保存着系统的基本情况、CPU 特性、软盘和硬盘驱动器等部件的信息。在 BIOS ROM 芯片中装有"系统设置程序"，主要用来设置 CMOS RAM 中的各项参数。这个程序在开机时按［Delete］键可进入设置状态。

3）开机上电自检程序：接通计算机的电源，系统将执行一个自我检查的例行程序。这是 BIOS 功能的一部分，通常称为上电自检（Power On Self Test，POST）。完整的上电自检包括对 CPU、系统主板、基本的 640KB 内存、1MB 以上的扩展内存、系统 ROM BIOS 的测试；CMOS 中系统配置的校验；初始化视频控制器，测试视频内存，检验视频信号和同步信号，对 CRT 接口进行测试；对键盘、硬盘及 CD-ROM 子系统作检查；对并行口（打印机）和串行口（RS232）进行检查。一旦在自检中发现问题，系统将给出提示信息或鸣笛警告。

自检中如发现错误，将按两种情况处理：对于严重故障（致命性故障）则停机，此时由于各种初始化操作还没完成，不能给出任何提示或信号；对于非严重故障则给出提示或声音报警信号，等待用户处理。

4）BIOS 系统启动自举程序：系统完成上电自检后，ROM BIOS 就先后按照系统 CMOS 设置中保存的启动顺序，读入操作系统引导记录，然后将系统控制权交给引导记录，并由引导记录来完成系统的顺序启动。

（二）BIOS 与 CMOS 的区别

BIOS 与 CMOS 的区别具体如下：

BIOS 实际上是被固化到计算机中的一组程序，为计算机提供最低级的、最直接的硬件控制。

BIOS 固化在主板上的 ROM 芯片中，运行 BIOS 程序设置的一些系统硬件配置参数存放在主板上的 CMOS RAM 芯片中，CMOS RAM 中存放的配置数据在计算机断电后不会丢失。

目前市场上主要的 BIOS 有 AMI BIOS 和 Award BIOS。以前的 BIOS 多为可重写 EPROM 芯片，上面的标签起着保护 BIOS 内容的作用（紫外线照射会使 EPROM 的内容丢失），不能随便撕下。现在的 ROM BIOS 多采用 EEPROM（电可擦写只读 ROM），通过跳线开关和系统配备的驱动程序盘，可以对 EEPROM 进行重写，方便地实现 BIOS 升级，这就是常说的 BIOS 升级。

CMOS（是指互补金属氧化物半导体——一种大规模应用于集成电路芯片制造的原料）是计算机主板上的一块可读写的 RAM 芯片，用来保存当前系统的硬件配置和用户对某些参数的设定。CMOS 可由主板的电池供电，即使切断计算机系统的电源，信息也不会丢失。CMOS RAM 本身只是一块存储器，只有数据保存功能，对 CMOS 中各项参数的设定要通过专门的程序。现在多数厂家将 CMOS 设置程序做到了 BIOS 芯片中，在开机时通过特定的按键就可进入 CMOS 设置程序对系统进行设置，因此 CMOS 设置又被叫做 BIOS 设置。

六、拓展训练

（一）操作训练

打开一台新计算机，启动计算机并检测系统的配置情况，记录以下参数，见表 3-5。

表 3-5　计算机参数

项　　目	参　　数
CPU 厂家、主频、外频、倍频	
是否有 FPU	
所有串口地址	
所有并口地址	
硬盘型号、容量	
光驱型号、速度	
所有内存容量	

（二）理论知识练习

请从给出的选项中选择正确的答案填在空白处。

1）屏幕上显示 CMOS battery state low 错误信息，其含义是____。（单选）

A. CMOS 电池电能不足

B. CMOS 内容校验有错误

C. CMOS 系统选项未设置

D. CMOS 电能不稳

2）某计算机，鼠标接在 COM1 口上；那么外置调制解调器可以使用的端口有____。（单选）

A. COM2

B. COM3

C. COM4

D. COM2 或 COM4

3）打印机只能接在计算机的____上。（单选）

A. 串行接口

B. 并行接口

C. USB 接口

D. 以上均正确

4）LPT1 的系统初始化 I/O 地址及中断号为____。（单选）

A. 03F8H、IRQ7

B. 02F8H、IRQ7

C. 0378H、IRQ7

D. 02F8H、IRQ6

5）下列说法正确的是____。（多选）

A. 一个外设可以占用多个 I/O 地址

B. 一个中断号 IRQ 可以同时分配给两个以上设备

C. 如果一个中断号 IRQ 或 DMA 通道同时分配给两个以上设备，则会造成混乱

D. DMA 通道可以多个设备共用

6）COM2 的系统初始化 I/O 地址及中断号为____。（单选）

A. 02E8H、IRQ4

B. 02F8H、IRQ3

C. 03E8H、IRQ4

D. 03F8H、IRQ3

7）标准的 ASCII 码是由____二进制数组成。（单选）

A. 6 位   B. 7 位   C. 8 位   D. 10 位

8）在 PC 系统中，共有____。（单选）

A. 15 个中断号、7 个 DMA 通道

B. 14 个中断号、7 个 DMA 通道

C. 16 个中断号、8 个 DMA 通道

D. 7 个中断号、15 个 DMA 通道

9）数字协处理器的中断号为____。（单选）

A. IRQ10   B. IRQ13

C. IRQ15   D. IRQ9

10）BIOS 通常存储于____中。（单选）

A. RAM   B. 软盘   C. ROM   D. 硬盘

项目二 设置合适的 CMOS 参数

一、项目目标

1）会进入 CMOS 设置程序、装入 CMOS 默认值、设置当前日期和时间、检测硬盘参数。

2）会去掉病毒防护、设置启动顺序、设置快速启动。

3）会设置按住关机按钮延时 4s 关机、设置系统密码。

4）会设置超级用户口令和进入系统的口令，保存 CMOS 设置参数。

二、项目内容

1. 工具（见表 3-6）

表 3-6　工具

工 具 名 称	规　格	数　量	备　注
USB-FDD U 盘		1 个	
DOS 启动软盘	3.5 英寸	1 张	含 FDISK、FORMAT 程序
DOS 启动光盘	CD-ROM	1 张	含 FDISK、FORMAT 程序
空白软盘	3.5 英寸	1 张	

2. 材料（见表 3-7）

表 3-7　材料

材 料 名 称	型 号 规 格	数　量	备　注
多媒体计算机	带声卡、网卡、软驱、硬盘、光盘驱动器	1 台	硬盘未分区

三、操作步骤

【任务一】　开机进入 CMOS 设置程序，并装入优化的 CMOS 参数默认值。

1）按下计算机机箱前面板上的 Power（启动）按钮，当屏幕显示如图 3-9 所示画面时按下 [Delete] 键，进入 CMOS 设置程序主菜单。

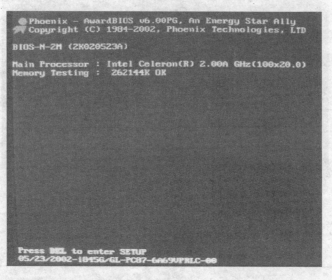

图 3-9

2）在 CMOS 设置程序主菜单中利用键盘数字键区的↑、↓、←、→键，移动红色光条到各选项上，选中某选项，按 [Enter] 键进入，再按 [Esc] 键则返回主菜单，如图 3-10 所示。

3）将光条移动到 Load Optimized Defaults（加载优化默认设置）选项，按 [Enter] 键之后，将显示 "Load Optimized Defaults（Y/N）？" 的提示信息，按下 [Y] 键，即载入系统提供的最佳化性能状态参数，可以简化项目设置的过程，如图 3-11 所示。

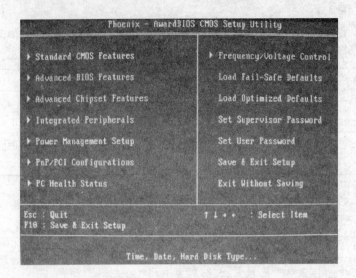

图 3-10

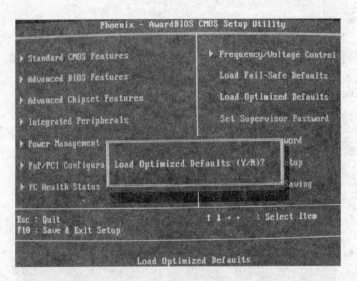

图 3-11

BIOS 设置程序的控制键见表 3-8。

表 3-8 BIOS 设置程序的控制键

控 制 键	功 能	控 制 键	功 能
[↑]（向上键）	移到上一个选项	[Page Down]键	改变设定状态，或减少栏目中的数值内容
[↓]（向下键）	移到下一个选项	[F1]功能键	显示目前设定项目的相关说明
[←]（向左键）	移到左边的选项	[F5]功能键	装载上一次设定的值
[→]（向右键）	移到右边的选项	[F6]功能键	装载最安全的值

（续）

控 制 键	功 能	控 制 键	功 能
[Esc]键	回主画面，或从主画面中结束 CMOS Setup 程序	[F7]功能键	装载最优化的值
[Page Up]键	改变设定状态，或增加栏目中的数值内容	[F10]功能键	储存设定值并退出 CMOS Setup 程序

【任务二】 设置系统的日期、时间为当前的日期时间；检测计算机连接的硬盘、光驱的参数；设置软驱为 A 盘、3.5 英寸、1.44MB。

1）在主菜单中把光标移动到 Standard CMOS Features（标准 CMOS 设置）选项，按 [Enter] 键，进入标准设置。把当前的日期设置为 2010 年 1 月 1 日，时间为 11 点 21 分 10 秒，如图 3-12 所示。

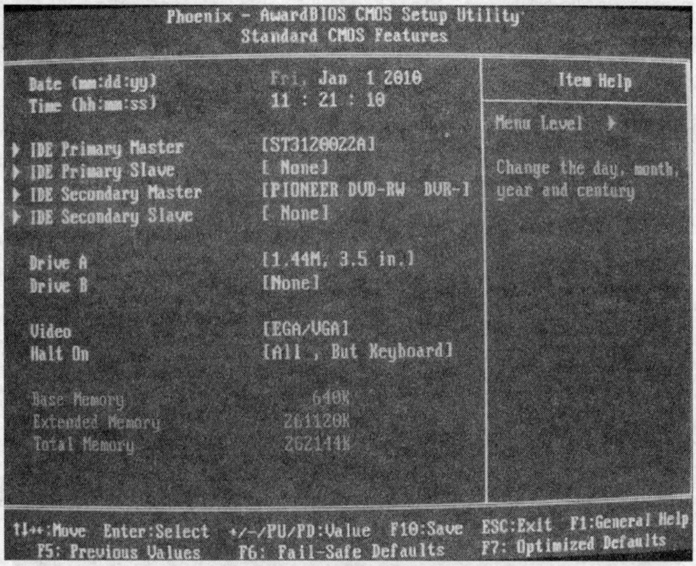

图 3-12

2）移动光标到 IDE Primary Master（第一个 IDE 主控制器）选项上，按 [Enter] 键，自动检测硬盘容量等参数。检测完成后按 [Esc] 键返回上一层，如图 3-13 所示。

3）在 Standard CMOS Features 菜单中移动光标到 Drive A 选项上，按 [Enter] 键，进入软驱 A 参数设置菜单，如图 3-14 所示，移动光标到"1.44M, 3.5in."选项，按 [Enter] 键选中并返回上一层菜单。再按 [Esc] 键，则回到图 3-10 所示的 CMOS 设置程序主菜单。

【任务三】 去掉 CMOS 中的病毒防护功能；启用 CPU 一级、二级缓存；设置计算机启动顺序为 FLOPPY、CD-ROM、HDD-0；设置仅当用户进入 CMOS 设置程序时需要输入口令。

1）在主菜单中将光条移动到 Advanced BIOS Features 选项，按 [Enter] 键进入高级 BIOS 设置项，将光条移动到 Anti-Virus Protection（抵抗-病毒保护）选项，按 [Enter] 键后，选择 Disabled 选项，去掉病毒防护功能，如图 3-15 所示。

2）将光条移动到 CPU L1& L2 Cache（CPU 的一级、二级缓存），按 [Enter] 键后选择 Enabled 选项，启用 CPU 的一级、二级缓存，如图 3-16 所示。

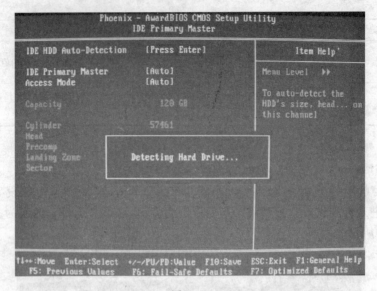

图 3-13

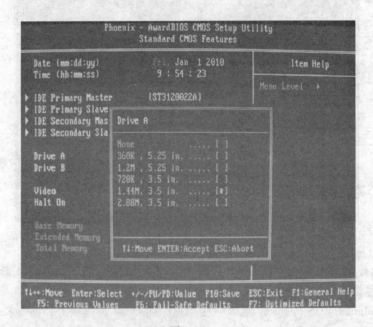

图 3-14

3）移动光条到 First Boot Device（第一启动设备）选项，按［Enter］键后选择 Floppy 软驱为第一启动设备，如图 3-17 所示。

以此类推，选 CD-ROM 为第二启动设备，选 HDD-0（第一硬盘）为第三启动设备，如图 3-18 所示。

4）将光条移动到 Security Option（安全设置）选项，选择 Setup 选项，则当开机启动按［Delete］键进入 CMOS 设置程序时需要进行密码检查（注：若选 System 选项，则开机时要进行密码检查），如图 3-19 所示。

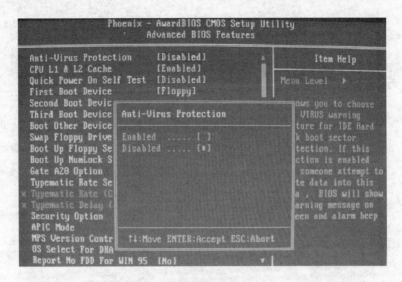

图 3-15

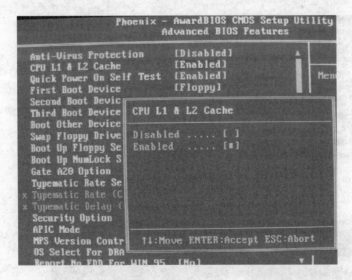

图 3-16

5）按［Esc］键回到主菜单。

【任务四】　启用主板 BIOS 和显卡 BIOS 缓存；禁用主板集成的显示芯片，使用外置显卡。

1）在主菜单中将光条移到 Advanced Chipset Features（高级芯片组特征设置）选项，按 Enter 键进入。把 System BIOS Cacheable（系统 BIOS 可缓存）选项和 Video BIOS Cacheable（显示 BIOS 可缓存）选项都设为 Enabled。启用主板 BIOS 和显卡 BIOS 缓存，可以提高显示系统的运行性能。

2）把 On-Chip VGA 选项设为 Disabled，禁用主板集成的显卡。使用外置显卡可以提高显示性能，如图 3-20 所示。

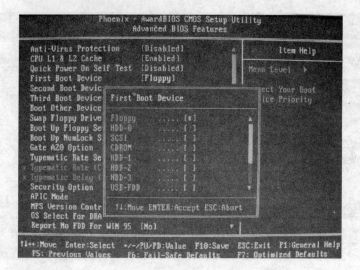

图 3-17

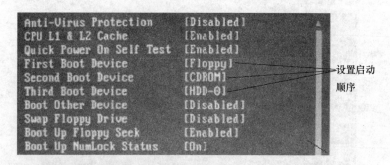

图 3-18

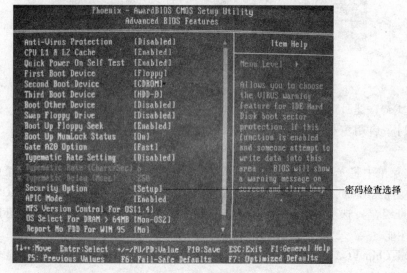

图 3-19

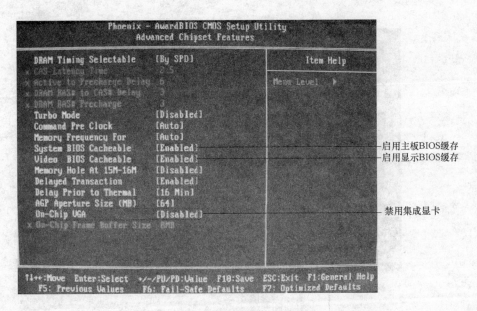

图 3-20

【任务五】 设置当按下电源开关时延时 4s 关机；禁用集成网卡的网络唤醒功能。

1）在主菜单中选择 Power Management Setup（电源管理设置）选项，按 Enter 键，移动光条到 Soft-Off by PWR-BTTN（机箱电源键关机模式选择）选项，按 Enter 键选择 Delay 4 Sec（延时 4s）选项，实现按电源开关关机时延时 4s 关机，如图 3-21 所示。这样，可以防止计算机正常工作时误触碰电源开关造成的意外关机事故。

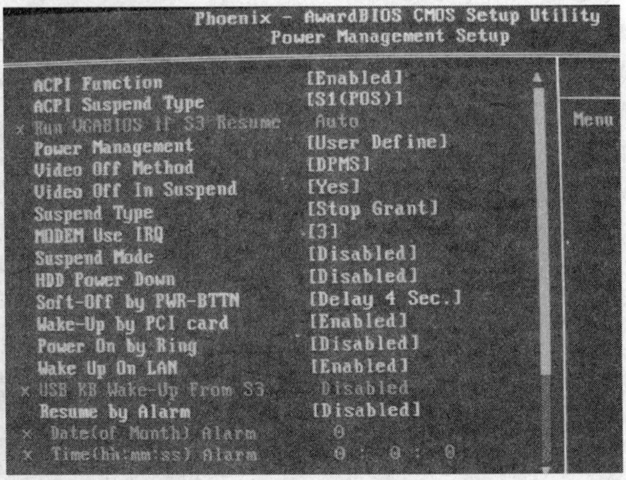

2）禁用网络唤醒功能。在菜单 Power Management Setup 中选择 Wake Up On LAN（网络唤醒）选项，按［Enter］键，选择 Disabled 选项禁用网络唤醒功能。

图 3-21

【任务六】 设置进入 CMOS 设置程序时的超级用户密码为"654321"；保存 CMOS 参数，并退出 CMOS 设置程序。

1）设置超级用户密码。

在主菜单中将光条移到 Set Supervisor Password（超级密码设置）选项，按 Enter 键输入超级用户密码"654321"，按［Enter］键后再输入一次，以便确认输入密码正确，如图 3-22 所示。

该密码是管理者密码，进入系统修改 BIOS 参数时需要输入该密码，而普通用户的开机

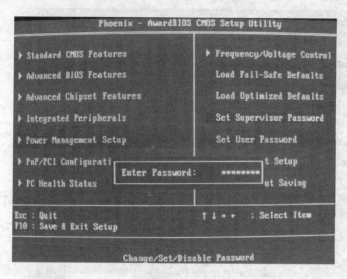

图 3-22

密码，虽然也可以进入 BIOS，但只能看见画面，而不能进入 BIOS 设置程序进行参数的修改。

2）保存 CMOS 设置。

在主菜单中将光条移到 Save & Exit Setup（保存后退出）选项，按［Enter］键后再按［Y］键确认保存修改，然后退出 CMOS 设置程序，重新启动计算机，如图 3-23 所示。

四、考核标准

1. 了解系统的 BIOS 及相关参数的功能含义。

2. 熟练设置基本 BIOS 参数项。

五、相关知识

（一）进入 CMOS 设置界面的方法

1）对于 AMI 和 Award 的 BIOS 计算机而言，在开机时，根据提示 Press DEL to Enter Setup，及时按键盘上的［Delete］键，就可进入 BIOS 设置主界面。

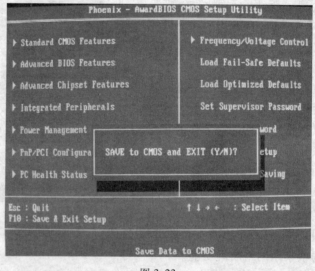

图 3-23

2）而 Phoenix BIOS 的进入方法是启动时按键盘上的［Ctrl］+［Alt］+［S］组合键。

（二）需要进行主板 CMOS 设置的情况

1）主板上的电池没电了。

2）需要改变驱动器启动计算机的顺序。

3）设置或更改开机密码。

4）增加或更换一块硬盘，或者改变软驱的设置。

5）调节高级参数设置，让计算机运行的效率更高。

6）安装了其他的硬件设备，可能有些设置需要改变。

（三）CMOS 设置主菜单各项的功能

BIOS 主界面菜单的中文含义见表 3-9。

表 3-9　BIOS 主界面菜单的中文含义

英 文 菜 单	中 文 含 义
Standard CMOS Features	标准 CMOS 设置（包括日期、时间、硬盘、软驱类型等）
Advanced BIOS Features	高级 BIOS 设置（包括所有特殊功能的选项设置）
Advanced Chipset Features	高级芯片组设置（设定 CPU 相关参数）
Integrated Peripherals	外部集成设备调节设置（如串口、并口等）
Power Management Setup	电源管理设置（如电源与节能设置等）
PnP/PCI Configurations	即插即用与 PCI 设置（包括 ISA、PCI 总线等设备）
PC Health Status	系统硬件监控信息（如 CPU 温度、风扇转速等）
Frequency/Voltage Control	频率及电压控制
Load Fail-Safe Defaults	载入 BIOS 默认安全设置
Load Optimized Defaults	载入 BIOS 默认优化设置
Set Supervisor Password	管理员口令设置
Set User Password	普通用户口令设置
Save&Exit Setup	保存退出
Exit Without Saving	不保存退出

六、拓展训练

（一）操作训练

1）一台普通台式计算机，使用 Award BIOS，版本为 V6.00PG。因使用时间较长，主板上的电池已经没电了，现在更换了一块新电池后需要重新设置正确的 CMOS 参数。

设置如下项目：

① 修改计算机系统的日期和时间为当前的日期和时间。

② 重新设置 CMOS 中的硬盘参数为实际值。

③ 设置启动顺序：将硬盘设为第一启动设备。

④ 设置为延时 4s 关机。

2）提供的台式计算机主板集成了显卡和声卡。为了提高系统性能，又购买并安装了外置声卡和显卡。

要求：正常使用新购买的声卡和显卡，在 CMOS 设置中将主板集成的显卡和声卡屏蔽掉。

3）熟练完成以下基础训练（每次修改 BIOS 参数后重新启动计算机观察效果）。

① 记录显卡的显存容量。

② 设置 CMOS 为当前日期和时间。

③ 去掉 BIOS 中的病毒防护功能。

④ 设置使用 CPU 的 L1 和 L2 缓存。

⑤ 设置启动顺序为 CD-ROM、硬盘。

⑥ 设置为延时 4s 关机。

⑦ 屏蔽主板内置声卡。

⑧ 设置快速启动，不检测内存。

⑨ 使用 BIOS 安全设定的默认值。（Load Fail-Safe Defaults）。

（二）理论知识练习

请从给出的选项中选择正确的答案填在空白处。

1）目前 BIOS 的类型主要有_____。（多选）

A. Award BIOS　　　　　　　　B. AMI BIOS

C. Intel　　　　　　　　　　　D. AMD

2）为了加速计算机的启动，在 BIOS 中设置 Quick_ Powel_ self_ Test（快速开机自检）应该设为_____状态。（单选）

A. Dissable　　　B. Enable　　　C. NO　　　D. YES

3）在 BIOS 设置中，设置密码时输入的口令不能超过_____个字符。（单选）

A. 8　　　　　B. 4　　　　　C. 10　　　　　D. 20

4）在 Award BIOS 设置中，若系统发出 1 长 2 短的报警声，有可能产生故障的部件是_____。（单选）

A. 硬盘　　　　　B. 内存　　　　　C. 显卡　　　　　D. 显示器

5）在 BIOS 主画面中设置超级用户密码的选项是_____。（单选）

A. Set Supervisor Password

B. Set USer Password

C. Save & Exit Setup

D. Standard CMOS Features

6）设置第一启动盘应该选择_____。（单选）

A. First Boot Device

B. Second Boot Device

C. Third Boot Device

D. Save & Exit Setup

项目三　清除 CMOS 密码

一、项目目标

1）会用跳线法清除计算机 CMOS 密码。

2）会更换主板电池。

二、项目内容

1. 工具（见表 3-10）

表 3-10 工具

工具名称	规 格	数 量	备 注
十字形螺钉旋具	带磁性	1 把	
镊子		1 把	
纽扣电池	3V	1 块	
万用表		1 块	
DOS 启动软盘		1 张	含 DEBUG.COM 程序

2. 材料（见表 3-11）

表 3-11 材料

材料名称	型号规格	数 量	备 注
计算机主机		1 台	硬盘未分区

三、操作步骤

【任务一】 从主板上找到 CMOS 电池和 BIOS 跳线。

1）首先关掉主机及显示器的电源，用到水龙头洗手或触摸暖气片等方法释放身体上的静电，用十字形螺钉旋具卸下机箱侧面板的螺钉，取下侧面板，观察主板，找到主板上给 CMOS 供电的电池，如图 3-24 所示。

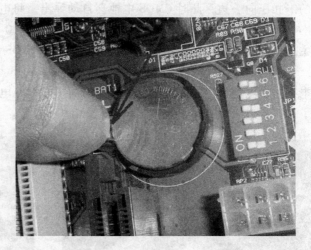

图 3-24

2）在主板 CMOS 电池插座附近找到放电跳线帽，该放电跳线一般为 3 针，并附有 CMOS 放电说明表，如图 3-25 中 JP1 跳线设置表所示。在主板的默认状态下，会将跳线帽连接在标识为 1 和 2 的针脚上，从主板说明书放电说明上可以查到为 Normal，即正常的使用状态，如图 3-26 所示。

3）使用该跳线来放电。用镊子将跳线帽从 1 和 2 的针脚上拔出，然后再套在标识为 2 和 3 的针脚上将它们短接起来，由放电说明可以知道此时状态为 CMOS Clear，即清除 CMOS。经过短暂的接触后，就可清除用户在 CMOS 内的各种手动设置参数，从而恢复主板出厂时的默认设置。同时也把原来 CMOS 中设置的密码清除。

注意：对 CMOS 放电后，需要再将跳线帽由 2 和 3 的针脚上取出，然后恢复到原来的 1 和 2 针脚上。如果没有将跳线帽恢复到 Normal 状态，则无法启动计算机。

【任务二】 为主板更换 CMOS 电池。

时间长了，随着电力消耗，主板 CMOS 电池电压过低，造成 CMOS 中存储的设置参数丢失，计算机启动时，会给出错误提示，此时就需要更换计算机主板电池。

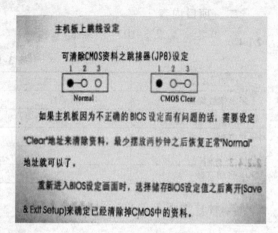

图 3-25   图 3-26

1）释放身上静电，切断计算机系统所有电源。

2）打开机箱侧面板，在主板上找到 CMOS 电池插座，接着将插座上用来卡住供电电池的卡扣压向一边，此时 CMOS 电池会自动弹出，将电池小心取出，如图 3-27 所示。

3）取一块同样的新电池，按照原样安装上，检查机箱主板无误后，装上机箱盖。接通主机电源启动计算机。按【Delete】键，进入 CMOS 设置程序重新设置有关参数。

BIOS 自检时出错，系统会要求重新设置 CMOS 参数，如图 3-28 所示。因为 CMOS 的供电都是由电池供应的，将电池取出便切断了 CMOS 电力供应，这样 CMOS 中的参数就被清除了，需要进入 BIOS 设置程序重新设置 CMOS 参数。

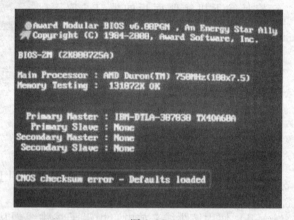

图 3-27   图 3-28

四、考核标准

1）能用放电法清除 CMOS 中的密码。

2）知道何时需要更换计算机 CMOS 供电电池。

五、相关知识

用工具软件 DEBUG 解除 CMOS 密码，可以按如下方法进行：

1）开机按［Delete］键，在 CMOS 设置中把软驱设为第一启动盘，按 F10 键保存设置，重新启动计算机。

2）把 DOS 启动软盘插入软盘驱动器，从软盘引导操作系统直到屏幕出现 DOS 提示符：

A：\＞；　在命令行状态下运行 DEBUG 命令

A：\DEBUG（按［Enter］键）后输入如下命令：

－O 70 10（按［Enter］键）

－O 71 10（按［Enter］键）

－q（按［Enter］键）

3）重新启动计算机后，按［Delete］键顺利进入 CMOS，不用再输入密码。

命令说明：

① 其中 10 可以是 00～99 的任意数值。

② 横线（—）为 DEBUG 命令提示符。

③ －后面为字母 O，为 DEBUG 的 O 命令，而不是数字零。

其命令格式为：－O 端口号 一字节数据（表示要将一字节的数据输出/写入到指定端口）。

④ q 为 DEBUG 命令中的退出命令。

⑤ 70 和 71 分别表示端口号，必须配对使用，且先后顺序不能变动。

⑥ 进行如上操作后，重新启动计算机，如果进行 CMOS 设置时仍有密码，说明 CMOS 中的数据没有被破坏，此时可再运行 DEBUG，使用类似的 O 命令，不过应将 70 和 71 后面的数据变化一下。

CMOS 的寻址规则是：CMOS 中有静态的 RAM，其容量为上百至千字节，从 0 开始编地址，它不是内存的一部分，访问时必须通过端口进行，其端口号为 70 和 71。要通过这两个端口访问 CMOS 中上百字节的数据，不可能直接访问（访问包括读和写）。因此设计者规定访问 CMOS 的办法是：先向端口 70 写入需要访问的 CMOS 中 RAM 的单元地址，再通过端口 71 进行访问。

提示：如果是错误的 CMOS 设置导致系统无法工作，并且设置了进入 CMOS 和系统的密码，则比较有效的办法就是放电了。

六、拓展训练

（一）操作训练

1）在 BIOS 中设置从硬盘启动操作系统，以便加快计算机正常启动时的速度。

2）为了加强对计算机实验室的管理，杜绝因插拔 U 盘而带入病毒，需要将计算机的 USB 接口屏蔽，请在 BIOS 中进行设置，实现要求的功能。

3）设置进入 BIOS 程序的密码为 123456。

（二）理论知识练习

请从给出的选项中选择正确的答案填在空白处。

1）需要对 CMOS 参数进行设置的情况是＿＿＿。（多选）

A. 更换了主板电池

B. 主板上安装了新设备

C. 计算机管理员丢失了系统初始化密码

D. 超频

2）当 CMOS 放电之后，则＿＿＿的信息都将丢失。（单选）

A. 内存　　　　B. 主板　　　　C. 各种设置　　　　D. 硬盘

3）某用户忘记了进入 BIOS 的密码，采用放电法清除 CMOS 中的口令后，忘记把 Clear Cmos 跳线帽插回原位，可能导致的故障现象有____。（单选）

A. 计算机长鸣

B. 计算机没有声音，也不显示，系统不启动

C. 计算机屏幕显示闪烁的光标后，死机

D. 计算机发出一长两短鸣笛声

4）最容易引起____冲突的硬件包括声卡、网卡、视频采集卡等，用户一定要高度重视这些设备。（单选）

A. BIOS　　　　B. DDR2　　　　C. IRQ　　　　D. SATA

模块四 分区、格式化硬盘

项目一 用 DOS 启动计算机

一、项目目标

1）会用 DOS 启动盘启动计算机，进入 DOS 界面。

2）会查看文件、目录信息，掌握文件名、子目录名的命名规则。

3）会用 DOS 命令创建子目录、创建文本文档。

4）会改变当前目录。

二、项目内容

1. 工具（见表 4-1）

表 4-1 工具

工具名称	规格	数量	备注
USB-FDD		1 个	
DOS 启动软盘	3.5 英寸	1 张	含 FDISK、FORMAT 程序
DOS 启动 CD-ROM 光盘		1 张	含 FDISK、FORMAT 程序
空白软盘	3.5 英寸	1 张	

2. 材料（见表 4-2）

表 4-2 材料

材料名称	型号规格	数量	备注
多媒体计算机主机		1 台	硬盘未分区

三、操作步骤

【任务一】 设置启动顺序，从 DOS 软盘启动计算机。

1）按计算机前面板上的 Power 按钮，计算机启动，按住［Delete］键，进入 CMOS 设置主界面。修改 CMOS 中启动设备的顺序为：Floppy、CD-ROM、HDD-0（第一启动盘为软盘，第二启动盘为光驱，第三启动盘设为硬盘 HDD-0），保存后退出，系统重新启动，如图 4-1 所示。

2）插入 DOS 启动软盘，观察屏幕上显示的 DOS 启动盘引导 DOS 操作系统的启动过程，直到屏幕出现 DOS 提示符 A：>＿，如图 4-2 所示。

【任务二】 操作练习常用 DOS 命令 DIR、MD、COPY CON、CD、TYPE。

1）用 DOS 命令 DIR 显示软盘上的文件、目录清单。通过键盘输入 DIR 命令并按［Enter］键。

操作：A：\ > DIR（带下画线的字符为计算机自动显示），如图 4-3 所示。

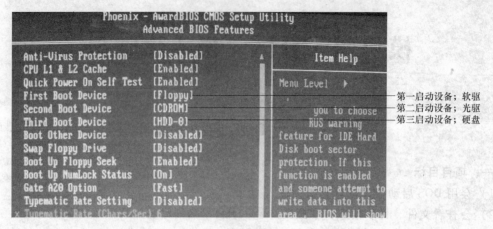

图 4-1

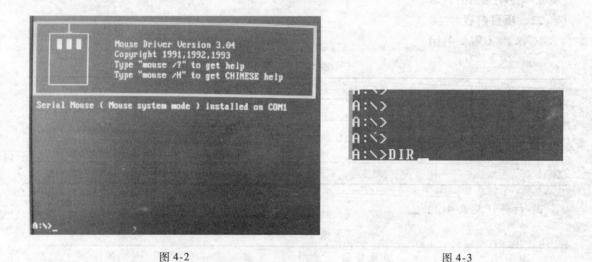

图 4-2   图 4-3

DIR 命令执行结果如图 4-4 所示。

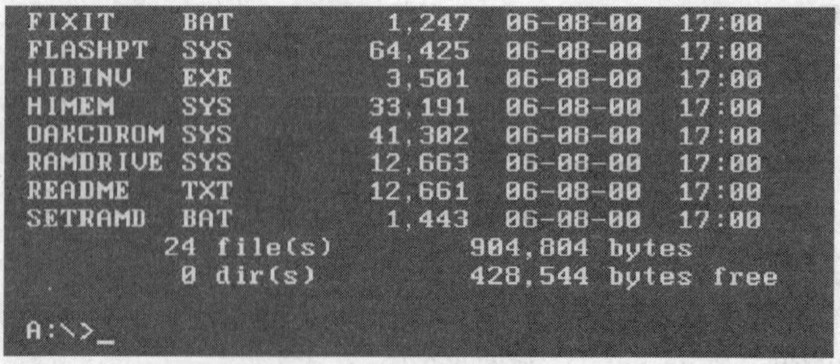

```
FIXIT      BAT        1,247    06-08-00   17:00
FLASHPT    SYS       64,425    06-08-00   17:00
HIBINV     EXE        3,501    06-08-00   17:00
HIMEM      SYS       33,191    06-08-00   17:00
OAKCDROM   SYS       41,302    06-08-00   17:00
RAMDRIVE   SYS       12,663    06-08-00   17:00
README     TXT       12,661    06-08-00   17:00
SETRAMD    BAT        1,443    06-08-00   17:00
           24 file(s)         904,804 bytes
            0 dir(s)          428,544 bytes free

A:\>_
```

图 4-4

2）在 A 盘根目录下创建名为 LIANXI 的子目录，然后显示出文件目录清单。操作步骤如下：

① 弹出软驱里的 DOS 启动软盘，插入预先准备好的空软盘（写保护窗口要堵上，这样

才能往软盘上写数据）。

② 通过键盘敲入 A：\ > MD LIANXI 并按
[Enter] 键，如图 4-5 所示。

输入 A：\ > DIR 查看目录建立情况，如图 4-6
所示。

图 4-5

3）用 CD 命令进入新建立的 LIANXI 子目录。
操作步骤如下：

① 在 DOS 提示符 A：\ > 后输入 CD LIANXI 命令，按 [Enter] 键，DOS 提示符变为：
A：\LIANXI >，如图 4-7 所示。

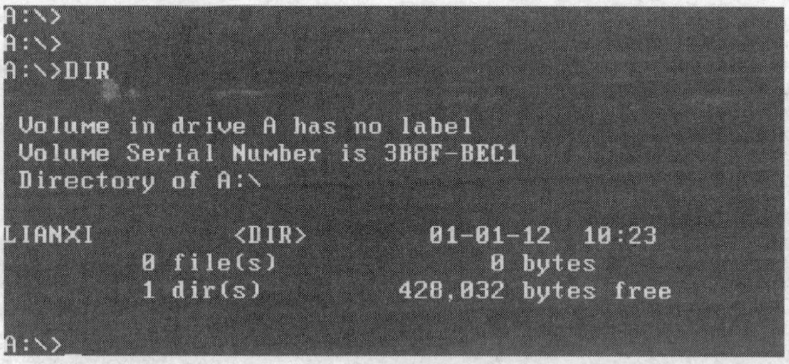

```
A:\>
A:\>
A:\>DIR

 Volume in drive A has no label
 Volume Serial Number is 3B8F-BEC1
 Directory of A:\

LIANXI          <DIR>          01-01-12  10:23
        0 file(s)              0 bytes
        1 dir(s)         428,032 bytes free

A:\>
```

图 4-6

```
A:\>
A:\>CD LIANXI

A:\LIANXI>
```

图 4-7

② 输入 DIR 命令显示新建的 LIANXI 目录中的信息，如图 4-8 所示。

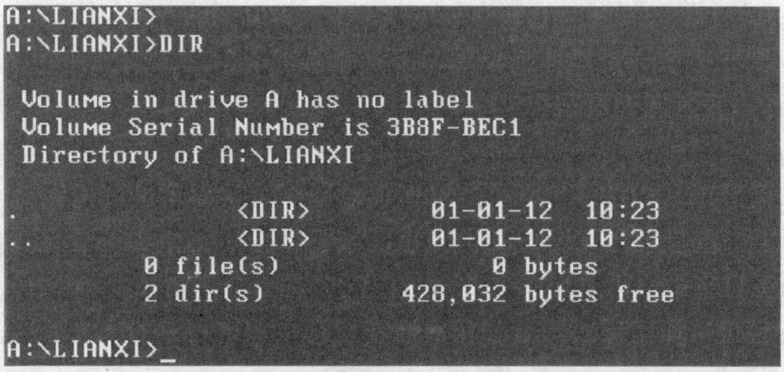

```
A:\LIANXI>
A:\LIANXI>DIR

 Volume in drive A has no label
 Volume Serial Number is 3B8F-BEC1
 Directory of A:\LIANXI

.               <DIR>          01-01-12  10:23
..              <DIR>          01-01-12  10:23
        0 file(s)              0 bytes
        2 dir(s)         428,032 bytes free

A:\LIANXI>_
```

图 4-8

4）用 COPY CON 命令在 LIANXI 子目录中创建名称为 ABC123. TXT 的文本文档，内容
为 Windows XP Professional。操作步骤如下：

① 在 DOS 提示符 A：\LIANXI > 后输入命令 COPY CON ABC123. TXT，按 [Enter] 键，

然后输入要求的文字 Windows XP Professional，最后按［Ctrl］+［Z］组合键，再按［Enter］键存盘退出，如图4-9所示。

```
A:\LIANXI>
A:\LIANXI>COPY CON ABC123.TXT
Windows XP Professional^Z
        1 file(s) copied

A:\LIANXI>_
```

图4-9

② 再用 DIR 命令显示当前目录下的文件目录清单，显示已经在该目录下创建了 ABC123. TXT 文件，长度为23个字节，如图4-10所示。

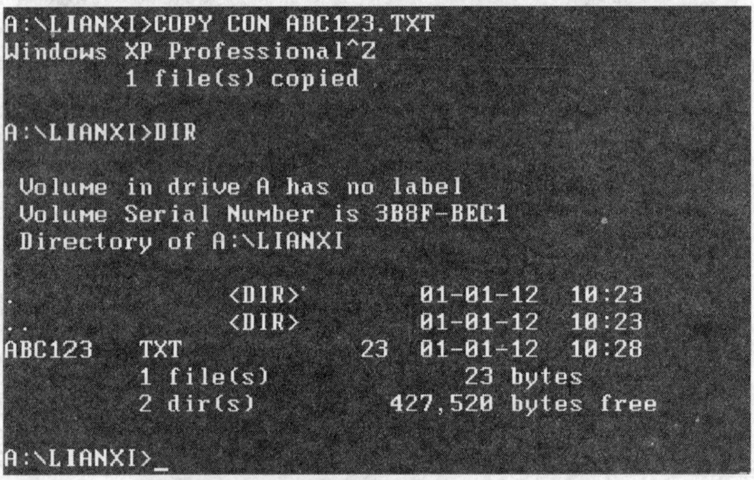

```
A:\LIANXI>COPY CON ABC123.TXT
Windows XP Professional^Z
        1 file(s) copied

A:\LIANXI>DIR

 Volume in drive A has no label
 Volume Serial Number is 3B8F-BEC1
 Directory of A:\LIANXI

.               <DIR>        01-01-12  10:23
..              <DIR>        01-01-12  10:23
ABC123   TXT           23   01-01-12  10:28
        1 file(s)             23 bytes
        2 dir(s)         427,520 bytes free

A:\LIANXI>_
```

图4-10

5) 用 DOS 命令 TYPE 显示文本文件 ABC123. TXT 的内容。

在 DOS 提示符 A:\LIANXI> 后输入命令 TYPE ABC123. TXT，按［Enter］键后显示其内容，如图4-11所示。

操作：A:\LIANXI> TYPE ABC123. TXT，按［Enter］键显示。

【任务三】 制作一张 DOS 启动软盘。

1) 把原来准备的 DOS 启动软盘插入软驱 A，重新启动计算机。

2) 在提示符 A:\> 后敲入命令 FORMAT A: /S 并按［Enter］键，出现提示换软盘的界面后，按照提示抽出原来的 DOS 启动软盘，插入一张新的空白软盘并按［Enter］键，完成后就制作完成了一张包含 DOS 引导扇区和 DOS 系统文件（IO. SYS、MSDOS. SYS 、COM-MAND. COM）的 DOS 启动软盘，其他工具软件需要另行复制。

操作：A:\> FORMAT A: /S，如图4-12和图4-13所示。

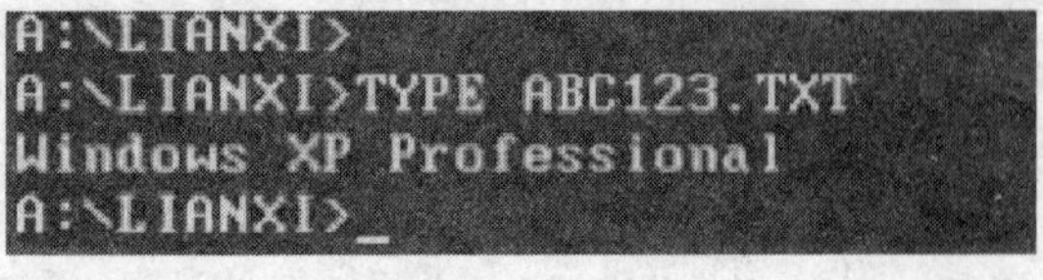

```
A:\LIANXI>
A:\LIANXI>TYPE ABC123.TXT
Windows XP Professional
A:\LIANXI>_
```

图4-11

```
A:\>
A:\>FORMAT A: /S
```

图4-12

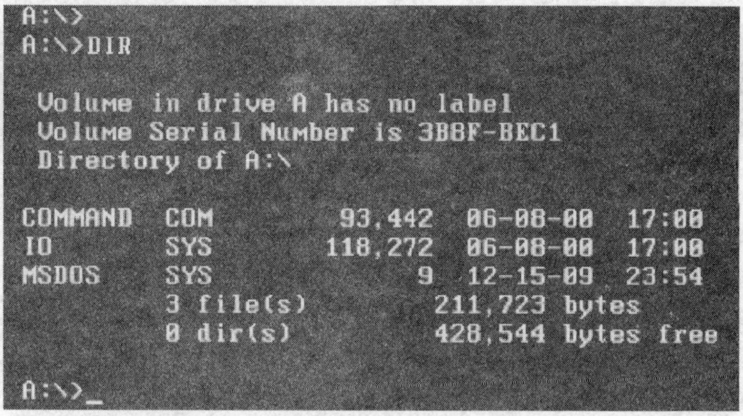

```
A:\>
A:\>DIR

 Volume in drive A has no label
 Volume Serial Number is 3B8F-BEC1
 Directory of A:\

COMMAND  COM       93,442  06-08-00  17:00
IO       SYS      118,272  06-08-00  17:00
MSDOS    SYS            9  12-15-09  23:54
         3 file(s)      211,723 bytes
         0 dir(s)       428,544 bytes free

A:\>_
```

图 4-13

【任务四】 删除文件和目录。

1）插入练习软盘，删除软盘 LIANXI 子目录中的文本文件 ABC123.TXT。

① 用 CD 命令进入 LIANXI 子目录，如图 4-14 所示。

② 用 DEL 命令删除 ABC123.TXT 文件，如图 4-15 和图 4-16 所示。

```
A:\>
A:\>CD LIANXI

A:\LIANXI>_
```

图 4-14

```
A:\LIANXI>
A:\LIANXI>DEL ABC123.TXT

A:\LIANXI>_
```

图 4-15

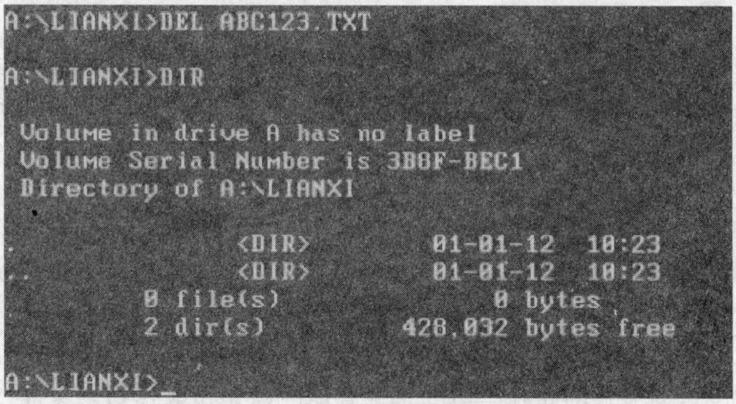

```
A:\LIANXI>DEL ABC123.TXT

A:\LIANXI>DIR

 Volume in drive A has no label
 Volume Serial Number is 3B8F-BEC1
 Directory of A:\LIANXI

.            <DIR>       01-01-12  10:23
..           <DIR>       01-01-12  10:23
         0 file(s)            0 bytes
         2 dir(s)       428,032 bytes free

A:\LIANXI>_
```

图 4-16

2）删除子目录（需要删除的子目录必须先清空目录中的文件和所包含的其他子目录）。

① 用 CD.. 命令返回到欲删除目录的上一级目录，如图 4-17 所示。

② 用 RD 命令删除已经清空文件的 LIANXI 子目录，如图 4-18 所示。

四、考核标准

1）熟悉计算机常用操作系统的基本命令（如 DOS、Windows），能熟练操作计算机。

2）会用 DOS 命令对文件和目录进行创建、删除操作，能通过文件的扩展名了解文件的类型。

```
A:\LIANXI>
A:\LIANXI>CD ..

A:\>_
```

```
A:\>RD LIANXI

A:\>_
```

图 4-17 　　　　　　　　　　　　　　　　图 4-18

五、相关知识

计算机装机和维修需要用到 DOS 命令。现在虽然使用的都是 Windows 操作系统，DOS 系统已经不再单独使用，但 DOS 命令有时还必须用（如维修、调试网络等）。DOS 方面的知识主要包括：DOS 系统的基本组成、DOS 的文件/目录管理、常用 DOS 命令等。

（一）DOS 系统组成

DOS 是英文 Disk Operation System 的简称，DOS 是最基本的操作系统软件。DOS 操作系统主要有 Microsoft 公司开发的 MS-DOS 和 IBM 公司开发的 PC-DOS。

1. DOS 系统的功能

计算机系统的各部分要协调工作，充分发挥其效率，需要有一个管理者来合理地调度它的各种资源——硬件资源和软件资源，DOS 操作系统就是这样一个管理者。

2. DOS 系统的组成

DOS 系统是由一组重要程序组成的。DOS 系统的核心由一个引导程序和 3 个启动模块组成。3 个启动模块分别是输入/输出模块（IO. SYS）、文件模块（MSDOS. SYS）和命令处理模块（COMMAND. COM）。

1）输入/输出模块由 BIOS 程序和 IO. SYS 文件两部分组成，实现对 I/O 设备的管理。

2）文件模块又称为内核模块，是 DOS 的核心，包括内核初始化程序和系统功能调用程序。

3）命令处理模块又称为外壳模块，负责对用户输入的命令进行识别处理后调用内核模块的相应功能，是操作系统和用户之间的接口。它由常驻部分和暂住部分组成。

4）引导程序的作用是在计算机启动时将两个隐含的 DOS 启动模块 IO. SYS 和 MS-DOS. SYS 装入内存。

（二）DOS 文件和目录的管理

在 DOS 操作系统下，磁盘上的信息都是以文件和目录的形式存储和管理的。文件是指一组相关信息的集合，可以是程序、数据、声音、游戏或其他信息，一般记录在存储介质（例如磁盘）上。每个文件都有自己的名字，称为文件名。需要使用某个文件时，只要指出相应的文件名和该文件存放的路径，DOS 系统就能准确无误地找到该文件，执行读、写等操作。

1. 文件的命名规则

在 DOS 中，文件名的规则符合 8. 3 形式，即一个文件名由文件基本名和文件扩展名组成，中间用“.”隔开，文件基本名由不超过 8 个的英文字母或数字组成，文件扩展名由不超过 3 个的英文字母或数字组成，文件基本名必须有，扩展名可以没有。如 Student. TXT 文件。在文件基本名和扩展文件名中不能使用的字符有“.”/ : 、〔 〕〈 〉 + = ; ,”和空格符等。

文件有文件基本名、扩展名、大小、生成日期和生成时间等属性，如图 4-19 所示。

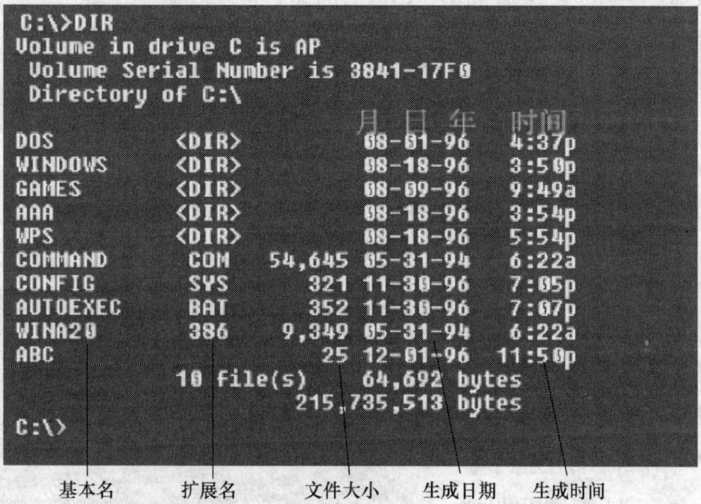

基本名　扩展名　文件大小　生成日期　生成时间

图 4-19

在图 4-19 中，第一列是"文件基本名"，第二列是"文件扩展名"。注意：在用 DIR 命令显示文件列表时，文件基本名和扩展名之间并无"."分隔符，但在输入完整的文件名时必须输入它。

第三列显示的是文件的大小，表示它占用了多少存储空间，也就是文件包含信息的多少，包含的信息越多，文件就越大。

第四列表示的是文件建立的日期或者是最后被改动的日期，每个文件都有对应的生成时间，文件的生成时间就是文件最后保存时的计算机系统时间。时间采用通常的表示方法，由年、月、日组成。

最后一列表示文件生成的具体时间，最后的一个字母 a 表示上午、p 表示下午。

倒数第二行，"10 file（s）"是说明这个目录内有 10 个文件，这些文件加起来大小为"64，692 bytes"，在这种计算机中，每个子目录也算是一个文件，但它的大小算零。最后一行指出当前工作磁盘上还剩下"215，735，513 bytes"的磁盘空间。

DOS 系统下的文件扩展名有些具有特殊的意义，有些可以由一些特定的软件自动生成。特殊意义的扩展名，如"COM"为命令文件、"EXE"为可执行的文件，"BAT"为批处理文件，"SYS"为系统配置文件等。特定软件产生的扩展名，如"DOC"为 Word 文字处理软件产生的文档文件。

TXT：纯文本格式文件，可以使用任何文本编辑软件打开。

BAK：备份文件，通常是被文件清理软件所清除的对象。

BAT：DOS 系统下的批处理文件，可以批量执行多个命令。

COM：命令文件，通常都是 DOS 下的命令程序。

EXE：可执行文件，也就是程序文件。Windows 中所有的程序文件都是 EXE 格式的。

MP3：是目前流行的音频格式文件。

DOC：Word 文件的扩展名。

XLS：Excel 的文件格式。

JPG：JPEG 格式的图片文件，是常见的图片格式。

SYS：系统文件，类似于 DLL 和 OCX 的文件。

BIN：二进制文件，任何程序都可能会使用 BIN 作为自己数据文件的扩展名，不具备唯一性。

2. 目录管理

在 DOS 中，文件与目录是最重要的概念，目录名的命名规则与文件基本名的命名规则相同，不过目录没有扩展名。在 Windows 系统中，"目录"叫做"文件夹"。

如果想查看计算机中的文件，可以输入 DIR 命令，然后按 [Enter] 键。计算机屏幕上显示的结果如图 4-20 所示。

在图 4-20 中，后面带有 < DIR > 的是目录，没有的则是文件，这些目录里都分门别类地存放着许多不同用途的文件。第一行是 DOS 目录，它里面有许多 DOS 命令文件和一些辅助信息文件。第二行是 Windows 目录，它里面包含着许多有关 Windows 程序的文件。

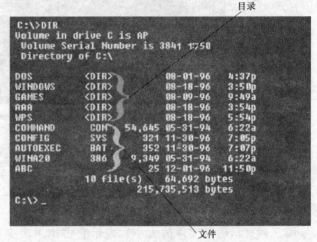

图 4-20

3. 磁盘管理

磁盘驱动器将磁道分成扇区，把扇区作为单位进行编址，每次读写一个扇区。如果 DOS 跟踪磁盘上每个文件的每个扇区，它的文件系统表将占用比文件本身更多的空间，因此 DOS 把多个扇区作为一个分配单元，称为簇，簇的大小跟逻辑盘大小有关。

DOS 总是以簇为单位分配空间给文件，即使文件只有一个字节，也将占用一个簇，这个簇中其他空间就浪费了。另外，簇还会产生令人困惑的现象，例如，当从一张每簇为 1KB 的软盘复制 100 个 100B 的文件到一个每簇为 32KB 的硬盘时，虽然它们总的实占空间只有 10KB，却需要占用 3.2MB 的硬盘空间。

驱动器的每个簇都有一个数字地址，文件存储在从 2 簇开始的分配单元中。DOS 的文件管理通过文件目录表、文件分配表、磁盘参数表和磁盘驱动程序实现。

4. 通配符

一个文件名一般用以指定一个文件。在实际使用时，有时需要同时处理一批文件。例如，要一次复制好几个文件，或是列出一些相关的文件名称，这时可利用通配符"?"及"＊"来处理，以使用户能方便地达到目的。

1）通配符"?"表示在该位置可以是任意一个字符。

2）通配符"＊"表示从它所在位置开始可以是任意字符串。

（三）常用的 DOS 内部命令的功能、格式

命令行程序分为内部命令和外部命令。内部命令是随 Command.com 装入内存的，而外部命令是一条一条单独的可执行文件。内部命令都集中在根目录下的 Command.com 文件里，计算机每次启动时都会将这个文件读入内存，也就是说，在计算机运行时，这些内部命令都驻留在内存中，用 DIR 命令是看不到这些内部命令的。外部命令都是以一个个独立的文件存放在磁盘上的，它们都是以 com 和 exe 为扩展名的文件，它们并不常驻留在内存中，只有在计算机需要时，才会被调入内存。

DOS 命令不区分大小写。为了便于说明格式，这里使用了一些符号约定，它们是通用的，见表 4-3。

表 4-3　符号约定

符　号	含　义
C:	盘符
Path	路径
Filename	文件名
. ext	扩展名
File spec	文件标识符
[ ]	方括号中的项目是可选项,用户可以根据需要不输入这些内容
{ }	大括号表示其中的项目必选一项
∣	竖线表示两侧的内容可取其一
…	表示可重复项

1. DIR

DIR 是 Directory（目录）的缩写，主要用来显示一个目录下的文件和子目录。

［功能］：显示指定磁盘、目录中的文件和子目录信息，包括文件及子目录所在磁盘的卷标、文件与子目录的名称、每个文件的大小、文件及目录建立的日期时间，以及文件子目录的个数、所占用总字节数和磁盘上的剩余总空间等信息。

［格式］：DIR［C:］［path］［filename］［. ext］［/o］［/s］［/p］［/w］［/a］。

［说明］：DIR 是 DOS 命令中最常用的一个。斜杠表示后面的内容是参数。

DOS 参数最常用的是以下 5 个，见表 4-4。

表 4-4　常用的 DOS 参数

参　数	意　义
/p	显示信息满屏时,暂停显示,按任意键后显示下一屏
/o	排序显示。o 后面可以接不同意义的字母
/w	只显示文件名、目录名两项信息,每行 5 个文件名,即宽行显示
/s	将目录及子目录的全部目录文件都显示
/a	显示所有文件、目录信息(包含隐藏文件、目录)

2. MD

MD 是 Make Directory（创建目录）的缩写。

［功能］：创建一个子目录。

［格式］：MD［C:］path。

［说明］：MD 命令在当前目录或指定目录下创建一个子目录。

3. CD

CD 是 Change Directory（改变目录）的缩写。

　　［功能］：改变或显示当前目录。

　　［格式］：CD［C：］［path］。

　　［说明］：路径可以使用绝对路径和相对路径两种。如果只有 CD 而没有参数，则只显示当前路径。注意子目录中一定有两个"特殊目录"，即"."和".."，其中一点表示当前目录，两点表示上一层目录。从简单实用的角度来看，用户只要学会逐层进入（CD 下一层某目录名）和逐层退出（CD..），就可以解决所有问题。当然也可以用绝对路径的办法。

　　4. COPY

　　COPY 在英文中是复制的意思。

　　［功能］：复制一个或一组文件到指定的磁盘或目录中。

　　［格式］：COPY［C：］［path］［filename. ext］［C：］［path］filename. ext。

　　［说明］：复制文件命令的基本用法是"复制 源文件名 目标文件名"。如果只写目标路径而不写目标文件名，表示同名复制；否则称为换名复制。注意换名复制一般不更改文件扩展名。

　　5. TYPE

　　［功能］：在屏幕上显示文本文件的内容。

　　［格式］：TYPE［C：］［path］filename. ext。

　　［说明］：TYPE 命令用来在屏幕上快速、简便地显示文本文件的内容，扩展名为 TXT 的文件是文本文件。如果用这个命令显示扩展名为 EXE 或 COM 的其他文件，输出的结果往往是一些乱七八糟的符号并伴有无规则的响铃声，有时甚至会出现死机现象。

　　6. DEL

　　DEL 是 Delete（删除）的缩写。

　　［功能］：删除指定磁盘、目录中的一个或一组文件。

　　［格式］：DEL［C：］［path］filename. ext。

　　［说明］：这个命令应小心使用，文件一旦被删除，将不易恢复。同样可以采用通配符删除一类文件。当利用 *. * 时，为了安全，将给出警告，确定后方可删除。删除过程如果没有信息提示，表示已正确删除。

　　注意这个命令不能删除具有只读、隐含、系统属性的文件；如果指定文件不存在，则出现 File not found 的提示；DOS 对误删除的文件可以用 UNDELETE 外部命令恢复；该命令只能删文件，不能删目录。

　　7. RD

　　RD 是 Remove Directory（删除目录）的简写。

　　［功能］：删除空子目录。

　　［格式］：RD［d：］path。

　　［说明］：RD 是专门删除空子目录的命令。注意：一是不能删除非空目录；二是不能删除当前目录。

　　8. REN

　　REN 是 Rename（重新命名）的简写。

　　［功能］：对指定磁盘、目录中的一个文件或一组文件重新命名。

　　［格式］：REN［C：］［path］filename1［. ext］filename2［. ext］。

　　［说明］：重新命名操作只限于某个文件或某组文件，不会更改文件所在的目录。如果

使用了通配符，则对一批文件进行更名。

（四）常用 DOS 工具软件（以可执行程序文件的形式出现）

1. FORMAT

[功能]：对磁盘格式化。

[格式]：[C:] [path] FORMAT drive: [/S]。

[说明]：厂家制造的各种磁盘可用来存储各种操作系统下的文件。不同操作系统的磁盘格式一般是不相同的。FORMAT 命令就是使一个新的磁盘可以被 DOS 操作系统识别，即可以存储 DOS 文件。

这个命令对磁盘的格式化过程，实际上是用 DOS 规定的信息存储格式对磁盘进行规划的过程。格式化磁盘时，该命令要清除磁盘上已经存在的所有数据，在磁盘上写上引导记录，划分出文件分配表和根目录，同时还要找出磁盘上的所有坏扇区并标上不可使用的标记。命令参数这里只列出了一个：/S。当使用了这个参数后，磁盘格式化并装入操作系统文件，使之变成引导盘，相当于 FORMAT 后再进行下一命令：SYS。

2. FDISK

[功能]：对硬盘进行分区操作。

[格式]：[C:] [path] FDISK [/参数]。

[说明]：FDISK 程序是 DOS 和 Windows 操作系统自带的分区软件，是专门为硬盘分区而设计的程序。该命令界面简单、容易操作，分区安全、稳定。缺点是英文界面、速度慢，被分区的硬盘将丢失掉盘上的原有数据，属于有损分区。

FDISK 命令后面可以跟许多参数，实现特定的功能，如修复硬盘主引导记录。这一特点是其他分区工具所不具备的。

分区从实质上说就是对硬盘的一种格式化。当创建分区时，就已经设置好了硬盘的各项物理参数，指定了硬盘主引导记录（Master Boot Record，MBR）和引导记录备份的存放位置。而对于文件系统以及其他操作系统管理硬盘所需要的信息，则是通过之后的高级格式化，即 FORMAT 命令来实现的。用一个形象的比喻，分区就好比在一张白纸上画一个大方框，而格式化好比在方框里打上格子，安装各种软件就好比在格子里写上字，分区和格式化就相当于为安装软件打基础，实际上，它们为计算机在硬盘上存储数据起标记定位的作用。进行硬盘分区时，最常用的软件是 FDISK。

六、拓展训练

（一）操作训练

1）显示 A 盘里面的信息。

2）用 MD 命令建立一个叫做 purple 的目录。

3）进入刚才建立的 purple 目录。

4）在 purple 目录中创建名为 hello. txt 的文本文件。

5）将 purple 目录的所有文件删除。

6）用 RD 命令删除 purple 目录。

（二）理论知识练习

请从给出的选项中选择正确的答案填在空白处。

1）MS-DOS 提供了一个标准的操作员和操作系统的接口程序，该程序是 command. com

文件。该程序负责____操作员从键盘输入的命令。（多选）

    A. 接收　　　　　　B. 解释　　　　　　C. 处理　　　　　　D. 存储

2）DOS 内部命令和外部命令的主要区别是____。（单选）

    A. 内部命令是对机器内部操作，外部命令是对机器外部操作

    B. 内部命令在任何目录下都可以使用，外部命令必须有有关文件才能使用

    C. 内部命令是计算机本身所具有的命令，外部命令是用户自己编写的命令

    D. 内部命令可对磁盘操作，外部命令不能对磁盘操作

3）以下字符中____不能作为文件名。（单选）

    A. :　　　　　　　B. %　　　　　　　C. \　　　　　　　D. @

4）当用 COPY 命令操作时，若指定的文件在指定驱动器中找不到，屏幕上会显示____。（单选）

    A. Disk boot failure

    B. File cannot copied onto itself

    C. File not found

    D. Bad command or file name

5）在 MS-DOS 系统中，所有的内部命令都包含在____文件内，并在开机时自动装入内存。（单选）

    A. command. com　　　　　　　　B. formmat. com

    C. config. sys　　　　　　　　　　D. autoexec. bat

6）从软盘启动 DOS 与从硬盘启动的区别是____。（单选）

    A. 从硬盘启动需要将 DOS 引导程序装入内存；从软盘启动则不需要

    B. 从硬盘启动需要检查硬盘分区表并确定 DOS 分区首扇区；从软盘启动则不需要

    C. 从硬盘启动需要解释并处理 config. sys 文件；从软盘启动则不需要

    D. 从硬盘启动系统不提示输入日期和时间；从软盘启动则提示输入日期和时间

7）以下 DOS 命令中，可以查看上一级目录内容的命令是____。（单选）

    A. DIR　　　　　　B. DIR.　　　　　　C. DIR ..　　　　　　D. 以上都不对

8）DOS 用____作为引导启动的文件之一。（单选）

    A. sys. com　　　B. io. sys　　　　C. format. com　　　D. diskcopy. com

9）下列文件中，____不能用 DEL 命令删除。（多选）

    A. 隐含文件　　　B. 系统文件　　　C. 只读文件　　　D. 压缩文件

10）在启动 DOS 时，启动盘上无____文件时，DOS 仍可启动。（多选）

    A. io. sys　　　　　B. msdos. sys　　　C. config. sys

    D. autoexec. bat　　E. command. exe　　F. kill. exe

项目二　用 FDISK、FORMAT 命令分区格式化硬盘

一、项目目标

1）会安装更换新硬盘、设置为 Master。

2）会在 CMOS 中设置硬盘参数。

3）会用 FDISK 按规划的容量对硬盘分区。

4）会用 FORMAT 高级格式化硬盘各分区。

二、项目内容

1. 工具（见表 4-5）

表 4-5　工具

工具名称	规　格	数　量	备　注
一字形螺钉旋具		1 把	
十字形螺钉旋具		1 把	
尖嘴钳子		1 把	
镊子		1 把	
粗纹螺钉		若干	固定硬盘
DOS 启动软盘	3.5 英寸	1 张	含 FDISK、FORMAT 程序
Windows XP 安装光盘		1 张	

2. 材料（见表 4-6）

表 4-6　材料

材料名称	型号规格	数　量	备　注
40GB 硬盘	EIDE 接口	1 块	未分区
机箱、电源	ATX 机箱、300W	1 套	
主板	845 系列芯片组	1 块	
内存条	DDR400,256MB	2 根	
CPU、风扇	Pentium 4　2.4GHz	1 套	
光驱	CD-ROM	1 个	
软驱	3.5 英寸	1 个	
键盘、鼠标	键盘 PS/2 接口	1 套	
显卡、显示器	显卡 AGP 接口、CRT 显示器	1 套	
网卡	10/100Mbit/s 自适应	1 块	PCI 接口

三、操作步骤

【任务一】　用新购置的 40GB 并口 ATA-6（Ultra ATA 100）硬盘替换原容量较小的硬盘，用单独一根 80 芯扁平电缆连接在主板的主 IDE 接口上，并配置硬盘为 Master。

1）用提供的粗纹螺钉把硬盘固定在机箱内 3.5 英寸支架上。打开机箱侧面板，找一个位置合适的空支架，将硬盘小心插入支架（插入的深度以不影响主板使用和容易固定为原则），通过支架旁边的条形孔将硬盘固定好，用粗纹螺钉固定硬盘。

2）找到主板上的主 IDE 接口，在硬盘和主 IDE 接口之间用单独一根 80 芯扁平电缆连接，如图 4-21 所示。

3）连接硬盘电源线，注意 D 型电源插头与硬盘电源插座的对应方向。

4）依照硬盘标签上的跳线表（见图 4-22），把硬盘设置为主盘，如图 4-23 所示。

连接主板上的主IDE接口

图 4-21

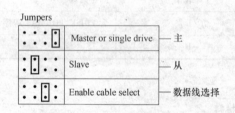

图 4-22

图 4-23

【任务二】 在 CMOS 中设置硬盘参数、去掉病毒防护、设置启动顺序。

1）重启计算机，按 Delete 键进入 CMOS 参数设置界面，进入 Advanced BIOS Features 菜单，如图 4-24 所示。

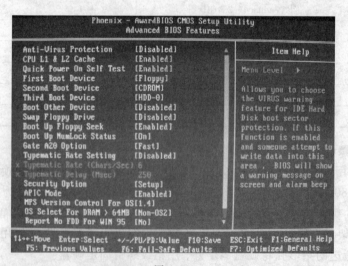

图 4-24

2）在 Anti-Virus Protection（病毒防护）选项后选 Disabled。

3）在 First Boot Device 选项后选 Floppy（第一启动盘设为软盘）。在 Second Boot Device 选项后选 CD-ROM（第二启动盘设为光驱）。在 Third Boot Device 选项后选 HDD-0（第三启

动盘设为硬盘 HDD-0）。

4）按 F10 键保存设置并退出，计算机启动。

【任务三】 把 40GB 硬盘分为 3 个盘符，其中 C 盘 10000MB，D 盘 15000MB，其余容量全部分给 E 盘；把 C 盘设为活动分区，以备将来安装操作系统使用。

1）把 DOS 启动软盘插入软驱，重新热启动计算机，在提示符 A：>后输入命令 FDISK 并按［Enter］键，出现如图 4-25 所示界面。图中说明磁盘容量已经超过了 512MB，为了充分发挥磁盘的性能，建议选用 FAT32 文件系统，输入 Y 后按［Enter］键。

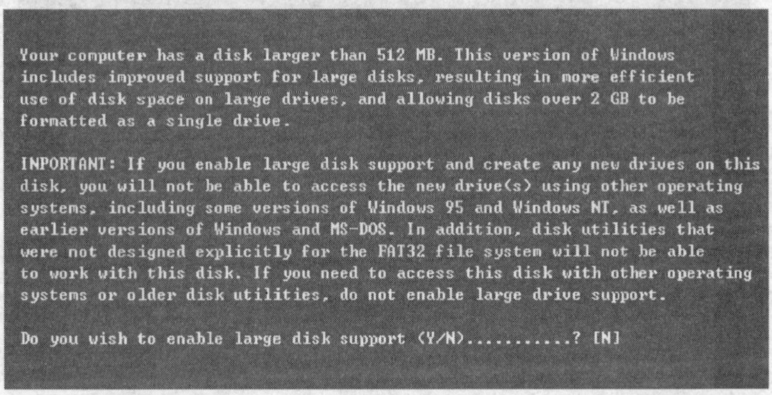

```
Your computer has a disk larger than 512 MB. This version of Windows
includes improved support for large disks, resulting in more efficient
use of disk space on large drives, and allowing disks over 2 GB to be
formatted as a single drive.

IMPORTANT: If you enable large disk support and create any new drives on this
disk, you will not be able to access the new drive(s) using other operating
systems, including some versions of Windows 95 and Windows NT, as well as
earlier versions of Windows and MS-DOS. In addition, disk utilities that
were not designed explicitly for the FAT32 file system will not be able
to work with this disk. If you need to access this disk with other operating
systems or older disk utilities, do not enable large drive support.

Do you wish to enable large disk support (Y/N)..........? [N]
```

图 4-25

进入 FDISK 主菜单画面，如图 4-26 所示。

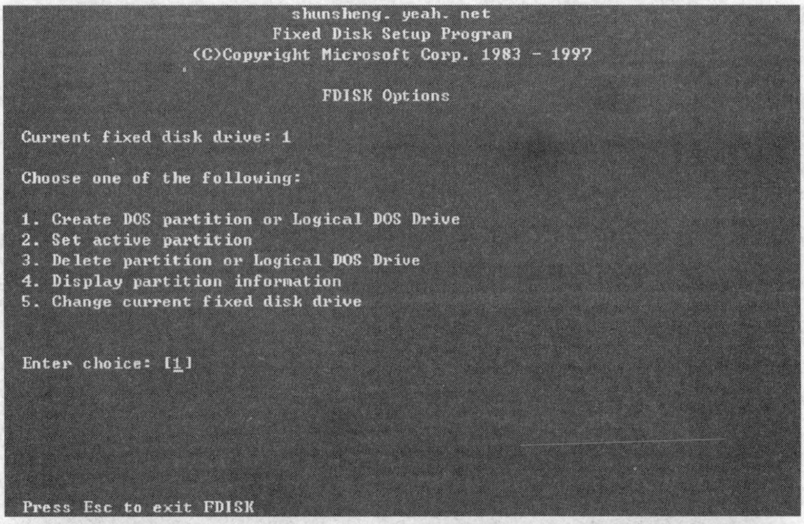

```
                    shunsheng. yeah. net
                  Fixed Disk Setup Program
             (C)Copyright Microsoft Corp. 1983 - 1997

                       FDISK Options

Current fixed disk drive: 1

Choose one of the following:

1. Create DOS partition or Logical DOS Drive
2. Set active partition
3. Delete partition or Logical DOS Drive
4. Display partition information
5. Change current fixed disk drive

Enter choice: [1]



Press Esc to exit FDISK
```

图 4-26

主菜单中各项的功能如下：

① 创建 DOS 分区或逻辑驱动器。

② 设置活动分区。

③ 删除分区或逻辑驱动器。

④ 显示分区信息。

⑤ 改变当前硬盘驱动器。

选择 1 后按［Enter］键，即选择"创建 DOS 分区或逻辑驱动器"选项，显示如图 4-27 所示。

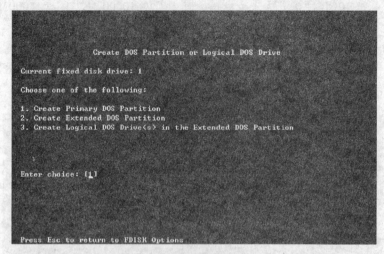

图 4-27

菜单中各项的功能如下：

① 创建主分区。

② 创建扩展分区。

③ 创建逻辑分区。

一般来说，建立硬盘分区遵循"主分区→扩展分区→逻辑分区"的原则，而删除分区则与之相反。一个硬盘可以划分多个主分区，但没必要划分那么多，一个即可。主分区之外的硬盘空间分配给扩展分区，而逻辑分区是对扩展分区再划分得到的逻辑盘。

2）创建主分区（Primary Partition）。在图 4-27 中选择数字 1 后按［Enter］键确认，开始检测硬盘。

暂停后，系统询问是否希望将整个硬盘空间作为主分区并激活成活动分区（即整个硬盘只有一个盘符 C，这当然不是我们需要的），如图 4-28 所示。主分区一般就是 C 盘，随着

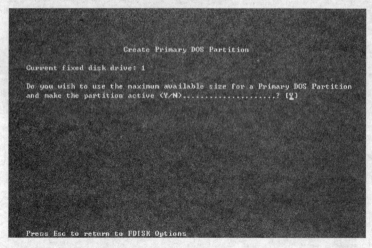

图 4-28

硬盘容量的日益增大，很少会将硬盘只分一个区，所以选择 N 并按［Enter］键。

经过检测硬盘，显示硬盘总容量为 40955MB，等待输入分配给主分区的大小。输入分配给 C 盘的容量 10000MB，按［Enter］键，如图 4-29 所示。

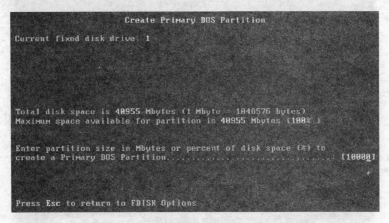

图 4-29

图 4-30 显示主分区 C 盘已经创建，主分区容量占硬盘总容量的 24%。按［Esc］键继续操作，返回 FDISK 主菜单。

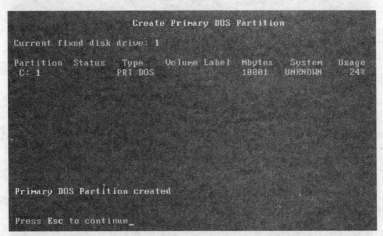

图 4-30

3）创建扩展分区（Extended Partition）。在 FDISK 主菜单中，选择数字 1，选择创建主 DOS 分区或扩展分区操作。再选择数字 2，然后按［Enter］键，开始创建扩展 DOS 分区，如图 4-31 所示。

一般情况下，将除主分区之外的所有空间划为扩展分区，直接按［Enter］键即可（扩展分区 30953MB），如图 4-32 所示。

在图 4-33 中扩展分区已经创建，扩展分区容量占整个硬盘总容量的 76%。按［Esc］键继续下一步，在扩展分区中创建逻辑分区。

4）在扩展分区中创建逻辑分区（Logical Drives）D、E。

在图 4-33 中按［Esc］键继续，提示扩展分区中没有划分任何逻辑分区，在此输入第一个逻辑分区的大小或百分比，最高不超过扩展分区的最大容量值。

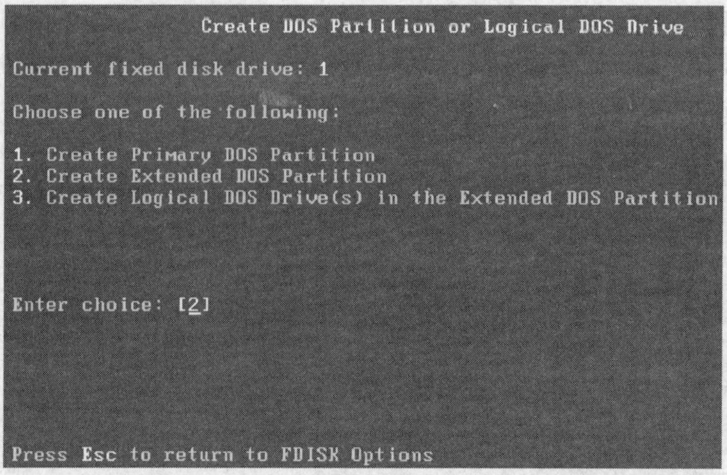

```
                    Create DOS Partition or Logical DOS Drive

Current fixed disk drive: 1

Choose one of the following:

1. Create Primary DOS Partition
2. Create Extended DOS Partition
3. Create Logical DOS Drive(s) in the Extended DOS Partition




Enter choice: [2]





Press Esc to return to FDISK Options
```

图 4-31

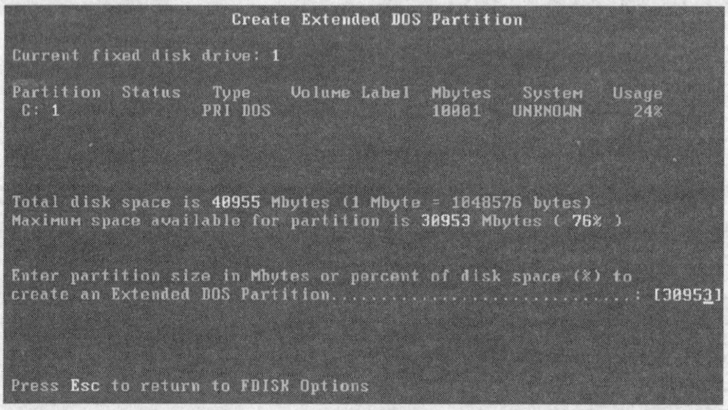

```
                        Create Extended DOS Partition
Current fixed disk drive: 1

Partition  Status    Type   Volume Label   Mbytes   System    Usage
  C: 1               PRI DOS                10001    UNKNOWN    24%




Total disk space is 40955 Mbytes (1 Mbyte = 1048576 bytes)
Maximum space available for partition is 30953 Mbytes ( 76% )

Enter partition size in Mbytes or percent of disk space (%) to
create an Extended DOS Partition.............................: [30953]



Press Esc to return to FDISK Options
```

图 4-32

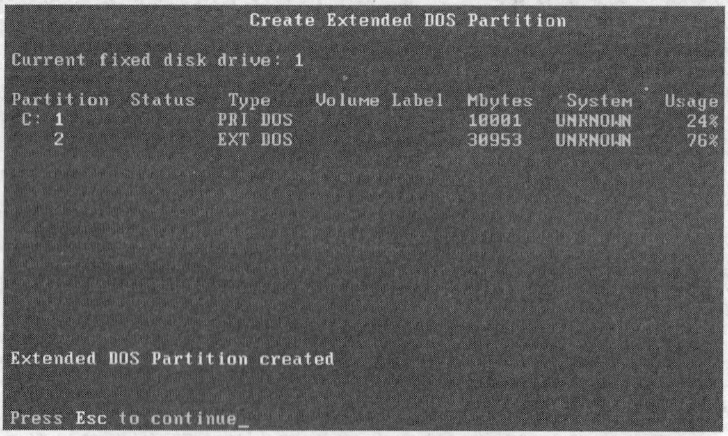

```
                        Create Extended DOS Partition
Current fixed disk drive: 1

Partition  Status    Type   Volume Label   Mbytes   System    Usage
  C: 1               PRI DOS                10001    UNKNOWN    24%
     2               EXT DOS                30953    UNKNOWN    76%








Extended DOS Partition created

Press Esc to continue_
```

图 4-33

输入分配给 D 盘的容量 15000MB，并按［Enter］键，如图 4-34 所示。

按［Enter］键后逻辑分区 D 创建完毕，D 盘容量占扩展分区总容量的 48%，如图 4-35 所示。继续创建逻辑分区 E，此时可直接按［Enter］键，把扩展分区中余下的容量

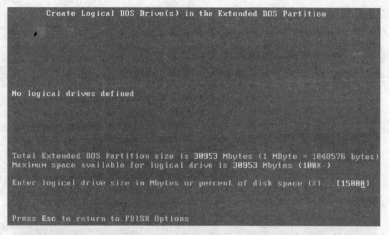

图 4-34

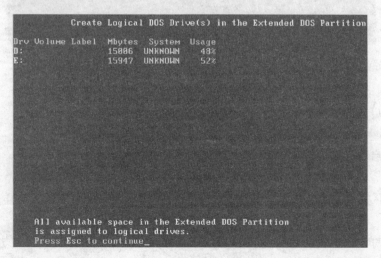

图 4-35

（15947MB）全部分配给 E 盘。

图 4-36 显示逻辑分区 E 已经创建完成，按［Esc］键返回 FDISK 主菜单。

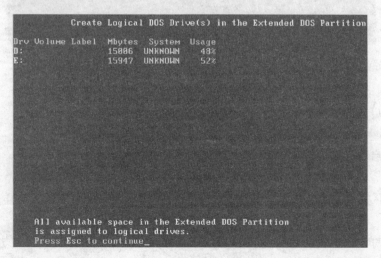

图 4-36

5）设置活动分区（Set Active Partition）。在 FDISK 主菜单中，按数字键［2］，设置活动分区。

只有主分区（Type 项为 PRI DOS）才可以被设置为活动分区，选择数字 1，即设 C 盘为活动分区，如图 4-37 所示。当硬盘划分了多个主分区后，可设其中任何一个为活动分区。

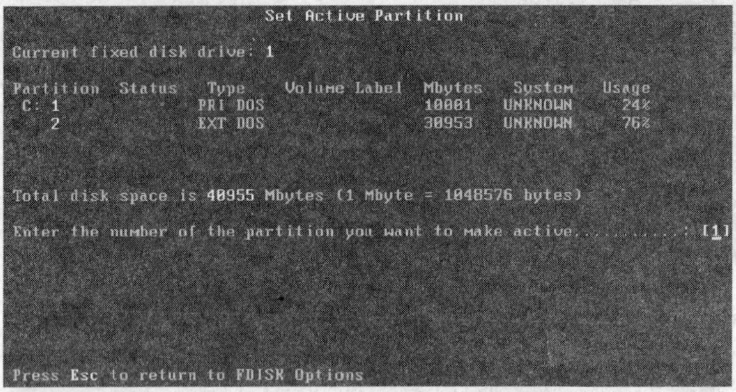

图 4-37

在图 4-38 中 C 盘已经成为活动分区（Status 项为 A），按 Esc 键继续，返回 FDISK 主菜单。

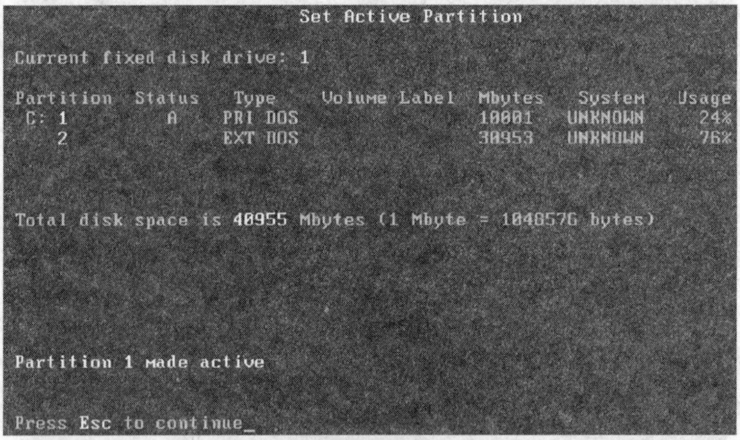

图 4-38

6）重新启动计算机，使设置生效。在 FDISK 主菜单中，按［Esc］键将退出 FDISK 程序，必须重新启动计算机，这样分区设置才能生效，如图 4-39 所示。

再按［Esc］键，退出 FDISK 程序，回到 DOS 提示符下 A：\ >。

手动重新启动计算机。

【任务四】 高级格式化 C 盘、D 盘和 E 盘。

FDISK 分区完成，重新启动计算机后，必须格式化硬盘的每个分区，这样分区才能够正常使用。

1）把提供的 DOS 启动软盘插入软驱 A 中，重新启动计算机，从软盘引导 DOS 操作系统。

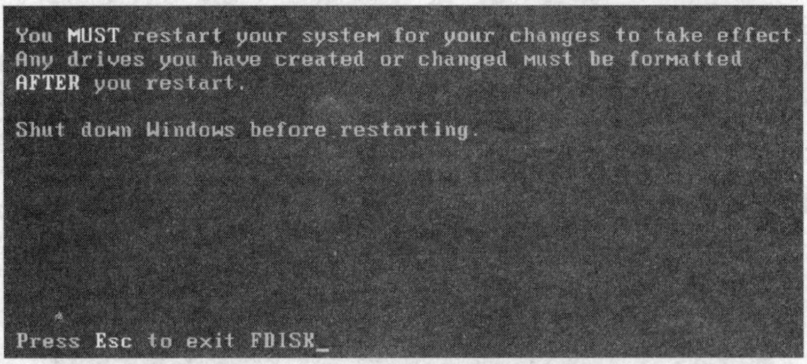

图 4-39

2）在 DOS 提示符 A：\ >后输入格式化命令 FORMAT C：并按［Enter］键，出现警告提示信息时按［Y］键，格式化 C 盘，如图 4-40 所示。

格式化完成，输入 C 盘的卷标 system，按［Enter］键后显示 C 盘格式化后的有关信息。

3）分别执行 FORMAT D：和 FOR-MAT E：命令，完成对 D 盘和 E 盘的高级格式化。

至此，整个硬盘的分区、格式化完成，可以安装操作系统了。

【任务五】　删除硬盘的 C 盘、D 盘和 E 盘盘符。

若对 C 盘、D 盘、E 盘分配的大小比例不满意，可以重新划分各盘符的容

图 4-40

量大小，即对一块已经分好区的硬盘重新分区，那么首先要做的是删除所有的旧分区，因此仅仅学会创建分区是不够的。删除分区的顺序是从下往上，即"非 DOS 分区→逻辑分区→扩展分区→主分区"。

注意：除非安装了非 Windows 的操作系统，否则一般不会产生非 DOS 分区。

1. 删除扩展分区中的所有逻辑分区

在 FDISK 主菜单中选择数字 3（删除分区或盘符）后按［Enter］键。

显示图 4-41，选 3 后按［Enter］键（删除扩展分区中的逻辑分区）。

如图 4-42 所示，表明扩展分区中包含两个逻辑分区 D 和 E，依次输入要删除的逻辑分区盘符 E、卷标，按［Y］键后按［Enter］键，删除 E 盘。

同理，依次输入 D 盘的盘符、卷标，按［Y］键后按［Enter］键，删除 D 盘。如图 4-43 所示，D 盘、E 盘都被删除。

2. 删除扩展分区

返回到 FDISK 主菜单，仍然选择数字 3（删除 DOS 分区或逻辑驱动器）。在随后显示的画面中选择数字 2，删除扩展 DOS 分区（Delete Extended DOS Partition），如图 4-44 所示。

系统警告扩展分区中的数据将被删除。按［Y］键，确认要删除扩展分区，按［Enter］键执行操作，如图 4-45 所示。

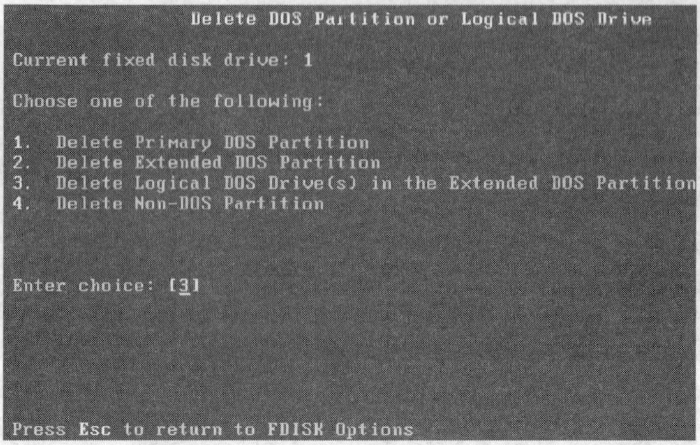

```
                    Delete DOS Partition or Logical DOS Drive
Current fixed disk drive: 1

Choose one of the following:

1.   Delete Primary DOS Partition
2.   Delete Extended DOS Partition
3.   Delete Logical DOS Drive(s) in the Extended DOS Partition
4.   Delete Non-DOS Partition



Enter choice: [3]




Press Esc to return to FDISK Options
```

图 4-41

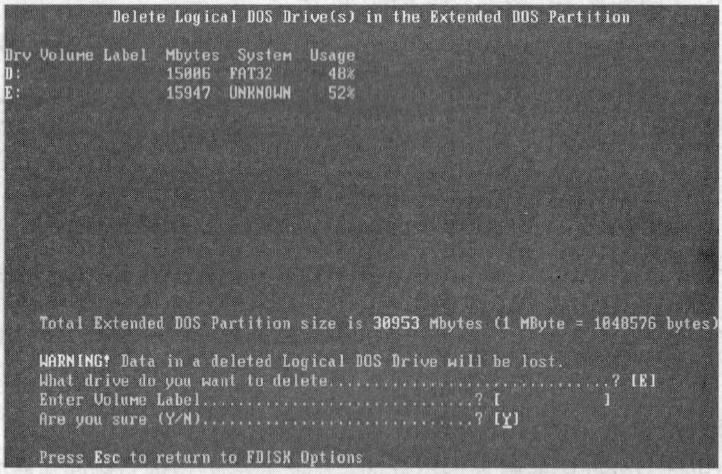

```
            Delete Logical DOS Drive(s) in the Extended DOS Partition
Drv Volume Label  Mbytes  System  Usage
D:                15006   FAT32   48%
E:                15947   UNKNOWN 52%









     Total Extended DOS Partition size is 30953 Mbytes (1 MByte = 1048576 bytes)

WARNING! Data in a deleted Logical DOS Drive will be lost.
What drive do you want to delete...........................? [E]
Enter Volume Label.............................? [          ]
Are you sure (Y/N)............................? [Y]

Press Esc to return to FDISK Options
```

图 4-42

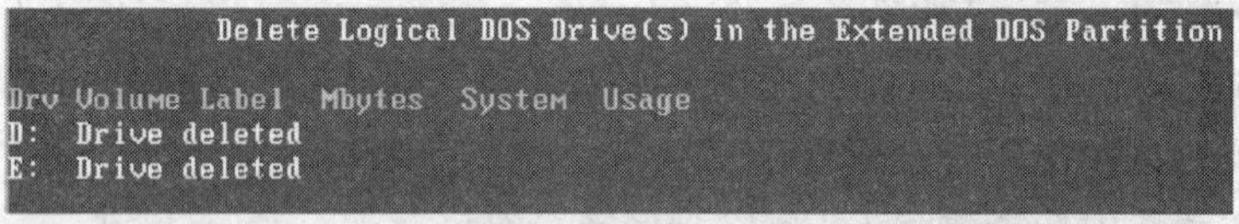

```
                 Delete Logical DOS Drive(s) in the Extended DOS Partition
Drv Volume Label  Mbytes  System  Usage
D:   Drive deleted
E:   Drive deleted
```

图 4-43

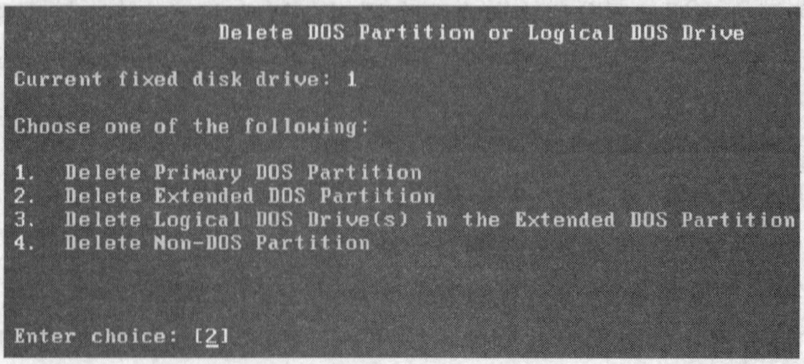

```
                    Delete DOS Partition or Logical DOS Drive
Current fixed disk drive: 1

Choose one of the following:

1.   Delete Primary DOS Partition
2.   Delete Extended DOS Partition
3.   Delete Logical DOS Drive(s) in the Extended DOS Partition
4.   Delete Non-DOS Partition



Enter choice: [2]
```

图 4-44

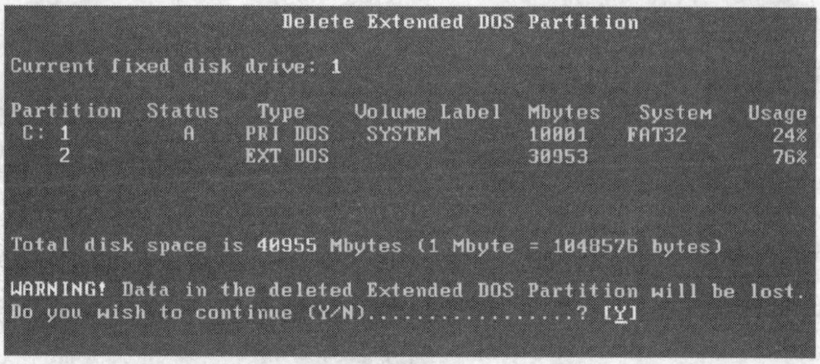

图 4-45

3. 删除主分区

返回到 FDISK 主菜单，选择数字 3，删除 DOS 分区或逻辑驱动器。再选择数字 1，删除主 DOS 分区（Delete Primary DOS Partition）。在图 4-46 中，输入主 DOS 分区号 1，卷标 SYSTEM，按［Y］键后按［Enter］键，执行删除操作。

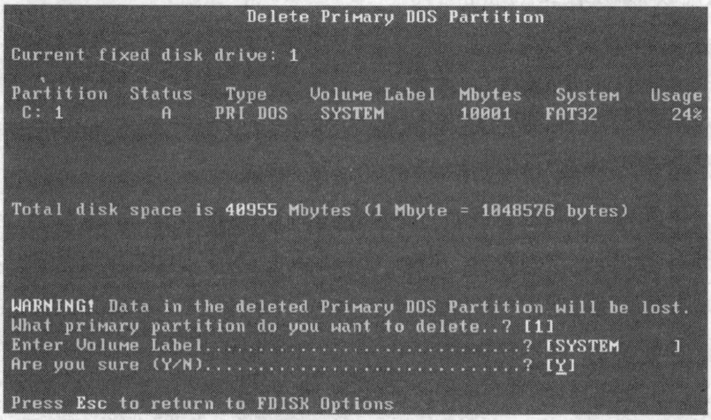

图 4-46

主 DOS 分区删除。按［Esc］键继续，退出 FDISK 程序，提示重新启动计算机，如图 4-47 所示。

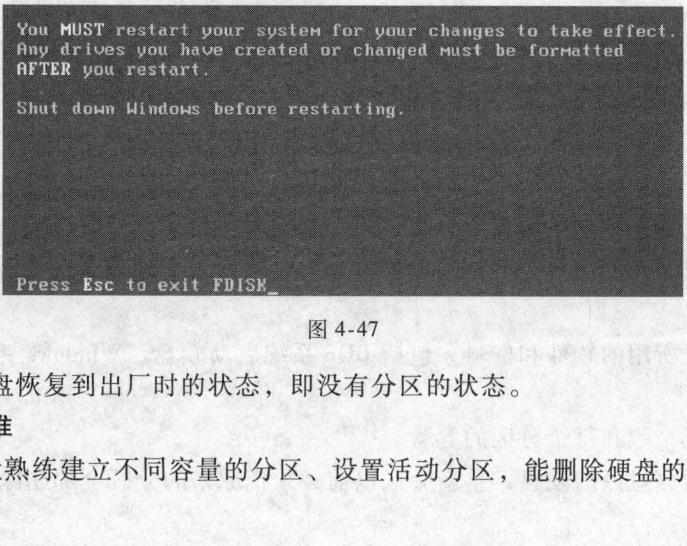

图 4-47

至此，把硬盘恢复到出厂时的状态，即没有分区的状态。

四、考核标准

1）能对硬盘熟练建立不同容量的分区、设置活动分区，能删除硬盘的各分区。

2）能选择 FAT32 硬盘分区的格式。

3）设置硬盘为主盘。

五、相关知识

所谓对硬盘分区，就是把一个物理硬盘用软件划分为多个区域使用，即将一个物理硬盘分为多个盘，如 C 盘、D 盘、E 盘、F 盘等。工厂生产的硬盘必须经过低级格式化、分区和高级格式化 3 个处理过程后，才能用来存储数据。现在硬盘在出厂前都已经由生产厂家进行了低级格式化，所以一般安装好硬盘后可以直接对硬盘进行分区操作，无须进行低级格式化。

（一）何时需要对硬盘进行分区操作

硬盘的分区、格式化操作对硬盘上的数据是破坏性的，操作要慎重，否则将造成不可挽回的损失。在下列情况下，需要对硬盘进行分区操作。

1）新买的硬盘。

2）认为当前硬盘各分区容量不合适。

3）硬盘引导扇区感染引导型病毒。

1. 进行硬盘分区和格式化的原因

磁盘的低级格式化通常由生产厂家完成，目的是划定磁盘可供使用的扇区和磁道并标记有问题的扇区；而用户则需要使用操作系统所提供的磁盘工具，如 fdisk. exe 和 format. com 等程序进行硬盘分区和格式化。

人们常常将每块硬盘（即硬盘实物）称为物理盘，而将在硬盘分区之后所建立的具有"C："或"D："等各类驱动器称为逻辑盘。逻辑盘是系统为控制和管理物理盘而建立的操作对象，一块物理盘可以设置成一块逻辑盘，也可以设置成多块逻辑盘。

在对硬盘的分区和格式化处理步骤中，建立分区和逻辑盘是对硬盘进行格式化处理的必然条件，用户可以根据物理盘容量和自己的需要建立主分区、扩展分区和逻辑盘符后，再通过格式化处理来为硬盘分别建立引导区（BOOT）、文件分配表（FAT）和数据存储区（DATA），只有经过以上处理之后，硬盘才能在计算机中正常使用。

2. 硬盘主分区、扩展分区和逻辑盘的关系

在使用 DOS 6. x 或 Windows 9x 时，系统为磁盘等存储设备命名盘符时有一定的规律，如"A："和"B："为软驱专用，而"C："~"Z："则供硬盘、光驱以及其他存储设备共用，但系统为所有的存储设备命名时将根据一定的规律。例如，为一块硬盘建立分区时，如果只建一个主分区，那么这块硬盘就只有一个盘符"C："；如果不但建有主分区而且还建有扩展分区，那么除了"C："盘外，还可能根据在扩展分区上所建立的逻辑盘数量另外具有"D："、"E："等（增加的盘符依次向字母 Z 延伸）。

（二）硬盘重新分区前的准备

1）备份原来硬盘上的重要数据。可将包含重要数据的文件刻录到光盘或复制到移动硬盘上。

2）准备分区所用的软件和资料，包括 DOS 系统启动软盘、Windows 系统安装光盘和有关安装注意手册。

3）规划分区个数和每个分区的容量。

4）对于已经分过区的硬盘，重新分区以前必须把原来的分区全部删除。

一般情况下，一个硬盘分 5 个区就可以了。分别作为系统分区、数据分区、游戏分区、多媒体文件存储区、备份分区。不同的内容存放在不同的分区中。

（三）硬盘分区概念和分区种类

硬盘分区之后，会形成 3 种形式的分区状态，即主 DOS 分区、扩展 DOS 分区和非 DOS 分区。扩展 DOS 分区又可以划分为多个逻辑分区，而主 DOS 分区不能再分。

1. 非 DOS 分区

在硬盘中，非 DOS 分区（Non-DOS Partition）是一种特殊的分区形式，它是将硬盘中的一块区域单独划分出来供另一个操作系统使用，对主 DOS 分区的操作系统来讲，是一块被划分出去的存储空间。只有非 DOS 分区内的操作系统才能管理和使用这块存储区域，非 DOS 分区之外的系统一般不能对该分区内的数据进行访问。

2. 主 DOS 分区

主 DOS 分区则是一个比较单纯的分区，通常位于硬盘的最前面一块区域中，构成逻辑 C 磁盘。其中的主引导程序是它的一部分，此段程序主要用于检测硬盘分区的正确性，并确定活动分区，负责把引导权移交给活动分区的 DOS 或其他操作系统。若此段程序损坏，则将无法从硬盘引导，但从软驱或光驱启动计算机之后可对硬盘进行读写。

3. 扩展 DOS 分区和逻辑分区

DOS 和 FAT 文件系统最初都被设计成支持在一块硬盘上最多建立 24 个分区，分别使用 C ~ Z 24 个驱动器盘符。但是主引导记录中的分区表最多只能包含 4 个分区记录，为了有效地解决这个问题，DOS 的分区命令 FDISK 允许用户创建一个扩展分区，并且在扩展分区内建立最多 23 个逻辑分区，其中的每个分区都单独分配一个盘符，可以被计算机作为独立的物理设备使用。关于逻辑分区的信息都被保存在扩展分区内，而主分区和扩展分区的信息被保存在硬盘的 MBR（主引导）记录内。也就是说，无论硬盘有多少个分区，其主启动记录中只包含主 DOS 分区（也就是启动分区）和扩展分区的信息。

（四）硬盘分区格式

根据目前流行的操作系统来看，常用的分区格式有 4 种，分别是 FAT16、FAT32、NTFS 和 Linux。

1. FAT16

这是 MS-DOS 和 Windows 95 操作系统中最常见的磁盘分区格式。它采用 16 位的文件分配表，支持最大为 2GB 的分区，是目前应用最为广泛和获得操作系统支持最多的一种磁盘分区格式，几乎所有的操作系统都支持这种格式。但是在 FAT16 分区格式中，有一个最大的缺点：磁盘利用效率低。因为在 DOS 和 Windows 系统中，磁盘文件的分配是以簇为单位的，一个簇只分配给一个文件使用，不管这个文件占用整个簇容量的多少。这样，即使一个文件很小，它也要占用一个簇，剩余的空间便全部闲置在那里，造成磁盘空间的浪费。由于分区表容量的限制，FAT16 支持的分区越大，磁盘上每个簇的容量也越大，造成的浪费也越大。所以为了解决这个问题，微软公司在 Windows 97 中推出了一种全新的磁盘分区格式——FAT32。

2. FAT32

FAT32 格式采用 32 位的文件分配表，使其对磁盘的管理能力大大增强，突破了 FAT16 对每一个分区的容量只有 2GB 的限制。FAT32 具有一个最大的优点：在一个不超过 8GB 的分区中，FAT32 分区格式的每个簇容量都固定为 4KB，与 FAT16 相比，可以大大减少磁盘的浪费，提高磁盘利用率。目前，支持这一磁盘分区格式的操作系统有 Windows 97、Windows 98 和 Windows 2000。但是，这种分区格式也有缺点，首先是采用 FAT32 格式分区的磁盘，由于文件分配表的扩大，运行速度比采用 FAT16 格式分区的磁盘要慢。

3. NTFS

NTFS 的优点是安全性和稳定性极其出色，在使用中不易产生文件碎片。它能对用户的操作进行记录，通过对用户权限进行非常严格的限制，使每个用户只能按照系统赋予的权限进行操作，充分保护了系统与数据的安全。这种格式采用 NT 核心的纯 32 位 Windows 系统才能识别，DOS 以及 16 位 32 位混编的 Windows 95 不能识别。

4. Linux

Linux 的磁盘分区格式与其他操作系统完全不同，共有两种。一种是 Linux Native 主分区，另一种是 Linux Swap 交换分区。这两种分区格式的安全性与稳定性极佳，结合 Linux 操作系统后，死机的机会大大减少。但是，目前支持这一分区格式的操作系统只有 Linux。

（五）其他分区、格式化硬盘的方法

1）硬盘容量越来越大，作为硬盘分区软件，FDISK 在大容量硬盘面前显得落后，但并不是不能用 FDISK 给大容量硬盘分区。

和正常分区一样，进入 FDISK 后，不能正确检测硬盘容量，不用理会，照常执行。在划分每个分区容量时，不要输入容量大小，而是输入容量的百分比（如 80GB 的硬盘平均分 4 个区，每个区占 25%，这时输入 25% 即可），当主分区划分后，就能看到硬盘的容量了，再按平常执行命令一样将硬盘划分完成，最后重新启动计算机再格式化硬盘就可以使用了。

2）将该硬盘挂接在其他安装有 Windows 2000/XP/2003 操作系统的计算机上，系统会正确识别并可以使用 Windows 自带的分区功能来分区。

如果没有 Windows 2000/XP/2003 操作系统，也可以使用 Windows 2000/XP/2003 安装光盘。在启动时使用光驱启动，进入 Windows 安装界面，使用系统自带的分区功能即可正确识别硬盘并进行分区。

所以在对大容量硬盘进行分区时，要选择合适的软件，通常用 Windows 2000 或 Windows XP 系统安装光盘自带的分区、格式化软件就可以了。

六、拓展训练

（一）操作训练

1）用 DOS 启动软盘中的 FDISK 程序把一块 20GB 的硬盘分成 C、D、E、F 盘，每个盘的容量各占总容量的四分之一，分区完后全部进行高级格式化。

2）用所提供的 Windows XP 安装光盘，把一块 120GB 的硬盘分成 3 个区，其中 C 盘占 30GB、D 盘占 40GB，其他容量分给 E 盘。然后把 C、D、E 盘格式化。

（二）理论知识练习

请从给出的选项中选择正确的答案填在空白处。

1）当输入的命令不是一个正确的 DOS 命令时，屏幕上会显示____错误信息。（单选）

A. File not found

B. File cannot copied onto itself

C. Disk boot failure

D. Bad command or file name

2）启动 FDISK 程序，可对硬盘进行分区。以下关于 FDISK 命令的说法，正确的是____。（多选）

A. FDISK 对用 SUBST 命令形成的驱动器不起作用

B. FDISK 可用于建立基本 MS-DOS 分区和扩展 MS-DOS 分区

C. 改变一个分区的大小，不必先删掉此分区

D. 如果不小心删掉了一个分区，有可能丢掉那个分区上的所有数据

3）屏幕上显示 File allocation table bad for drive C 错误信息的含义是____。（单选）

A. FAT 表损坏　　　B. 硬盘损坏　　　C. 文件名错误　　　D. 驱动器损坏

4）在用 DOS 的 FDISK 命令建立的分区或驱动器中，一般用于启动 DOS 系统的____。（单选）

A. 只有基本分区

B. 只有逻辑驱动器之一

C. 可以是基本分区，也可以是逻辑驱动器之一

D. 可以是扩展分区，条件是基本分区不安装 DOS

5）一个 DOS 主分区容量是 2000MB，其文件分配表中数值等于 FFFFH 的表项____。（单选）

A. 至少有 3 个　　　B. 最多有 1 个　　　C. 可能有多个　　　D. 不会出现

6）防止引导型病毒的一般方法有____。（多选）

A. 从软盘启动

B. 保护硬盘的主引导区及 DOS 引导区

C. 定期格式化硬盘

D. 使用高级版本 BIOS 提供的对硬盘主引导区和 DOS 分区的保护

7）在命令方式下读写磁盘操作有错误时，屏幕提示 Abort，Retry，Fail 信息，如果要重复执行命令应输入____键。（单选）

A. A　　　　B. R　　　　C. F　　　　D. Esc

8）硬盘主引导程序是由执行下述____程序而装入硬盘的。（单选）

A. debug. exe　　　B. fdisk. exe　　　C. format. com　　　D. sys. com

9）DOS 的引导程序 BOOT 是在磁盘初始化时，由 FORMAT 命令写在软盘____上的。（单选）

A. 0 面 0 道 0 扇区　　　　　　　B. 0 面 0 道 1 扇区

C. 1 面 1 道 1 扇区　　　　　　　D. 1 面 0 道 1 扇区

10）如果在命令方式下屏幕上显示 Insufficient disk space 错误信息，其含义是____。（单选）

A. 磁盘空间不够　　　B. 磁盘损坏　　　C. 内存不够　　　D. 磁盘未格式化

模块五 安装、设置、优化操作系统

项目一 安装 Windows XP SP2

一、项目目标

1）学会安装 Windows XP 操作系统前应做的准备工作。

2）学会全新安装 Windows XP。

3）熟练解决安装过程中出现的问题。

二、项目内容

1. 材料（见表 5-1）

表 5-1 材料

材料名称	型号规格	数量	备注
多媒体计算机主机		1 台	硬盘已经分成 C、D、E 三个盘符
启动光盘	DOS 启动	1 张	
操作系统安装光盘	Windows XP	1 张	
微机主板驱动光盘		1 张	包含显卡、声卡、网卡、Modem、主板驱动程序

2. 安装前的准备工作

在前期组装了一台多媒体计算机硬件的基础上，对 CMOS 参数进行了优化设置，并且也对所安装的硬盘分成了 C、D、E 三个盘符，接下来就是在硬盘上安装操作系统软件，选择 Windows XP SP2 操作系统，安装在 C 盘上。

三、操作步骤

【任务】 在当前计算机的 C 盘上安装 Windows XP SP2 操作系统。

1）开机启动计算机，将 Windows XP SP2 操作系统安装盘放入光驱，开机启动时按［Delete］键进入 CMOS 设置程序，把 CD-ROM 设置为第一启动设备，保存设置后重新启动计算机。系统开始从光盘引导启动，弹出欢迎使用安装程序的界面，按［Enter］键继续安装 Windows XP，如图 5-1 所示。

2）弹出 Windows XP 的安装许可协议，按［F8］键"我同意"继续，如图 5-2 所示。

3）选择系统安装的位置。在这

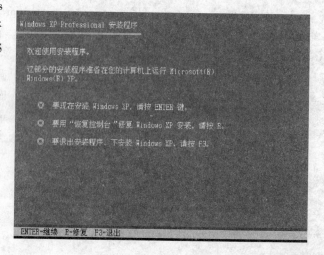

图 5-1

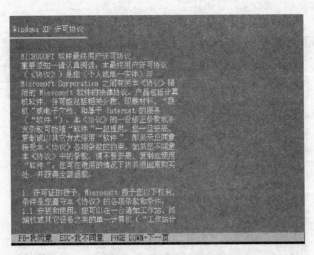

图 5-2

里，选择安装在 C 盘上，如图 5-3 所示。

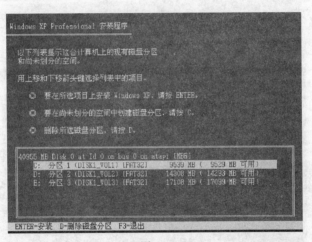

图 5-3

4）因为前面已对分区进行了格式化，所以选择最后一项即可，如图 5-4 所示。若分区未进行格式化，则需要选择格式化的格式为 NTFS 和 FAT。

5）安装程序把系统安装文件复制到计算机上，并对 Windows XP 进行初始化配置。初始化结束后可按［Enter］键重新启动计算机，也可让计算机在 15s 内自动重启。

6）Windows XP 开始自动安装，首先需要选择区域和语言选项，在此选默认值，然后单击"下一步"按钮，如图

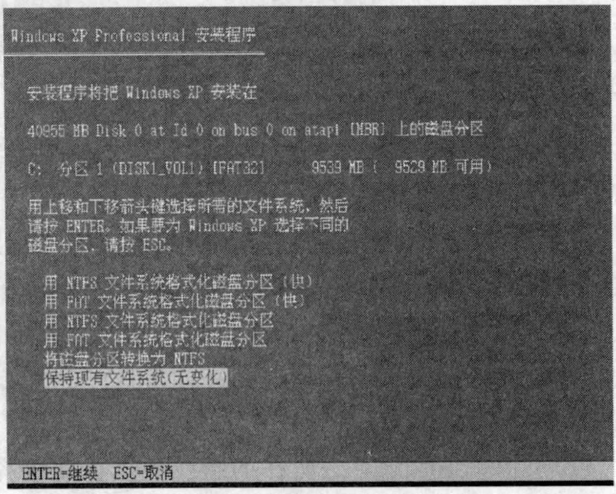

图 5-4

5-5 所示。

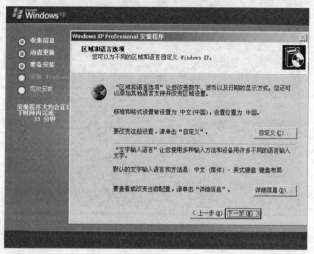

图 5-5

7）输入"姓名"和"单位"的详细信息，这些信息都将显示在系统信息中。单击"下一步"按钮，如图 5-6 所示。

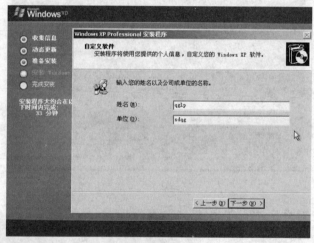

图 5-6

8）在操作系统光盘包装盒上找到密钥，准确输入（注意大小写），然后单击"下一步"按钮，如图 5-7 所示。

9）在这定义计算机的名称，当然也可以使用默认的计算机名，在后期可以对其进行修改，暂时先不输入系统管理员密码。输入完成后，单击"下一步"按钮，如图 5-8 所示。

10）设置系统的日期和时间、时区，然后单击"下一步"按钮，如图 5-9 所示。

11）选择网络设置的类型，在此选择"典型设置"单选按钮，然后单击"下一步"按钮，如图 5-10 所示。

12）选择该台计算机所在的组或域，在此选择默认的 WORKGROUP 工作组，然后单击"下一步"按钮，如图 5-11 所示。

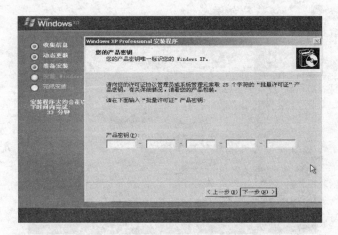

图 5-7

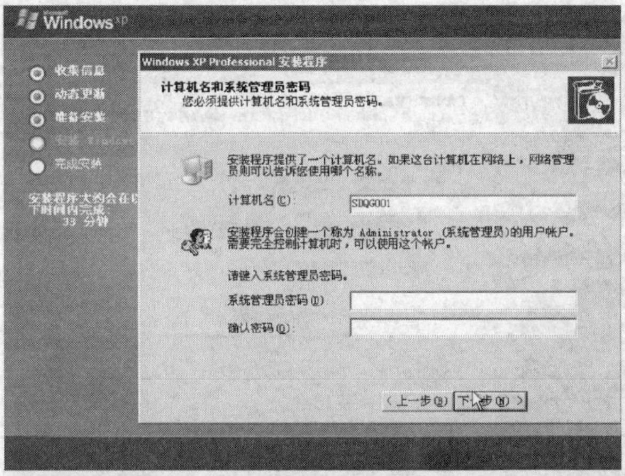

图 5-8

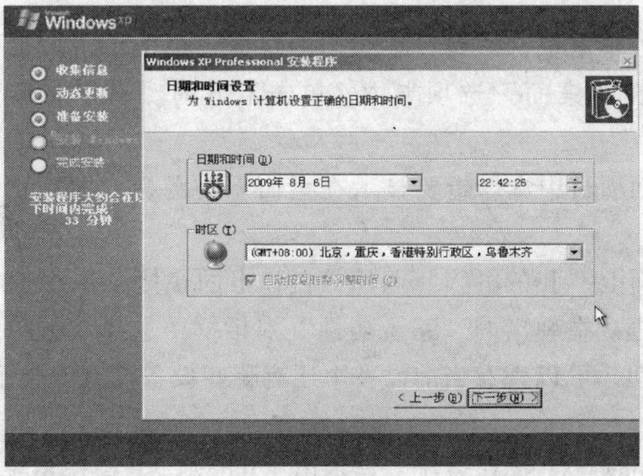

图 5-9

13) 系统自动设置合适的屏幕分辨率后，系统安装完毕。重新启动后桌面上只显示回收站一个图标，可以通过步骤 14) 显示其他图标。

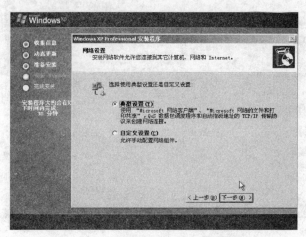

图 5-10

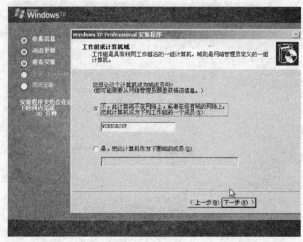

图 5-11

14）在桌面空白处单击鼠标右键，在弹出的快捷菜单中单击"属性"命令。弹出"显示 属性"对话框。在"桌面"选项卡中，单击下方的"自定义桌面"按钮，如图5-12所示。

15）在弹出的桌面项目中选择想要显示在桌面上的图标，即在选项前加上√符号，如图 5-13 所示。

16）右键单击桌面上"我的电脑"图标，在弹出的快捷菜单中选择"属性"命令，弹出"系统属性"对话框。在弹出的"系统属性"对话框中选择"硬件"选项卡。单击其中的"设备管理器"按钮，可以查看当前设备中还有哪些设备没有安装驱动程序。

四、考核标准

1）能够启动 Windows XP 操作系统，显示出 Windows XP 操作系统桌面。

2）计算机名称、系统时间、工作组名称设置正确。

3）操作系统所在分区为 FAT32 分区格式。

4）熟练掌握系统安装的过程，以及安装过程中所涉及的选择性操作的含义。

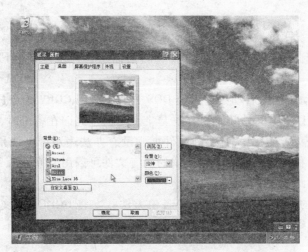

图 5-12

图 5-13

五、相关知识

(一) Windows XP 操作系统对安装硬件环境的要求

1) CPU: 233MHz 及以上的奔腾处理器或与之相当的处理器。

2) 内存: 128MB 以上的内存。

3) 硬盘: 1.5GB 以上的硬盘空间。

4) 显示器: VGA 或分辨率更高的显示器。

5) 驱动器: CD-ROM 或 DVD-ROM。

6) 输入设备: 键盘和鼠标。

(二) 安装前的准备工作

安装操作系统是维修计算机时经常需要做的工作。在安装前要做好充分的准备，不然有可能无法正常安装。

1. 备份重要资料

与分区前一样，要将计算机中的重要文件数据备份下来。因为在重装系统时，被格式化的硬盘分区也会被清空。

下面介绍各种情况下的数据备份方法。

1）系统能启动到正常模式或安全模式下的桌面状态，用复制、粘贴功能或鼠标操作即可。

2）系统无法启动时，用启动盘进入到 DOS 方式下，用 COPY 命令进行备份。因为系统中没有中文字库，所以中文无法识别，在屏幕上显示为乱码。在备份时，如果有中文名字的文件，可以用 ∗.∗ 表示，但中文名字的文件夹则没有办法表示。也就是说，DOS 系统下的中、英文名字的文件和英文名字的文件夹中的所有文件可以用 COPY 命令备份，而中文名字的文件夹中的内容在此状态下无法备份。

3）DOS 系统中的中文名字的文件夹的备份方法：安装 UCDOS 中文平台，使用 DOS 命令备份；或将硬盘接到另一台系统正常的计算机上，作为一个从盘启动，在 Windows 系统中备份。

2. 准备好系统盘和相应硬件的驱动程序

3. 准备好杀毒软件

六、拓展训练

（一）操作训练

1）在 Windows XP 操作系统上安装一款 Office 文字处理软件，要求安装在 D 盘。

2）在 Windows XP 操作系统上安装 QQ 聊天软件，要求安装在 D 盘。

（二）理论知识练习

请从给出的选项中选择正确的答案填在空白处。

1）下列说法正确的是＿＿＿。（单选）

A. Windows XP 操作系统要求系统最低内存为 32MB

B. Linux 操作系统是免费的

C. Windows XP 操作系统所有产品都支持 4 个 CPU

D. 以上都不对

2）在 Windows 系统中有未安装驱动的硬件设备时，在"设备管理器"窗口中表现为＿＿＿。（单选）

A. 黄色感叹号　　　　　　　　B. 黄色问号

C. 红色叉号　　　　　　　　　D. 什么标志也没有

3）安装 Windows XP 操作系统时，一般首先运行的文件是＿＿＿。（单选）

A. setup. exe　　　　　　　　B. pqmagic. exe

C. cmd. exe　　　　　　　　　D. fdisk. exe

4）在 Windows XP 操作系统中当网卡没有安装驱动时，在"设备管理器"窗口中显示为＿＿＿。（单选）

A. PCI 简易通信控制器主板

B. 多媒体音频控制器

C. 以太网控制器

D. PCI Device

5）Windows XP 操作系统所安装分区的文件分配表的格式可以是＿＿＿。（多选）

A. FAT16　　　　　　　　　　B. FAT32

C. UNIX　　　　　　　　　　 D. NTFS

6）没有安装显卡驱动时，计算机屏幕分辨率一般为＿＿＿像素。（单选）

A. 1024×768　　　　　　　　 B. 640×480

C. 800×600　　　　　　　　　D. 1280×800

项目二　安装设备驱动程序

一、项目目标

1）会安装 Windows XP SP2 操作系统补丁。

2）会安装芯片组驱动程序。

3）会安装显卡、网卡和声卡的驱动程序。

4）会安装打印机、扫描仪等外设驱动。

二、项目内容

材料见表5-2。

表5-2　材料

材料名称	型号规格	数量	备注
多媒体微机主机		1套	已经安装 Windows XP SP2 操作系统
启动光盘	DOS 启动	1张	
操作系统安装光盘	Windows XP	1张	
DirectX 驱动		1份	从网站下载
Windows XP SP3 补丁程序包		1份	从网站下载
微机主板驱动光盘		1张	包含显卡、声卡、网卡、Modem、主板驱动程序

安装驱动程序是新系统装好后的必经步骤，虽然从 Windows XP 开始，微软的操作系统已经自带了绝大部分硬件的驱动程序，但是要想获得最佳性能，安装最新的驱动还是必要的。下面介绍合理的驱动安装顺序，因为安装驱动程序对操作系统的稳定和性能都有一定的影响。

首先，查看当前操作系统中没有安装驱动程序的设备。用鼠标右键单击"我的电脑"图标，在弹出的快捷菜单中选择"属性"命令，在弹出的"系统属性"对话框中的"硬件"选项卡中，单击"设备管理器"按钮，系统弹出"设备管理器"窗口，如图5-14所示。在该

图 5-14

窗口中列出了系统中的设备，其中带有黄色感叹号和问号的项目就是需要安装驱动程序的设备。

但是，当务之急是先为当前的操作系统打补丁，然后再安装驱动程序。具体操作按以下步骤进行。

三、操作步骤

【任务一】 为项目一中刚安装好的 Windows XP SP2 操作系统安装补丁，安装操作系统后，首先应该装上操作系统的 Service Pack 3（SP3）补丁。

1）运行 SP3 补丁应用程序，单击"继续"按钮进行下一步。了解 SP3 的功能后，单击"现在安装"按钮，如图 5-15 所示。

图 5-15

2）弹出"软件更新安装向导"对话框，在软件更新许可协议上，选择"我同意"，单击"下一步"按钮，计算机自动重启。

3）系统自动进行更新，并自动完成系统的初始化设置，如图 5-16 所示。

图 5-16

驱动程序直接面对的是操作系统与硬件，所以首先应该用 SP 补丁解决操作系统的兼容性问题，这样才能尽量确保操作系统和驱动程序的良好兼容性。

用户可以到微软的官方网站下载最新补丁，当然也可通过第三方工具下载。

【任务二】　安装主板芯片组驱动。

1）在光驱中放入主板驱动光盘，在其中选择主板驱动并运行，如图 5-17 所示。

图 5-17

2）单击"下一步"按钮，选择列出的所有硬件，系统自动完成驱动的安装，如图 5-18所示。

图 5-18

主板驱动主要用来开启主板芯片组的内置功能及特性，需要说明的是，这里的主板驱动仅是指芯片组驱动（主板芯片组驱动能够识别出相应芯片的主板，并自动安装相应的 Inf 文件以体现芯片组的功能特征，例如对 PCI 和 ISAPNP 服务的支持，对 AGP、SATA、USB、IDE/ATA33/ATA66/ATA100 的支持，对 PCIE 的支持等），而主板上集成的声卡、网卡等设备还需要安装其对应的驱动。目前采用 nVIDIA 芯片组的主板，其驱动包内置了声卡、网卡等集成设备驱动，不需要用户另外安装。

【任务三】　安装 DirectX 驱动。

从网站上下载下来的 DirectX 是一个可执行文件，类似系统的更新文件，找到 DXSetup. exe 文件双击运行，按照安装向导的指示，采用默认安装方式安装。安装结束后重新启动计算机。

【任务四】 安装显卡驱动程序。

显卡驱动一般在购买显卡时附带的驱动光盘里，找到与显卡型号相同的文件夹，打开类似 Setup. exe 或 Install. exe 的可执行文件，双击安装即可。若不知道显卡型号，用优化大师等工具软件进行系统检测，在结果中即可找到，然后到官方网站或驱动之家网站去搜索下载。

1）把显卡驱动光盘插入光驱。

2）找到安装目录下的 Setup. exe 文件，双击运行，启动安装向导，选择默认设置进行安装。

3）安装完成后，要重新启动计算机系统，新安装的显卡驱动程序才能生效。

对于不提供驱动程序可执行安装文件的显卡驱动程序，需按以下方法进行手工安装。

用鼠标右键单击"我的电脑"图标，→选择"属性"命令→单击"硬件"选项卡→单击"设备管理器"按钮→双击显示卡→用右键单击驱动程序→选择"更新驱动程序"命令→选择"从列表或指定位置安装（高级）"单选按钮→找到显卡驱动所在位置→单击"下一步"按钮→Windows 操作系统就自动安装了。

【任务五】 安装声卡、网卡等插在主板上的其他设备驱动程序。

1. 安装声卡驱动程序

在声卡驱动程序目录下找到 Setup. exe 文件，双击运行，启动安装向导，依次单击"下一步"按钮，按照默认方式安装，直到完毕，如图 5-19 所示。安装完成后，重新启动计算机，声卡驱动就生效了。

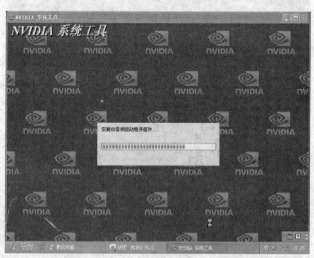

图 5-19

2. 安装网卡驱动程序

在 Windows XP 操作系统中已经集成了大多数网卡的驱动程序，即大多数网卡可以被 Windows XP 操作系统自动识别。

若在"设备管理器"窗口中，以太网控制器带有黄色问号标志，则意味着操作系统检测到了硬件的存在，却未能找到相应的驱动程序，需要用户手工安装。既然系统已经检测到了相应的硬件，就可以采用更新驱动程序的方式来安装新硬件的驱动程序。

对于 Windows XP 操作系统来说，选择"开始"→"控制面板"→"系统"命令，在弹出的"系统属性"对话框中单击"硬件"选项卡中的"设备管理器"按钮，从中选取要更新驱动的设备并单击鼠标右键，在弹出的快捷菜单中选取"更新驱动程序"命令，提供网卡驱动程序的存放路径，让系统自动搜索安装。

【任务六】 安装打印机、扫描仪等其他外设驱动。

1）用鼠标右键单击"我的电脑"图标，在弹出的快捷菜单中选择"属性"命令，然后在弹出的"系统属性"对话框中的"硬件"选项卡中，单击"设备管理器"按钮，打开"设备管理器"窗口，在前面有黄色问号的位置单击右键，如图 5-20 所示，然后在弹出的快捷菜单中选择"更新驱动程序"命令。

图 5-20

2）在打开的"硬件更新向导"界面中选择"否，暂时不"单选按钮，然后单击"下一步"按钮，如图 5-21 所示。

图 5-21

3）选择"从列表或指定位置安装（高级）"单选按钮，然后单击"下一步"按钮，如图 5-22 所示。

图 5-22

4）选择"在这些位置上搜索最佳驱动程序"单选按钮下的"搜索可移动媒体（软盘、CD-ROM...）"，然后单击"下一步"按钮，系统将自动搜索符合条件的驱动程序，如图 5-23 所示。

图 5-23

按照以上所述顺序来安装设备驱动程序就能顺利地安装好所有的驱动，从而避免驱动冲突或遗漏的问题，使系统硬件设备都能正常工作起来。

最后要说的是，键盘、鼠标、显示器等设备也都具有专门的驱动，尤其是一些大品牌厂商。虽然这些设备能够被系统正确识别并使用，但是在安装对应的专用驱动后，不仅能提高稳定性和性能，而且还能获得一些特殊作用，方便不同需求的用户使用。如微软的鼠标驱动 IntelliPoint，不仅可以自己重新定义鼠标每一个按键的功能，还能调节鼠标的移动速度。

四、考核标准

全部硬件设备的驱动程序安装正确，"设备管理器"窗口中不存在带有黄色的感叹号和问号的项目。

五、相关知识

(一) 什么是驱动程序

驱动程序是计算机硬件设备与计算机系统软件之间进行沟通的桥梁，没有安装驱动程序或驱动程序不正常的设备是不能工作的。

(二) 驱动程序的应用

各个版本的 Windows 操作系统都内置了许多硬件的驱动程序，对于 Windows 操作系统不能识别的新硬件往往还需要安装其驱动程序。驱动程序作为设备运作的控制者，在 Windows 中起着非常重要的作用。需要做一些必要的调整使该设备工作在最佳状态下，发挥最大的作用。

在计算机中添加了新的扩展卡 (如显卡、声卡、网卡等) 或外设 (如打印机、调制解调器或扫描仪等) 后，除了要正确地安装驱动程序之外，还要保存好驱动程序软盘或光盘，在重新安装操作系统时，这些驱动程序也要重新安装。

(三) 安装驱动程序的方法

安装驱动程序的方法主要有以下几种。

(1) 让 Windows 自动发现新硬件 由于 Windows 支持即插即用设备 (PnP)，因此在完成硬件的物理连接后，启动系统时就可以自动检测到 PCI 卡、AGP 卡、ISA 卡、USB 设备以及绝大多数打印机和扫描仪等设备。如果该设备在 Windows 的 INF 目录下有对应的 *.INF 文件，那么 Windows 就可以自动安装驱动程序，并不需要插入驱动程序盘。否则就会看到"发现新硬件"对话框，并提示用户插入驱动程序盘，然后按照提示操作即可。

(2) 手动安装驱动程序 如果 Windows 启动后并未发现已安装的某个硬件，这说明该硬件不是即插即用设备；或者虽然已经发现新硬件，但由于种种原因，如手头没有现成的驱动程序盘，也可以先跳过这一步，待进入 Windows 后再手动安装。

(3) 从设备管理器中手工安装驱动程序 启动系统后，选择"开始"→"控制面板"→"系统属性"→"设备管理器"命令查看设备，带问号或者感叹号的设备，表明相应的驱动程序还未正确安装。只需选择某个未正确安装驱动程序的设备，再选择"更新驱动程序"命令，选择"从列表或指定位置安装 (高级)"单选按钮，插入驱动程序光盘，即可按照提示操作。

(4) 通过可执行安装程序来安装驱动程序 很多硬件厂商制作的驱动程序除提供驱动程序文件外，还有专门的 Setup.exe 或 Install.exe 可执行安装程序，用户只需运行该可执行程序就可安装好驱动，大大简化了用户的操作。

(5) 通过 Windows 更新程序 可以连接到 Microsoft 公司的升级主页，自动更新相应硬件的驱动程序，不仅操作简单，而且这里的驱动程序都通过了微软公司的 Windows 硬件质量实验室 (WHQL) 的严格测试，可以保证与 Windows 系统的兼容性。

(四) 安装驱动程序的注意事项

有些驱动程序的安装文件本身就是一个自解压并自动执行安装程序的可执行文件，典型的是 Setup.exe。这种驱动程序的安装，只要根据屏幕提示，单击"下一步"按钮即可。

一般来说，设备的说明书对驱动程序所在位置都做了说明，但是有一些厂商的驱动程序光盘是通用的，也就是说，把生产的所有产品的驱动程序做到了一张光盘上，甚至还包括一些附赠的软件，这时候只需要在众多的驱动程序当中选择与所安装设备的型号相对应的那一个。显卡常在光盘根目录下的 Driver/VGA 目录下，声卡大部分在 Driver/Sound 目录下。

在升级了某个设备以后，往往需要将原来的驱动程序删除，以避免与将要安装的新驱动程序产生冲突。选择"控制面板"中的"属性"选项以后，选取想要删除的设备，然后单击"删除"按钮就可以把这个设备的驱动程序从系统中删除了。

另外有些驱动程序为了删除方便，会在"控制面板"的"添加/删除程序"内创建一个卸载项，在"添加/删除程序"里面直接将想要删除的设备驱动删除就可以了。

对于 Windows 识别不出的硬件，在设备管理器中会有一个黄色的问号。可以先删除它，然后单击"刷新"按钮，再安装正确的驱动程序，或者单击它的"属性"按钮重新安装。

（五）DirectX 相关知识补充

DirectX 是微软嵌在 Windows 操作系统上的专用应用程序接口（API），偏向于计算机娱乐。DirectX 由显示部分、声音部分、输入部分和网络部分组成，显示部分又分为 Direct Draw（负责2D加速）和 Direct 3D（负责3D加速）。它提供给程序设计员一个共同的硬件驱动标准。目前显卡都支持这项功能。

目前 DirectX 10.1 是比较新的版本。DirectX 10.1 在游戏中的效果是十分明显的，如图 5-24 所示为 DirectX 10.1 球体光影效果。

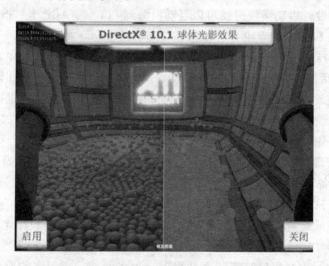

图 5-24

而新版本的 DirectX 改善的不仅仅是显示部分，其声音部分（DirectSound）——带来更好的声效；输入部分（DirectInput）——支持更多的游戏输入设备，对这些设备的识别与驱动更加细致，充分发挥设备的最佳状态和全部功能；网络部分（DirectPlay）——增强计算机的网络连接，提供更多的连接方式。

显卡所支持的 DirectX 版本已成为评价显卡性能的标准，从显卡支持什么版本的 DirectX，用户就可以分辨出显卡的性能高低，从而选择适合自己的显卡产品。

DirectX 10.1 更新的主要内容有：

1）应用程序可控制超级采样和多重采样的使用，并选择在特定场景出现的采样模板。

2）直接对压缩的纹理材质渲染。

3）支持 Shader Mode 4.1。

4）更新指令支持立方体纹理贴图阵列。

5）更具弹性的资源复制和利用。

6）包括多个渲染目标的总体混合模式，以及更新的浮点混合功能。

六、拓展训练

（一）操作训练

1）把 Windows XP 操作系统升级安装到 Windows Vista 操作系统。

2）学校机房中有部分旧计算机安装的仍然是 Windows 98 操作系统，为了发挥旧设备的潜能，准备升级改造，实现能够存储学生手中 U 盘里面作业的功能。请安装一款通用的 USB 设备驱动程序 Microsoft USB Storage UDA Drivers。

（二）理论知识练习

请从给出的选项中选择正确的答案填在空白处。

1）一台微机，主板芯片组为 Intel 815E，所安装显卡芯片为 nVIDIA GetForce FX 系列，要求如下：

① 在 Windows XP 下安装主板芯片组补丁程序的步骤是＿＿＿＿。（单选）

A. 控制面板→系统→设备管理器→单击"刷新"按钮

B. 控制面板→显示→设置→高级→监视器→更改

C. 控制面板→显示→设置→高级→适配器→更改

D. 运行主板驱动程序下的 Setup. exe

② 安装显卡的驱动程序的步骤是＿＿＿＿。（单选）

A. 控制面板→系统→硬件→设备管理器→双击"视频控制器"→重新安装驱动程序

B. 控制面板→显示→设置→高级→适配器→更改

C. 控制面板→显示→设置→高级→监视器→更改

D. 控制面板→添加新硬件→从列表中选择硬件→选择"显示适配器"→从磁盘安装

2）为某微机增加一块采用 Realtek RTL8139 芯片的网卡，新插入网卡后，在 Windows XP 下安装驱动程序的步骤是＿＿＿＿。（单选）

A. 控制面板→系统→硬件→设备管理器→双击"以太网控制器"→重新安装驱动程序

B. 控制面板→网络→添加→适配器→选择相应的型号

C. 控制面板→系统→设备管理器→单击"刷新"按钮

D. 不需再安装网卡驱动程序

3）一台微机集成有符合 AC97 标准的声卡，要求在 Windows XP 操作系统下安装声卡驱动程序，步骤是＿＿＿＿。（单选）

A. 控制面板→添加新硬件→从列表中选择硬件→选择"声音、视频和游戏控制器"→从磁盘安装驱动程序

B. 运行声卡驱动程序中的 Setup. exe

C. 控制面板→系统→硬件→设备管理器→单击"刷新"按钮

D. 控制面板→系统→设备管理器→双击"多媒体音频控制器"→重新安装驱动程序

4）为某型号微机增加一块 PCI 网卡，升级该网卡驱动程序的步骤是＿＿＿＿。（单选）

A. 控制面板→添加硬件→从列表中选择硬件→选择"网络适配器"→从磁盘安装驱动程序

B. 控制面板→系统→硬件→设备管理器→双击"网络适配器"下相应的设备→安装驱动程序

C. 控制面板→网络→添加→适配器

D. 控制面板→系统→硬件→设备管理器→单击"刷新"按钮

5）未安装显卡驱动程序时，计算机屏幕的分辨率一般是____像素。（单选）

A. 800 × 600

B. 640 × 480

C. 1280 × 800

D. 1024 × 768

6）一台微机，集成有 10/100Mbps 网卡，在 Windows XP 操作系统下安装驱动程序的步骤是____。（单选）

A. 运行声卡驱动程序下的 setup.exe

B. 控制面板→系统→硬件→设备管理器→单击"刷新"按钮

C. 控制面板→系统→硬件→设备管理器→双击"以太网控制器"→重新安装驱动程序

D. 控制面板→系统→硬件→设备管理器→双击 PCI Communication Device →重新安装驱动程序

项目三　添加、删除 Windows 组件

一、项目目标

1）会添加、删除 Windows 组件。

2）会添加字体。

3）会添加用户账号。

4）会设置电源使用方案。

二、项目内容

材料见表 5-3。

表 5-3　材料

材 料 名 称	型 号 规 格	数量	备　注
多媒体微机主机		1 套	Windows XP 以及所有硬件设备驱动程序已经安装完成
操作系统安装光盘	Windows XP	1 张	
微机主板驱动光盘		1 张	

注意：此处不能用 Ghost 盘进行还原安装，因为里面的原始文件不全，会导致因系统文件不存在而终止 Windows 组件的安装。

三、操作步骤

【任务一】　添加 Windows 组件之一 IIS（Internet 信息服务）。

1）启动计算机，在 Windows XP 桌面上单击"开始"菜单，选择"设置"→"控制面板"里的"添加/删除程序"选项，如图 5-25 所示。

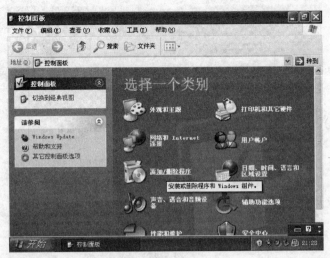

图 5-25

2）选择左侧列表中的"添加/删除 Windows 组件"选项，如图 5-26 所示。

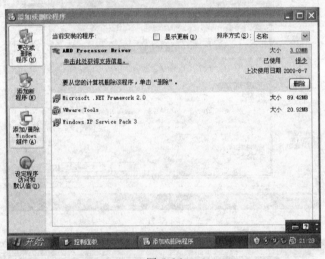

图 5-26

3）选中"Internet 信息服务（IIS）"复选框，然后单击"详细信息"按钮，如图 5-27 所示。显示出将要添加的 Internet 信息服务（IIS）的组件，也可在原基础上添加/删除其组件，单击"确定"按钮，如图 5-28 所示。

4）单击"下一步"按钮，进行组件的安装，按提示依次单击"完成"按钮，完成 Windows 组件向导的安装，如图 5-29 所示。

Windows 组件的删除与添加类似，不同的是取消对组件复选框的选中。

【任务二】 为 Windows XP 操作系统添加方正楷体繁体字体。

1）在 Windows XP 桌面上单击"开始"菜单，选择"设置"→"控制面板"里的"外观和主题"选项，双击将其打开，如图 5-30 所示。

2）选择左侧列表中的"字体"选项，打开"字体"窗口，单击"文件"菜单，选择"添加新字体"命令，弹出"添加字体"对话框，如图 5-31 所示。

图 5-27

图 5-28

图 5-29

图 5-30

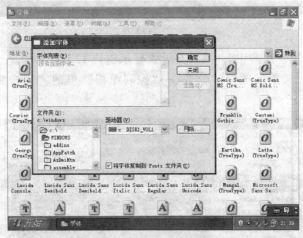

图 5-31

3）选择该新字体所在的驱动器及其文件夹，如图 5-32 所示。

图 5-32

4）从"字体列表"列表框中选择题目要求添加的字体，单击"确定"按钮，如图5-33所示。

图 5-33

【任务三】 添加用户账户 PC，并为其设置登录密码 1234。

1）单击"开始"菜单，选择"设置"→"控制面板"里的"用户账户"选项，双击将其打开，如图 5-34 所示。

图 5-34

2）选择"创建一个新账户"选项，输入用户的账户名 PC，单击"下一步"按钮，如图 5-35 所示。

3）选择账户类型为"计算机管理员"，单击"创建账户"按钮，账户创建成功，如图 5-36 所示。双击该账户名称，可以更改账户类型、名称、密码或图片乃至删除账户，如图 5-37 所示。

4）该任务中要做的操作是为新创建的账户 PC 创建登录密码"1234"，单击"创建密码"按钮，如图 5-38 所示。输入密码并再次输入密码以确认，然后单击"创建密码"按钮，如图 5-39 所示。

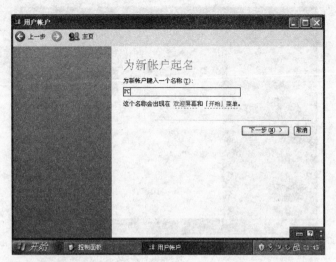

图 5-35

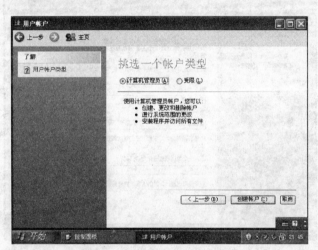

图 5-36

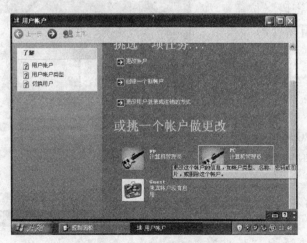

图 5-37

图 5-38

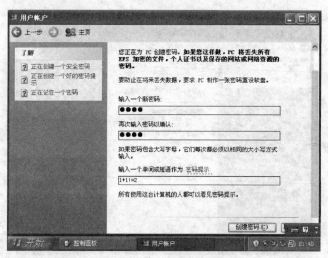

图 5-39

5）此时"创建密码"按钮变为"更改密码"与"删除密码"按钮，如图 5-40 所示。

【任务四】 设置电源使用方案——添加新的管理方案，要求如下：

① 方案名为"PC 考试测试 1"。

② 关闭监视器时间为"20 分钟之后"。

③ 关闭硬盘时间为"45 分钟之后"。

④ 系统待机时间为"1 小时

图 5-40

之后"。

　　⑤ 系统休眠时间为"2 小时之后"。

　　1）单击"开始"菜单，选择"设置"→"控制面板"里的"性能与维护"选项，双击将其打开，然后选择其中的"电源选项"，弹出"电源选项属性"对话框，如图 5-41 所示。

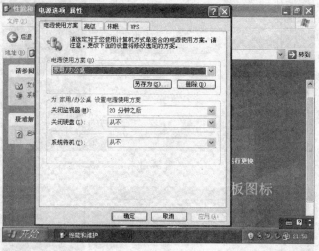

图 5-41

　　2）在"电源使用方案"选项卡中，选中"电源使用方案"下拉列表中的任意一项，单击"另存为"按钮，在弹出的"保存方案"对话框中输入方案名为"PC 考试测试 1"，然后单击"确定"按钮，如图 5-42 所示。

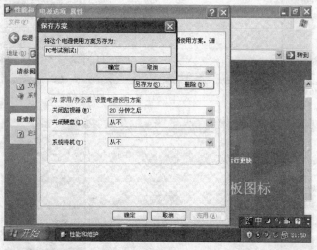

图 5-42

　　3）将"关闭监视器"的时间设置为"20 分钟之后"，"关闭硬盘"设置为"45 分钟之后"，"系统待机"设置为"1 小时之后"，如图 5-43 所示。

　　4）单击"休眠"选项卡，选中"启用休眠"复选框，如图 5-44 所示。

　　5）返回"电源使用方案"选项卡，系统休眠被启动，将其时间设置为"2 小时之后"，单击"确定"按钮即可，如图 5-45 所示。

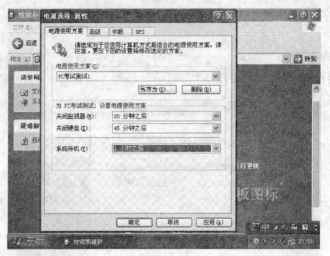

图 5-43

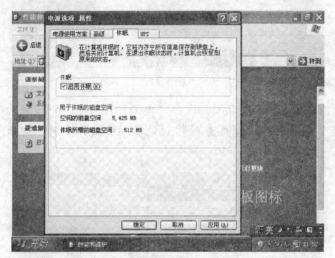

图 5-44

图 5-45

四、考核标准

能够按要求添加、删除指定的 Windows 组件。

五、相关知识

（一）什么是 Windows 组件

Windows 组件是指 Windows 系统自带的游戏、通信工具、系统工具和辅助工具等应用程序。可以根据需要自行安装或卸载有关的 Windows 组件。比如，可以选择删除 Windows 自带的游戏组件来防止学生上课时玩游戏等。

（二）用户账户的类型

在独立计算机上，用户账户的建立规定了分配给每个用户的权限、定义了用户可以在 Windows 中执行的操作。

独立计算机上的用户账户有两种类型：计算机管理员账户和受限制账户。在计算机上没有账户的用户可以使用来宾账户。

1. 计算机管理员账户

计算机管理员账户可以对计算机进行系统范围的更改、安装程序和访问计算机上所有文件，拥有对计算机上其他用户账户的完全访问权。计算机管理员账户拥有创建和删除计算机上的用户账户的权限。默认的管理员账户名为 Administrator。计算机管理员账户的权限有：

1）为计算机上其他用户创建账户密码。

2）更改其他人的账户名、图片、密码和账户类型。

3）当该计算机上拥有其他计算机管理员账户时，可以将自己的账户类型更改为受限制账户类型。

2. 受限账户

如果禁止某些人更改计算机的大多数设置和删除重要文件，可以将他们设置为受限账户受限账户的权限有：

1）更改或删除自己的密码，无法更改自己的账户名或账户类型。

2）更改自己的图片、主题和桌面设置。

3）查看自己创建的文件。

4）在共享文档文件夹中查看文件。

受限账户无法安装软件或硬件，可以访问已经安装在计算机上的程序。对于受限账户，如果某些程序无法正确工作，可以将账户的类型临时更改为计算机管理员账户。

3. 来宾账户

来宾账户在计算机上没有用户账户，没有密码，可以快速登录，以检查电子邮件或者浏览互联网。来宾账户的账户名为 Guest。来宾账户的权限有：

1）无法安装软件或硬件，但可以访问已经安装在计算机上的程序。

2）无法更改来宾账户名和类型。

3）可以更改来宾账户图片。

（三）怎样为计算机设置合理的电源使用方案

为了延长计算机和显示器的使用寿命，节约能源，我们提倡为计算机设置合理的电源使用方案。短暂休息期间，可使计算机自动关闭显示器；较长时间不用，使计算机自动启动"待机"模式；很长时间不用，尽量启用计算机的"休眠"模式。有如下一些良好的节能措施：

1）使用耳机听音乐，减少音箱耗电量。

2）计算机配置要合适，选择低能耗显示器。

3）计算机屏保画面要简单，及时关闭显示器的电源。

4）计算机设置合适亮度，省电又护眼。

5）计算机尽量选用硬盘，尽量不用 DVD 播放电影，可以把电影复制到硬盘上来播放，因为光驱的高速转动将耗费大量的电能。

六、拓展训练

（一）操作训练

1）按照以下要求在 Windows XP 操作系统下，为计算机添加删除部分 Windows 组件，并为操作系统添加字体及用户。

① 添加 "Internet 信息服务" 中的 "文件传输协议（FTP）服务"、"文档"、和 "万维网服务" 到当前系统中。

② 在当前系统中添加 "消息队列" 中的 "Active Directory 集成"、"公用" 和 "触发器" 组件（Windows 2000 计算机可添加 "证书服务"、"终端服务" 和 "终端服务授权" 组件）。

③ 在当前系统中添加 "网络服务" 中的 "RIP 侦听器"、"简单 TCP/IP 服务" 和 "通用即插即用" 组件（Windows 2000 操作系统可添加 DHCP、DNS 和 WINS 组件）。

④ 删除 MSN Explorer 和 "索引服务" 组件。

⑤ 删除 "游戏" 中的 "纸牌" 和 "红心大战"。

⑥ 删除 "附件" 中的 "字符映射表" 和 "文档模板" 组件。

⑦ 为 Windows XP 操作系统添加繁楷体字体。

⑧ 为系统添加一个新用户，用户名为 "PC"，权限为计算机管理员，密码为 pcat。

2）按照以下要求在 Windows XP 操作系统下，添加新的管理方案。

① 方案名为 "PC 测试"。

② 关闭监视器时间为 "15min 之后"。

③ 关闭硬盘时间为 "30min 之后"。

④ 系统待机时间为 "45min 之后"。

⑤ 系统休眠时间为 "1h 之后"。

（二）理论知识练习

请从给出的选项中选择正确的答案填在空白处。

1）如果利用 Modem 接入 Internet，需在网络属性中添加的组件是＿＿＿。（单选）

A．NetBEUI 协议

B．拨号网络适配器，NetBEUI 协议

C．拨号网络适配器，TCP/IP 协议

D．Microsoft 网络客户，TCP/IP 协议

2）调整声卡资源的步骤是＿＿＿。（单选）

A．控制面板→系统→硬件→设备管理器→单击 "刷新" 按钮

B．控制面板→系统→硬件→设备管理器→双击相应的设备→资源

C. 控制面板→声音和音频设备→录音→首选设备

D. 控制面板→声音和音频设备→声音播放高级属性→性能→采样率转换质量

3）操作系统的作用是_____。（单选）

A. 文字处理

B. 编译程序

C. 数据库管理

D. 计算机软硬件资源管理

4）某台计算机上安装有 Windows XP 操作系统，一天用户从网上下载了显卡的最新驱动程序，并在 Windows XP 中更新了该机的显卡驱动，但当重新启动计算机时却不能正常启动 Windows XP，判断是该驱动程序有问题，则最可行的解决方法是_____。（单选）

A. 重新安装 Windows XP

B. 进入系统安全模式，利用系统还原工具还原至正常的状态

C. 删除系统中的显卡驱动程序

D. 无法解决

项目四 设置网络参数

一、项目目标

1）会设置 IE 的默认主页。

2）会设置拨号和虚拟专用网络。

3）会添加调制解调器。

4）会建立新的网络连接。

5）会设置文件与打印机共享。

6）会设置 TCP/IP 参数。

二、项目内容

材料见表 5-4。

表 5-4 材料

材料名称	型号规格	数 量	备 注
多媒体计算机	865 系列芯片组	1 台	已安装 Windows XP 操作系统
网卡	D-link 10/100Mbps	1 块	PCI 接口
驱动光盘	CD-ROM	1 张	D-link 网卡配套

三、操作步骤

【任务一】 设置 IE 的主页为 http：//www. sdqg. com；设置拨号和虚拟专用网络为"从不进行拨号连接"；代理服务器为"10. 1. 0. 8"，端口为"80"；HTML 编辑器为"记事本"。

1）启动计算机，在 Windows XP 桌面上单击"开始"菜单，选择"设置"→"控制面板"里的"网络和 Internet 连接"选项，如图 5-46 所示。

2）选择"Internet 选项"，弹出"Internet 属性"对话框，在"常规"选项卡中，输入

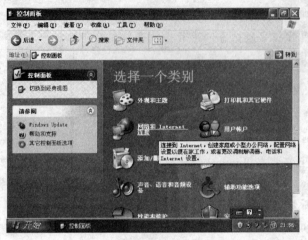

图 5-46

主页地址：http：//www. sdqg. com，如图 5-47 所示。

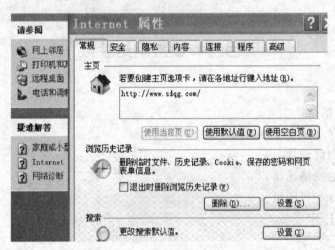

图 5-47

3）在"连接"选项卡中，单击"设置"按钮，弹出"宽带连接 设置"对话框，如图 5-48 所示。

4）在"宽带连接 设置"对话框中，在"代理服务器"选项组的"地址"文本框中输入"10.0.1.8"，在"端口"文本框中输入"80"，然后单击"确定"按钮，如图 5-49 所示。

5）在"程序"选项卡的"HTML编辑器"下拉列表中选择"记事本"，然后单击"确定"按钮即可，如图 5-50所示。

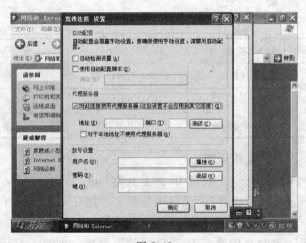

图 5-48

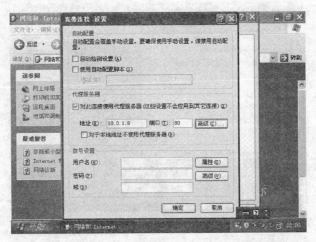

图 5-49

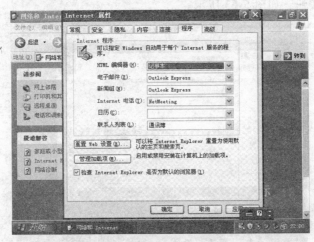

图 5-50

【任务二】　为计算机添加一个调制解调器，调制解调器型号为"标准 2400bps 调制解调器"；并将调制解调器连接至 COM1；该调制解调器的驱动程序位于 C：\ KSAT \ DRIVER 文件夹下。

1）单击"开始"菜单，选择"设置"→"控制面板"里的"网络和 Internet 连接"选项，如图 5-51 所示。

2）选择左侧列表中的"电话和调制解调器设置"选项，弹出"电话和调制解调器选项"对话框，在"调制解调器"选项卡中单击"添加"按钮，如图 5-52 所示，弹出"添加硬件向导"对话框，选中"不要检测我的调制解调器，我将从列表中选择"复选框。

图 5-51

图 5-52

3）单击"下一步"按钮，在"型号"列表框中选择"标准 2400bps 调制解调器"，然后单击"下一步"按钮，如图 5-53 所示。

图 5-53

4）选定端口"COM1"，如图 5-54 所示。单击"下一步"按钮，然后单击"完成"按钮。

图 5-54

5）此时，可以看到该调制解调器已经安装完毕，单击"属性"按钮，弹出"标准2400bps调制解调器属性"对话框，如图5-55所示。

6）在"驱动程序"选项卡中单击"更新驱动程序"按钮，弹出"硬件更新向导"对话框，选择"否，暂时不"单选按钮，单击"下一步"按钮，然后选择"从列表或指定位置安装（高级）"，单击"下一步"按钮继续，如图5-56所示。

7）在弹出的对话框中选择"在搜索中包括这个位置"复选框，并单击"浏览"按钮，如图5-57所示。

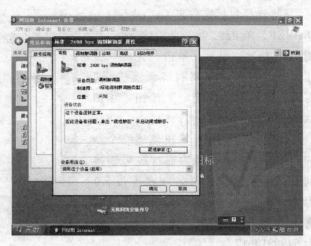

图 5-55

图 5-56

图 5-57

8）选择目标文件夹 C：\ KSAT \ DRIVER，单击"下一步"按钮，如图 5-58 所示。最后，单击"完成"按钮，返回"电话和调制解调器选项"对话框，再单击"确定"按钮，如图 5-59 所示。

【任务三】 为计算机创建一个新的连接，该连接类型为通过拨号连接到 Internet，要求公司名（或连接名）为 PCADSL，用户名为 pctest@ ADSL，密码为 123456，电话号码为 5799810617。

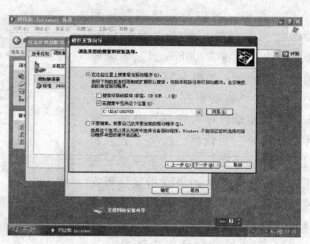

图 5-58

1）用鼠标右键单击"网上邻居"图标，在弹出的快捷菜单中选择"属性"命令，弹出"网络连接"对话框，选择左侧列表中的"创建一个新的连接"选项，弹出"新建连接向导"对话框，单击"下一步"按钮，如图5-60所示。

2）选择"连接到 Internet"单选按钮，然后单击"下一步"按钮，如图 5-61 所示，选择"手动设置我的连接"单选按钮，然后单击"下一步"按钮，如图 5-62 所示。

3）选择"用要求用户名和密码的宽带连接来连接"单选按钮，然后单击"下一步"，如图 5-63 所示。

图 5-59

图 5-60

4）输入连接的服务名（连接名）PCADSL，然后单击"下一步"按钮，如图 5-64 所示。输入电话号码 5799810617 后单击"下一步"按钮，如图 5-65 所示。

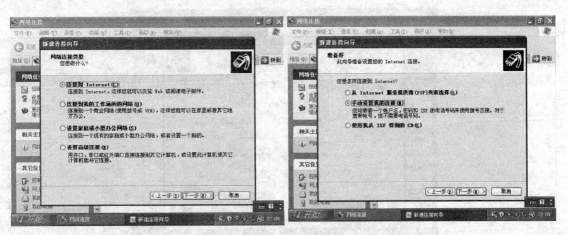

图 5-61　　　　　　　　　　　　　　图 5-62

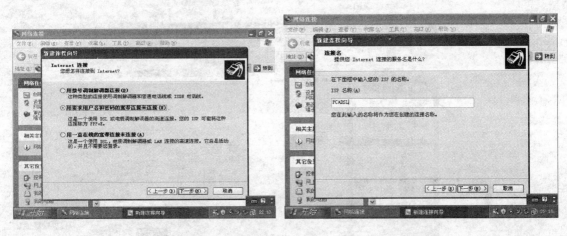

图 5-63　　　　　　　　　　　　　　图 5-64

5）在弹出的 Internet 账户信息中输入用户名：pctest@ adsl 和密码：123456 及其确认密码：123456，单击"下一步"按钮，如图 5-66 所示。最后，单击"完成"按钮。

6）此时，可以看到名为 PCADSL 的链接被创建完毕，如图 5-67 所示。双击该图标，可以打开连接 PCADSL 的对话框，里面默认显示用户名：pctest@ adsl，正确输入密码后，即可实现宽带连接，如图 5-68 所示。

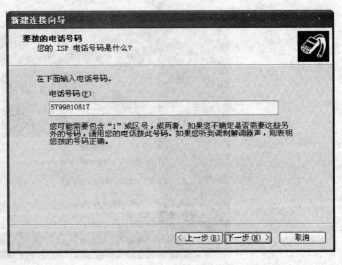

图 5-65

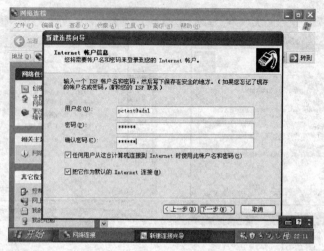

图 5-66

图 5-67

图 5-68

【任务四】　将 C：\ KSAT \ NET 子目录设为只读共享，共享名为 "PCNET1"。

1）在 C：\ KSAT \ 目录下选中 NET 子目录并单击右键，在弹出的快捷菜单中选择 "属性" 命令，弹出 "NET 属性" 对话框，选择 "Web 共享" 选项卡，如图 5-69 所示。

图 5-69

2）选择 "共享文件夹" 单选按钮，在弹出的 "编辑别名" 对话框中，将默认别名 NET 改为 PCNET1，访问权限设置为 "读取"，然后单击 "确定" 按钮，如图 5-70 所示。

图 5-70

3）在左侧列表中选择 "共享文件夹" 选项，单击 "应用" 或 "确定" 按钮即可，如图 5-71 所示。

【任务五】　将 计 算 机 本 地 连 接 的 IP 地 址 设 置 为 192.168.0.1，子 网 掩 码 为 255.255.255.0，DNS 设置为 202.106.0.20，网关设置为 192.168.0.254。

1）用右键单击 "网上邻居" 图标，在弹出的快捷菜单中选择 "属性" 命令，弹出 "网络连接" 对话框。在工作区域中用右键单击 "本地连接" 图标，在弹出的快捷菜单中选择 "属性" 命令，弹出 "本地连接 属性" 对话框，如图 5-72 所示。

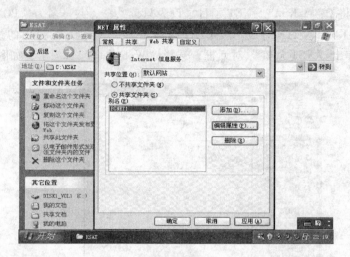

图 5-71

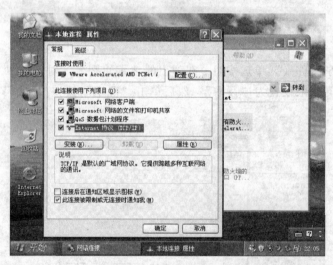

图 5-72

2) 在"本地连接 属性"对话框的"常规"选项卡中选择"Internet 协议（TCP/IP）"复选框，然后单击"属性"按钮，选择"使用下面的 IP 地址"单选按钮，在"IP 地址"、"子网掩码"、"默认网关"文本框中依次输入 192.168.0.1、255.255.255.0、192.168.0.254，在"首选 DNS 服务器"文本框中输入 202.106.0.20，然后单击"确定"按钮即可，如图 5-73 所示。

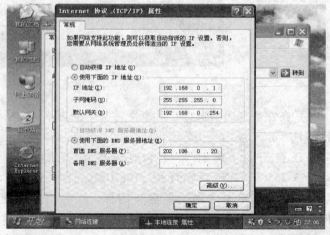

图 5-73

四、考核标准

1）网络组建和参数设置正确，能够接入互联网。

2）网上邻居中能找到本机和其他共享的计算机。

3）ADSL 宽带连接设置准确。

4）IE 默认主页正确。

五、相关知识

（一）IP 地址的基础知识

在 Internet 上有千百万台主机，为了区分这些主机，人们给每台主机都分配了一个专门的地址，称为 IP 地址。通过 IP 地址就可以访问到互联网上的每台主机。IP 地址由 4 部分数字组成，每部分数字对应 8 位二进制数字，各部分之间用小数点分开，如某一台主机的 IP 地址为：211.152.65.112。

（1）固定 IP　固定 IP 地址是长期固定分配给一台计算机使用的 IP 地址，一般是特殊的服务器才拥有固定的 IP 地址。

（2）动态 IP　因为 IP 地址资源非常短缺，通过电话拨号上网或普通宽带上网的用户一般不具备固定 IP 地址，而是由 ISP 动态分配一个暂时的 IP 地址。用户一般不需要去了解动态 IP 地址，这些都是计算机系统自动完成的。

（二）IP 地址的分配

所有的 IP 地址都由网络信息中心（Network Information Center，NIC）统一分配，目前全世界共有 3 个这样的网络信息中心。

1）Inter NIC：负责美国及其他地区。

2）ENIC：负责欧洲地区。

3）APNIC：负责亚太地区。

我国申请 IP 地址要通过 APNIC，APNIC 的总部设在日本东京大学。申请时要考虑申请哪一类的 IP 地址，然后向国内的代理机构提出。

（三）公有地址和私有地址

公有地址（Public Address）由因特网信息中心（Internet Network Information Center，Inter NIC）负责分配。这些 IP 地址分配给注册并向 Inter NIC 提出申请的组织机构，并通过它直接访问因特网。

私有地址（Private Address）属于非注册地址，专门供组织机构内部使用。

以下为留用的内部私有地址。

A 类：10.0.0.0 ~ 10.255.255.255。

B 类：172.16.0.0 ~ 172.31.255.255。

C 类：192.168.0.0 ~ 192.168.255.255。

六、拓展训练

（一）操作训练

1）按照以下要求对计算机的 Windows XP 操作系统进行设置。

① 设置 IE 默认主页为空白页。

② 设置拨号和虚拟专用网络为"始终拨默认连接"。

③ 设置代理服务器为 192.168.0.1，端口为 8000。

④ 设置电子邮件服务程序为 Hotmail。

⑤ 将 C：\ KSAQ \ SETTING 子目录设为完全共享，共享名为 PCNET2。

2）按下述要求在 Windows XP 操作系统下，对计算机进行网络设置。

① 为计算机添加一台调制解调器，该调制解调器型号为 Best Data Smart One 2834FX Modem；并将该调制解调器连接至 COM1，已知该调制解调器的驱动程序位于 C：\ PASAT \ DRIVER 下。

② 创建一个新的连接，该连接类型为采用并口直接电缆连接；将计算机作为客户机，接入的计算机名称为 lpservcr，用户名为 guest，密码为 12345。

③ 将本地连接的 IP 地址设置为 200.200.200.123，子网掩码为 255.255.255.O，DNS 设置为 202.106.0.20，网关设置为 200.200.200.1。

（二）理论知识练习

请从给出的选项中选择正确的答案填在空白处。

1）设置网卡 IP 地址的步骤是____。（单选）

A. 控制面板→网络连接→本地连接属性→双击 NetBEUI

B. 控制面板→网络连接→本地连接属性→双击 IPX/SPX

C. 控制面板→网络连接→本地连接属性→双击 TCP/IP

D. 控制面板→网络连接→本地连接属性→双击相应的网络适配器

2）添加 NetBEUI 协议的操作步骤是____。（单选）

A. 控制面板→网络连接→本地连接属性→安装→协议→NetBEUI

B. 控制面板→网络连接→本地连接属性→安装→协议→TCP/IP

C. 控制面板→网络连接→本地连接属性→安装→协议→添加→从磁盘安装→浏览 Windows XP 光盘

D. 控制面板→网络连接→本地连接属性→安装→客户→Microsoft →Microsoft 友好登录

3）添加 TCP/IP 协议的操作步骤是____。（单选）

A. 控制面板→网络连接→本地连接属性→添加→协议→NetBEUI

B. 控制面板→网络→添加→协议→Microsoft →TCP/IP

C. 控制面板→网络连接→本地连接属性→安装→协议→TCP/IP

D. 控制面板→网络→添加→客户→Microsoft →Microsoft 友好登录

4）添加 IPX/SPX 协议的操作步骤是____。（单选）

A. 控制面板→网络连接→本地连接属性→添加→协议→Microsoft →NetBEUI

B. 控制面板→网络连接→本地连接属性→添加→协议→Microsoft →TCP/IP

C. 控制面板→网络连接→本地连接属性→添加→协议→IPX/SPX

D. 控制面板→网络连接→本地连接属性→添加→客户→Microsoft-Microsoft 友好登录进行 Modem 测试

5）设置网卡资源的操作步骤是____。（单选）。

A. 控制面板→网络连接→双击"本地连接"图标→资源

B. 控制面板→系统→硬件→设备管理器→单击"刷新"按钮

C. 控制面板→系统→硬件→设备管理器→双击网络适配器下的该设备→资源

D. 控制面板→添加新硬件→从列表中选择硬件→选择"网络适配器"→从磁盘安装驱动程序

6）设置 DNS 地址的操作步骤是_____。（单选）

A. 控制面板→网络连接→本地连接属性→双击 TCP/IP

B. 控制面板→网络连接→本地连接属性→双击 NetBEUI

C. 控制面板→网络连接→本地连接属性→双击相应的网络适配器

D. 控制面板→网络连接→本地连接属性→双击 IPX/SPX

7）设置最快连接速度的操作步骤是_____。（单选）

A. 控制面板→电话和调制解调器选项→诊断

B. 控制面板→系统→设备管理器→双击对应的 Modem→资源

C. 控制面板→电话和调制解调器选项→编辑"我的位置"

D. 控制面板→电话和调制解调器选项→单击对应的 Modem 并单击"属性"按钮→最快速度

8）进行 Modem 测试的方法和步骤是_____。（单选）

A. 控制面板→系统→硬件→设备管理器→双击对应的 Modem→资源

B. 控制面板→电话和调制解调器选项→单击对应的 Modem 并单击"属性"按钮→最快速度

C. 控制面板→电话和调制解调器选项→单击对应的 Modem 并单击"属性"按钮→诊断→查询调制解调器

D. 控制面板→电话和调制解调器选项→编辑"我的位置"

项目五　设置显示属性

一、项目目标

1）会设置屏幕分辨率。

2）会设置屏幕外观。

3）会设置屏幕保护。

4）会设置桌面背景。

5）会设置显示颜色位数。

二、项目内容

材料见表5-5。

表5-5　材料

材料名称	型号规格	数　量	备　注
多媒体计算机	865 系列芯片组	1 台	已安装 Windows XP 操作系统
显卡	512MB	1 块	PCI-E 接口
显卡驱动光盘	CD-ROM	1 张	显卡配套
显示器驱动光盘	CD-ROM	1 张	显示器配套

三、操作步骤

【任务】　在 Windows XP 操作系统下，对计算机进行如下设置。

① 分辨率设置：设置显示分辨率为 1024 × 768 像素。

② 外观设置：将外观更改为"Windows 标准（大）"。

③ 屏幕保护设置：设置屏幕保护程序为"三维管道"。

④ 背景设置：设置背景为"C：\ KSAT \ KSAT3 \ 3-1. JPG"，显示方式为"拉伸"。

⑤ 颜色设置：设置屏幕的显示颜色为"最高（32 位）"或"真彩色（32 位）"。

1）单击"开始"→"设置"→"控制面板"菜单，选择"外观与主题"→"更改屏幕分辨率"选项，弹出"显示 属性"对话框，如图 5-74 所示。

注意：在桌面空白处单击鼠标右键，在弹出的快捷菜单中选择"属性"命令，同样可以弹出"显示 属性"对话框。

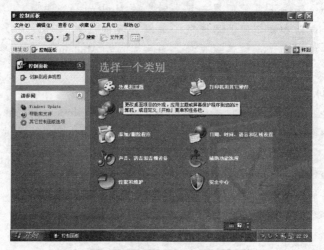

图 5-74

2）在"设置"选项卡中，将屏幕分辨率的滑块移动到 1024 × 768 像素的位置处，并将其颜色质量设置为：最高（32 位），如图 5-75 所示。

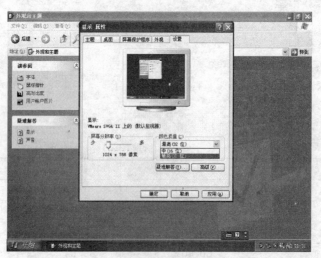

图 5-75

3）在"外观"选项卡的"窗口和按钮"下拉列表中，选择"Windows XP 样式"选项，如图 5-76 所示。

图 5-76

4）选择"桌面"选项卡，如图 5-77 所示。单击右侧的"浏览"按钮，在目录 C：\ ksat \ ksat3 \ 下选择"3-1.jpg"图片，然后单击"打开"按钮，并在"位置"下拉列表中选择"拉伸"选项，如图 5-78 所示。

5）选择"屏幕保护程序"选项卡，将屏保设置为"三维管道"，单击"应用"或"确定"按钮完成设置，如图 5-79 所示。

四、考核标准

检查显示属性的设置，并能根据要求熟练设置分辨率、颜色数、屏幕刷新频率。

五、相关知识

（一）显卡

对于同样核心的显卡来说，显存工作频率越高性能越好，而显存速度，单位为 ns，其数值越小显存能支持的

图 5-77

频率越高，所以显存的速度被认为是显卡选购的关键之一，另外就是显存的品牌。

（二）显示器分辨率

分辨率是液晶显示器和 CRT 显示器的重要参数之一。

分辨率是指单位面积显示像素的数量。液晶显示器的物理分辨率是固定不变的，对于 CRT 显示器而言，只要调整电子束的偏转电压，就可以改变分辨率。但是在液晶显示器里实现起来就复杂得多了，必须要通过运算来模拟显示效果，实际上的分辨率是没有改变的。当液晶显示器使用非标准分辨率时，文本显示效果会变差，文字的边缘会被虚化。

传统 CRT 显示器所支持的分辨率较有弹性，而液晶的像素间距已经固定，所以支持的显示模式不像 CRT 显示器那么多。液晶的最佳分辨率，也叫最大分辨率，在该分辨率下，

图 5-78

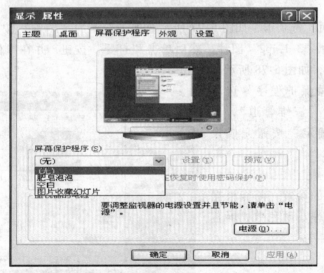

图 5-79

液晶显示器才能显现最佳影像。

由于相同尺寸的液晶显示器的最大分辨率一致，所以相同尺寸的液晶显示器的价格一般与分辨率没有关系。

选购液晶显示器的时候不仅要注意亮度对比度，而且要留意它的物理分辨率。

（三）显存的容量、位宽和时钟周期

1. 显存的容量

显卡显存与系统内存一样，也是多多益善。显存越大，可以储存的图像数据就越多，支持的分辨率与颜色数也就越高。计算显存容量与分辨率关系的公式：所需显存 = 图形分辨率×色彩精度/8。

例如，要上 16bit 真彩的 1024×768，则需要 $1024 \times 768 \times 16bit/8 = 1.5MB$，即 2MB 显存。

对于三维图形，由于需要同时对 Front buffer、Back buffer 和 Z buffer 进行处理，因此公式为：所需显存（帧存）＝图形分辨率×3×色彩精度/8。

例如，一帧 16bit、1024×768 像素的三维场景，所需的帧缓存为 1024×768×3×16bit/8＝4.5MB，即需要 8MB 显存。在显卡的描述中，显存的大小列于首位。

2. 显存的位宽

数据位数是指在一个时钟周期内能传送的位数，它是决定显存带宽的重要因素，与显卡性能关系密切。当显存种类相同并且工作频率相同时，数据位数越大，显卡的性能就越高。

数据位数是显存也是显卡的一个很重要的参数。在显卡工作过程中，Z 缓冲器、帧缓冲器和纹理缓冲器都会大幅占用显存带宽资源。带宽是 3D 芯片与本地存储器传输的数据量标准，这时显存的容量并不重要，也不会影响到带宽，相同显存带宽的显卡采用 64MB 和 32MB 显存在性能上区别不大。因为这时系统的瓶颈在显存带宽上，当碰到大量像素渲染工作时，显存带宽不足会造成数据传输堵塞，导致显示芯片等待而影响速度。目前显存主要分为 64 位和 128 位，在相同的工作频率下，64 位显存的带宽只有 128 位显存的一半。这也就是 Geforce2 MX200（64 位 SDR）的性能远远不如 Geforce2 MX400（128 位 SDR）的原因。

3. 显存的时钟周期

显存时钟周期就是显存时钟脉冲的重复周期，它是衡量显存速度的重要指标。显存速度越快，单位时间交换的数据量也就越大，在同等情况下显卡性能将会得到明显提升。显存的时钟周期一般以 ns（纳秒）为单位，工作频率以 MHz 为单位。显存时钟周期跟工作频率一一对应，它们之间的关系为：工作频率＝1÷时钟周期×1000。若显存频率为 166MHz，那么它的时钟周期为 1÷166×1000ns＝6ns。

显存时钟周期数越小越好。显存频率与显存时钟周期之间为倒数关系，也就是说显存时钟周期越小，它的显存频率就越高，显卡的性能也就越好。

（四）屏幕保护

1. 屏幕保护对 CRT 显示器的影响

在图形界面的操作系统下，显示屏上显示的色彩多种多样，当用户停止对计算机进行操作时，屏幕显示就会固定在同一个画面上，即电子束长期轰击荧光层的相同区域，长时间下去，会因为显示屏荧光层的疲劳效应导致屏幕老化，甚至是显像管被击穿。因此从 Windows 3.X 时代至今，屏幕保护程序一直作为保护 CRT 显示器的最佳帮手，通过不断变化的图形显示使荧光层上的固定点不会被长时间轰击，从而避免了屏幕的损坏。

2. 屏幕保护对液晶显示器的影响

液晶显示器长时间显示同一个画面，从而造成液晶面板晶格的灼烧，即出现了"烧屏"。有时候甚至出现了不可逆转的情况。因此屏幕保护程序通过不断变化的图形，防止屏幕长时间显示同一画面，使液晶分子不断处于运动中，防止了"烧屏"现象。

3. 保护屏幕的方法

保护显示器最直接的方法便是关掉计算机，这也是最省电的方法，当然用户可能只是离开 10～15min，重新启动可能会觉得麻烦，那么可以关闭显示器。

对于台式计算机，只需要按下显示器的开关键。

对于笔记本计算机，可以扣上屏幕，这时系统将自动关闭屏幕进入待机状态，要再次让笔记本计算机回到工作状态，掀起屏幕即可。

如果不确定自己要离开多长时间，那么关闭屏幕的工作就可以交给 Windows 来完成，可以在电源管理程序中设置多长时间失去对计算机的操作后关闭屏幕和计算机。

4. 卸载屏幕保护的方法

对于通过安装包方式安装的屏幕保护，一般可以在"控制面板"中通过"安装/卸载程序"来卸载。对于通过 scr 文件直接安装的屏幕保护，可以在 Windows 或 Windows 下的 System 目录找到该文件，然后直接删除。

5. 结论

设置自动关闭显示器——首选（尤其是液晶显示器，也可经常随手关闭显示器）。

设置屏幕保护——次选。

不设保护——末选。

（五）刷新率

刷新率就是屏幕画面每秒被刷新的次数。

1. 类别

刷新率分为垂直刷新率和水平刷新率，一般提到的刷新率通常指垂直刷新率。垂直刷新率表示屏幕的图像每秒重绘多少次，也就是每秒屏幕刷新的次数，以 Hz（赫兹）为单位。刷新率越高，图像就越稳定，图像显示就越自然清晰，对眼睛的影响也就越小。刷新率越低，图像闪烁和抖动就越厉害，眼睛疲劳得就越快。一般来说，如果能达到 80Hz 以上的刷新率，就可完全消除图像闪烁和抖动感，眼睛也不会太容易疲劳。显然，刷新率越高越好，但是建议不要让显示器一直以最高刷新率工作，那样会加速 CRT 显像管的老化，一般比最高刷新率低一到两档是比较合适的，建议采用 85Hz。而液晶显示器的发光原理与传统的 CRT 显示器是不一样的，由于液晶显示器的每一个点在收到信号后就一直保持那种色彩和亮度，恒定发光，而不像 CRT 显示器那样需要不断刷新亮点。因此，液晶显示器画面质量高而且不会闪烁，把眼睛疲劳感降到了最低。在操作系统中，一般把液晶显示器的屏幕刷新率设置为 60，设置高了反而影响液晶显示器的使用寿命。

2. 影响因素

带宽是显示器的一个综合指标，也是衡量一台显示器好坏的重要的固有指标。带宽是指每秒所扫描的图像个数，也就是说，在单位时间内每条扫描线上显示的频点数的总和，单位是 Hz。带宽大小是有一定的计算方法的，在选择一款显示器时，可以根据一些参数来计算带宽，或者根据带宽来计算一些参数。显示器的刷新率提高的话，它对显示器的带宽就会要求更高，若超过了显示器的固有带宽，将会对显示器带来损害。

3. 调节显示器刷新率的技巧

一般情况下，先设置好屏幕分辨率再设置刷新率。

对于 CRT 显示器，一般把刷新率设为 85Hz。对于液晶显示器，一般把刷新率设为 60Hz。

六、拓展训练

（一）操作训练

1）按照以下要求对计算机的 Windows XP 操作系统进行设置。

① 分辨率设置：设置显示分辨率为 800×600 像素。

② 外观设置：外观更改为"Windows XP 样式"中的"银色"。

③ 屏幕保护设置：设置屏幕保护程序为"变幻线"，等待时间为"2min"。

④ 背景设置：设置背景为"C：\ ksat \ ksat3 \ 3-2. jpg"，位置为"居中"。

⑤ 颜色设置：设置屏幕的显示颜色为"最高（32 位）"。

2）在 Windows XP 操作系统下，对计算机进行如下设置。

① 分辨率设置：设置显示分辨率为 1024 ×768 像素。

② 外观设置：设置外观为"Windows 经典样式"中的"Windows 标准"。

③ 屏幕保护设置：设置屏幕保护程序为"三维飞行物"，等待时间为"3min"。

④ 背景设置：设置背景为"C：\ ksat \ ksat3 \ 3-3. jpg"，显示方式为"拉伸"。

⑤ 颜色设置：设置屏幕的显示颜色为"中（16 位）"。

（二）理论知识练习

请从给出的选项中选择正确的答案填在空白处。

1）在任务栏显示属性的设置图标的步骤是_____。（单选）

A. 控制面板→显示→设置→高级→性能→在任务栏显示设置图标

B. 控制面板→显示→设置→高级→适配器→在任务栏显示设置图标

C. 控制面板→显示→设置→高级→监视器→在任务栏显示设置图标

D. 控制而板→显示→设置→高级→常规→在任务栏显示设置图标

2）调整显示器刷新频率的步骤是_____。（单选）

A. 控制面板→系统→设备管理器→单击"刷新"按钮

B. 控制面板→显示→设置→高级→性能

C. 控制面板→显示→设置→高级→监视器→刷新速度

D. 控制面板→显示→设置→高级→适配器→刷新速度

3）去掉显示在任务栏上的小喇叭图标的步骤是_____。（单选）

A. 控制面板→多媒体→录音→首选设备

B. 控制面板→多媒体→回放→首选设备

C. 控制面板→多媒体→回放高级属性→性能→采样率转换质量

D. 控制面板→多媒体→取消对"在任务栏上显示音量控制"复选框的选择

4）修改计算机名称的方法是_____。（单选）

A. 控制面板→系统→计算机名→更改

B. 控制面板→网络→标识

C. 控制面板→网络→双击 TCP/IP

D. 控制面板→网络→双击 Microsoft 网络客户

5）更改计算机所在的工作组的步骤是_____。（单选）

A. 控制面板→系统→计算机名→更改

B. 控制面板→网络→双击 TCP/IP

C. 控制面板→网络→标识

D. 控制面板→网络→双击 Microsoft 网络客户

6）将计算机屏幕分辨率调整为 640 ×480 像素的步骤是_____。（单选）

A. 控制面板→显示→设置→高级→适配器→屏幕刷新频率

B. 控制面板→显示→设置→高级→监视器→屏幕刷新频率

C. 控制面板→显示→设置→高级→适配器→列出所有模式

D. 控制面板→显示→设置→屏幕分辨率

7）设置屏幕显示项目大小的步骤是 _____ 。（单选）

A. 控制面板→显示→设置→高级→常规→DPI 设置

B. 控制面板→显示→设置→高级→监视器→DPI 设置

C. 控制面板→显示→设置→高级→常规→字体大小

D. 控制面板→显示→设置→高级→性能→字体大小

项目六　添加、设置打印机

一、项目目标

1）会安装打印机。

2）会设置打印机。

二、项目内容

材料见表5-6。

表 5-6　材料

材 料 名 称	型 号 规 格	数　　量	备　注
多媒体计算机		1 台	Windows XP 操作系统
点阵打印机	EPSON LQ-1600KⅢ	1 台	并口数据线
并口数据线		1 根	
打印机驱动光盘		1 张	

三、操作步骤

【任务一】　安装并连接 EPSON LQ-1600KⅢ打印机。

1）切断计算机和打印机的交流电源。

2）把并口数据线连接到主机并口和打印机的数据接口。

3）打开打印机电源。

4）打开计算机电源，启动计算机、进入 Windows XP 操作系统。

【任务二】　按照以下要求在 Windows XP 操作系统下，为计算机添加一台本地打印机。

① 打印机型号为 EPSON LQ-1600KⅢ。

② 设置打印端口为 LPT1。

③ 设置端口中"超时重试"为 40s。

④ 设置该打印机为共享，共享名为 PCPRINT。

添加本地打印机的具体步骤如下。

1）单击"开始"→"设置"→"控制面板"命令，然后双击"打印机和传真"图标，选择左侧的"添加打印机"选项，弹出"添加打印机向导"对话框，单击"下一步"按钮，如图 5-80 所示。

2）选择"连接到此计算机的本地打印机"单选按钮，单击"下一步"按钮，如图5-81所示。在图 5-82 中选择 LPT1，然后单击"下一步"按钮。

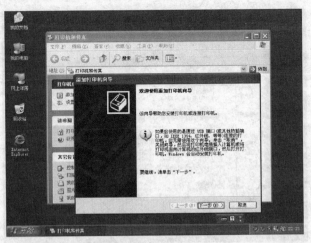

图 5-80

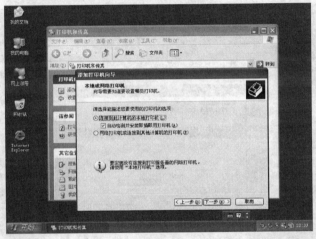

图 5-81

3）在"厂商"和"打印机"列表中分别选择 Epson 和 EPSONLQ-1600KⅢ，然后单击"下一步"按钮，如图 5-83 所示。

4）在"打印机名"文本框中输入 PCPRINT，然后单击"下一步"按钮，如图 5-84 所示。

5）在图 5-85 中选择"否"单选按钮，然后单击"下一步"按钮，最后单击"完成"按钮。

6）选中刚刚添加的打印机，在左侧列表中选择"设置打印机属性"选项，如图 5-86 所示，弹出"EPSON LQ-1600KⅢ属性"对话框。

7）在图 5-87 中选择"共享"选项卡，选中"共享这台打印机"单选按钮，在"共享名"文本框中输入 PCPRINT。

8）选择"端口"选项卡，单击"配置端口"按钮，在弹出的"配置 LPT 端口"对话框的"传输重试"文本框中输入 40，然后单击"确定"按钮，完成其属性设置，如图 5-88 所示。

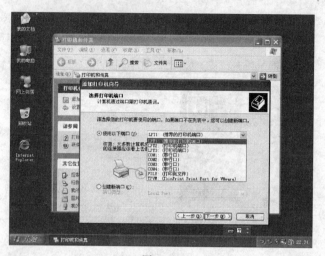

图 5-82

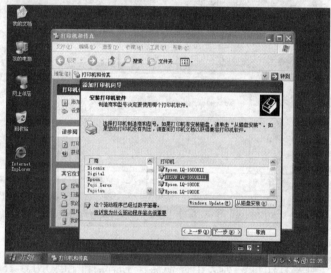

图 5-83

四、考核标准

1）能正确、熟练地连接和设置微型计算机和打印机等常用外设。

2）能从打印机打印出测试页。

五、相关知识

打印机分为针式打印机、喷墨打印机、激光打印机等。

针式打印机的工作原理是：主机送来的代码，经打印机输入接口电路处理后送至打印机的主控电路，在控制程序的控制下，产生字符或图形的编码，驱动打印头打印一列的点阵图形，同时字车机构横向运动，产生列间距或字间距，再打印下一列，逐列进行打印；一行打印完毕后，启动走纸机构进纸，产生行距，同时打印头换行，打印下一行；上述过程反复进行，直到打印完毕。

针式打印机之所以得名，关键在于其打印头的结构。打印头的结构比较复杂，可分为打

图 5-84

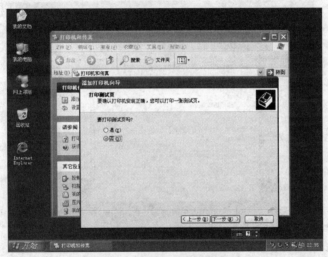

图 5-85

印针、驱动线圈、定位器和激励盘等。简单来说，打印头的工作过程是：当打印头从驱动电路获得一个电流脉冲时，电磁铁的驱动线圈就产生磁场吸引打印针衔铁，带动打印针击打色带，在打印纸上打出一个点的图形。因为直接执行打印功能的是打印针，所以这类打印机被称为针式打印机。

喷墨打印机的工作原理基本与针式打印机相同，两者的本质区别在于打印头的结构。喷墨打印机的打印头由成百上千个直径极其微小（约几微米）的墨水通道组成。这些通道的数量，也就是喷墨打印机的喷孔数量，直接决定了喷墨打印机的打印精度。每个通道内部都附着了能产生振动或热量的执行单元。当打印头的控制电路接收到驱动信号后，就驱动这些执行单元产生振动，将通道内的墨水挤压喷出；或产生高温，加热通道内的墨水，产生气泡，将墨水喷出喷孔；喷出的墨水到达打印纸，即产生图形。这就是压电式和气泡式喷墨打印头的基本原理。而喷墨打印机的控制原理、工作方式基本与针式打印机相同。

激光打印机的核心技术是电子成像技术，这种技术结合了影像学与电子学的原理和技术

图 5-86

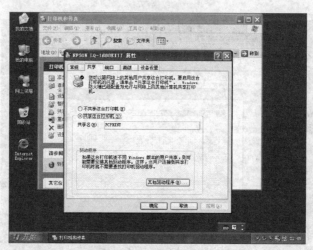

图 5-87

以生成图像，核心部件是一个可以感光的硒鼓。硒鼓是一只表面涂了有机材料的圆筒，预先带有电荷，当有光线照射时，受到照射的部位会发生电阻的变化。计算机所发送来的数据信号控制着激光的发射，扫描硒鼓表面的光线不断变化，有的地方受到照射，电阻变小，电荷消失，也有的地方没有光线射到，仍保留有电荷，最终硒鼓表面就形成了由电荷组成的潜影。

墨粉是一种带电荷的细微塑料颗粒，其电荷与硒鼓表面的电荷极性相反，当带有电荷的硒鼓表面经过显影辊时，有电荷的部位就吸附了墨粉颗粒，潜影就变成了真正的影像。硒鼓转动的同时，另一组传动系统将打印纸送进来，经过一组电极，打印纸带上了与硒鼓表面极性相同但强得多的电荷，随后纸张经过带有墨粉的硒鼓，硒鼓表面的墨粉被吸引到打印纸上，图像就在纸张表面形成了。此时，墨粉和打印机仅仅是靠电荷的引力结合在一起，在打印纸被送出打印机之前，经过高温加热，塑料质的墨粉被熔化，在冷却过程中固着在纸张表面。

将墨粉传给打印纸之后，硒鼓表面继续旋转，经过一个清洁器，将剩余的墨粉去掉，以

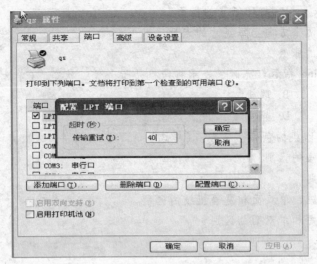

图 5-88

便进入下一个打印循环。

由以上原理可以看出，激光打印机与针式、喷墨打印机的本质的区别在于：激光打印机打印一次成像一整页，是逐页打印；而针式和喷墨打印机都是打印头一次来回打印一行，是逐行打印。因此，相同打印要求下，激光打印机的打印速度比针式打印机和喷墨打印机要快，这也是激光打印机的优势所在。

六、拓展训练

（一）操作训练

1）按照以下要求，在 WindowsXP 操作系统下为计算机添加一台本地打印机。

① 打印机型号为联想 LJ2210P。

② 设置打印端口为 LPTl。

③ 设置"超时重试"为 30s。

④ 设置该打印机为共享，共享名为 LJ2210P。

2）按照以下要求，在 WindowsXP 操作系统下为计算机添加一台本地打印机。

① 打印机型号为 HPLaserJet6L。

② 设置打印端口为 LPT2。

③ 设置"超时重试"为 20s。

④ 设置该打印机为共享，共享名为 HP6L。

（二）理论知识练习

请从给出的选项中选择正确的答案填在空白处。

1）下列哪种打印机可以实现在打字蜡纸上打印_____。（单选）

A. 喷墨打印机

B. 激光打印机

C. 针式打印机

D. 都可以

2）打印机上的 DPI 表示的含义是_____。（单选）

A. 打印的速度　　B. 打印纸张的幅面

C. 横向和纵向两个方向上每英寸的点数

D. 每分钟打印的张数

3）打印机 on line 指示灯亮时，表示打印机处于_____状态。（单选）

A. 脱机　　　　　B. 联机

C. 缺纸　　　　　D. 异常

4）各种针式打印机的色带_____。（单选）

A. 有宽窄和长短的区别

B. 完全没有区别

C. 有宽窄、长短、单双面和是否扭绞的区别

D. 有宽窄、长短和单双面的区别

模块六　常用工具软件的应用

项目一　使用集成的工具软件维护操作系统

一、项目目标

1）能够利用 regedit 导出与还原系统注册表。

2）会检测并修复磁盘错误，会使用操作系统提供的磁盘清理、碎片整理工具。

3）会使用系统文件检查器 sfc 工具。

4）会创建系统还原点。

二、项目内容

材料见表 6-1。

表 6-1　材料

材料名称	型号规格	数量	备注
计算机主机	多媒体、软驱、硬盘、光驱	1 台	操作系统安装完毕

三、操作步骤

【任务一】　导出与还原系统注册表，备份注册表，文件名为 backup. reg。

1. 导出注册表项

1）启动计算机，单击"开始"→"运行"菜单。

2）在"运行"对话框的"打开"下拉列表中输入 regedt32，然后单击"确定"按钮。

3）找到包含需要编辑的值的注册表项，然后单击将其选中。

4）在所需注册表项上单击鼠标右键，在弹出的快捷菜单中选择"导出"命令。

5）在弹出的"导出注册表文件"对话框中，选择 ＊. reg 文件的保存位置，在"文件名"下拉列表中输入"backup"，然后单击"保存"按钮，如图 6-1 所示。

2. 还原备份的系统注册表

1）单击"开始"运行菜单。

2）在"运行"对话框的"打开"下拉列表中输入 regedt32，然后单击"确定"按钮。

图 6-1

3）在弹出的"注册表编辑器"窗口的"文件"菜单中选择"导入"命令。

4）选择保存的文件，然后单击"打开"按钮，如图6-2所示。

5）单击"是"单选按钮继续执行操作。

【任务二】 检测硬盘D盘中的错误，若有错误自动修复文件错误；清理C盘的垃圾文件；整理D盘的磁盘碎片。

1. 检测并修复磁盘D的错误

1）在Windows XP操作系统桌面上，双击"我的电脑"图标。

2）在弹出的"我的电脑"窗口中，用鼠标右键单击要搜索是否存在坏扇区的硬盘盘符D，在弹出的快捷菜单中选择"属性"命令。

图 6-2

3）在弹出的"本地磁盘（D:）属性"对话框中，选择"工具"选项卡，如图6-3所示。

4）单击"开始检查"按钮。

5）在"检查磁盘 本地磁盘（D:）"对话框中，选中"扫描并试图恢复坏扇区"复选框，然后单击"开始"按钮，如图6-4所示。

图 6-3

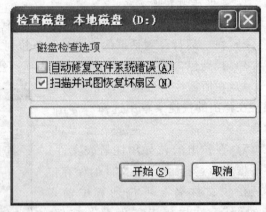

图 6-4

6）如果发现有坏扇区，请选择进行修复。

提示：如果认为磁盘包含坏扇区，请仅选中"自动修复文件系统错误"复选框。

2. 对计算机C盘进行磁盘清理

（1）方法一

1）单击"开始"→"程序"→"附件"→"系统工具"→"磁盘清理"菜单。

2）选择一个磁盘后单击"确定"按钮，开始磁盘清理，如图6-5所示。

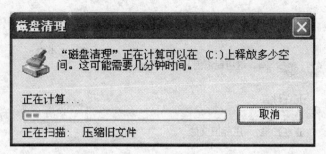

图 6-5

（2）方法二

1）在 Windows XP 操作系统桌面上，双击"我的电脑"图标。

2）在弹出的"我的电脑"窗口中，用鼠标右键单击要执行磁盘清理的分区，然后在弹出的快捷菜单中选择"属性"命令，弹出如图 6-6 所示的对话框。

3）在图 6-6 所示的"常规"选项卡中，单击"磁盘清理"按钮。在"磁盘清理"选项卡中选择要删除的文件，如图 6-7 所示。

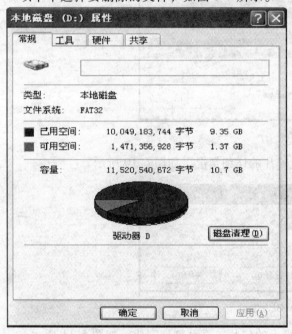

图 6-6

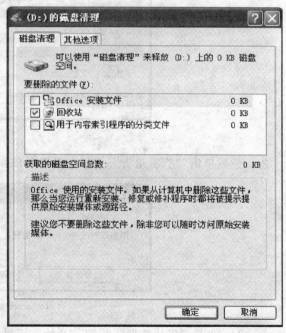

图 6-7

4）单击"确定"按钮，然后在弹出的对话框中单击"是"按钮确认，开始磁盘清理，如图 6-8 所示。

3. 整理 D 盘的碎片

1）单击"开始"→"程序"→"附件"→"系统工具"→"磁盘碎片整理程序"菜单，弹出"磁盘碎片整理程序"窗口，如图 6-9 所示。

2）选定盘符 D，并按［Enter］键。

应该先进行分析，以便决定是否需要进行整理。一般当磁盘碎片大于 10% 时，就应该对磁盘进行整理，从而提高其运行效能。首先单击"分析"按钮，几分钟后会出来分析报

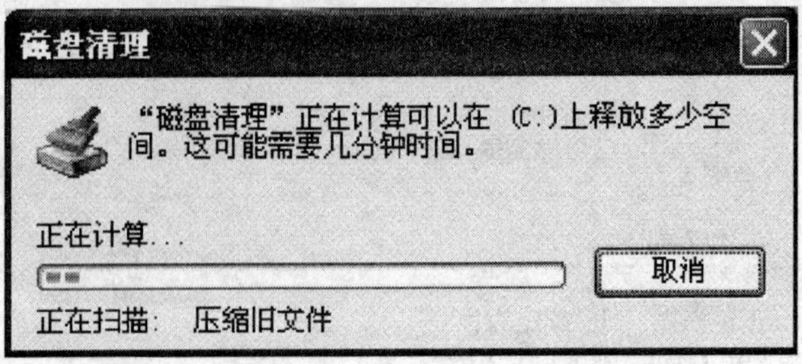

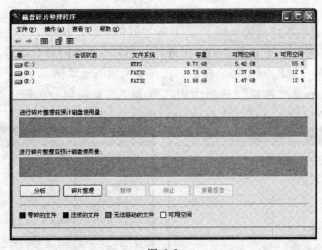

图 6-8

图 6-9

告，然后单击"查看报告"按钮即可查看磁盘碎片的详细情况，如图 6-10 所示。

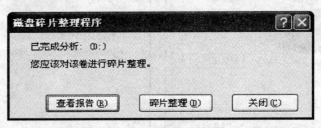

图 6-10

3）单击"碎片整理"按钮，开始整理磁盘上的碎片，直至整理完成，如图 6-11 所示。

【任务三】 利用系统文件检查器 sfc 对 Windows XP 操作系统进行系统文件的完整性检查。

1）在 Windows XP 中启动系统文件检查器的步骤如下：单击"开始"→"运行"菜单，在弹出的"运行"对话框的"打开"下拉列表中输入 cmd 命令，然后单击"确定"按钮随即会弹出"命令提示符"对话框。然后在"命令提示符"对话框中的光标提示符后输入 sfc 命令并按［Enter］键，系统文件检查程序会给出参数的中文提示，如图 6-12 所示。

2）此时输入 sfc/scannow 命令，按下［Enter］键后，系统文件检查器就会开始检查当前的系统文件是否有损坏、版本是否正确。如果发现错误，程序会要求用户插入 Windows

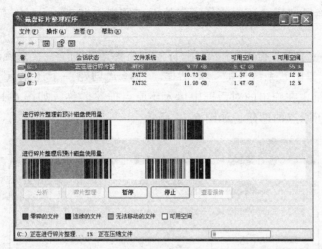

图 6-11

XP 安装光盘来修复或者替换不正确的文件。如果 Dllcache 文件夹被破坏或者不可用，还可以使用 sfc/scanonce 命令或 sfc/scanboot 命令修复该文件夹的内容以保证系统的安全性和稳定性。

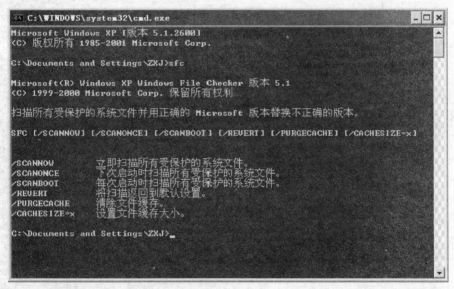

图 6-12

【任务四】 创建系统还原点。

在 Windows XP 系统中，可以利用系统自带的"系统还原"功能，通过对还原点的设置，记录对系统所做的更改。当系统出现故障时，使用"系统还原"功能将系统恢复到更改之前的状态。

1. 准备工作，开启"系统还原"功能

使用该功能前，先确认 Windows XP 是否开启了该功能。

用鼠标右键单击"我的电脑"图标，在弹出的快捷菜单中选择"属性"命令，弹出"系统属性"对话框，选择"系统还原"选项卡，确保"在所有驱动器上关闭系统还原"

复选框未选中，再确保"需要还原的分区"处于"监视"状态。

2. 创建还原点

单击"开始"→"所有程序"→"附件"→"系统工具"→"系统还原"菜单，运行"系统还原"命令，弹出"系统还原"对话框。选择"创建一个还原点"单选按钮，然后单击"下一步"按钮，在弹出的对话框中填入还原点描述名称，如图 6-13 所示。单击"创建"按钮即可完成还原点的创建，如图 6-14 所示。

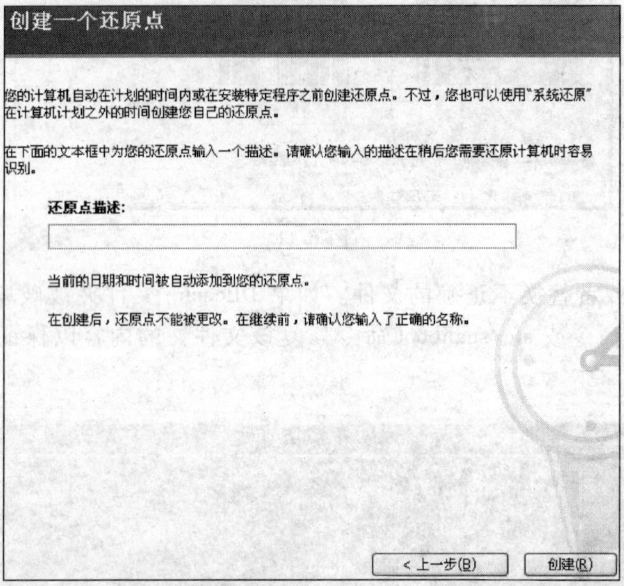

图 6-13

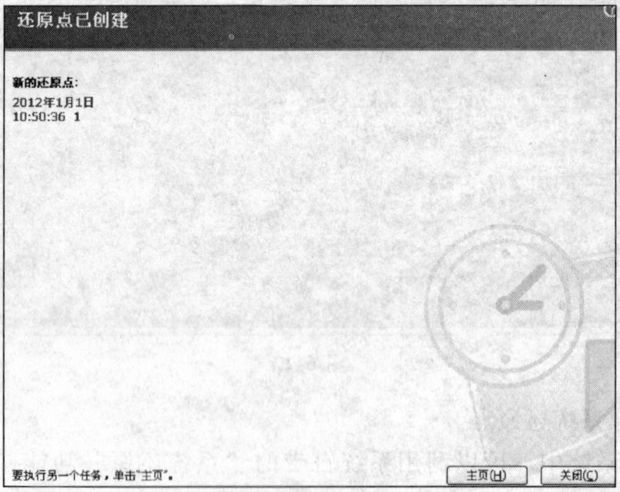

图 6-14

这里需要说明的是：在创建系统还原点时要确保有足够的硬盘可用空间，否则可能导致创建失败。设置多个还原点的方法同上，这里不再赘述。

3. 恢复还原点

打开"系统还原"对话框，选择"恢复我的计算机到一个较早的时间"单选按钮，如

图 6-15 所示。单击"下一步"按钮，选择好日期后再按照"系统还原"向导提示还原即可，如图 6-16 所示。

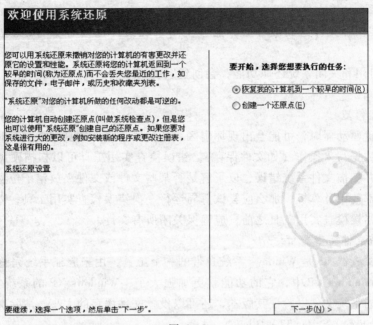

图 6-15

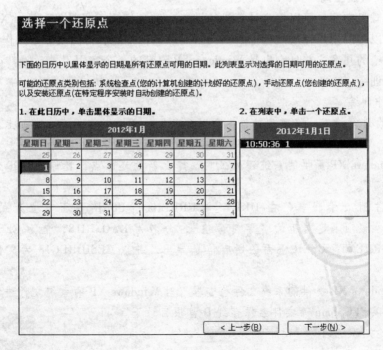

图 6-16

需要注意的是：由于恢复还原点之后系统会自动重新启动，因此操作之前建议退出当前运行的所有程序，以防重要文件丢失。

四、考核标准

1）能够备份系统注册表。

2）掌握磁盘垃圾文件清理的方法，会整理磁盘碎片，优化系统性能。

3）当系统核心文件遭到破坏时，能够使用系统文件检查器 sfc 恢复遭到破坏的系统文件。

4）能够启用和关闭系统还原功能，会创建系统还原点。

五、相关知识

（一）磁盘修复

在使用硬盘驱动器时，可能会出现坏扇区。坏扇区会降低硬盘性能，有时还会导致难以甚至无法执行数据写入操作（如文件保存）。错误检查实用工具可以扫描硬盘驱动器中是否存在坏扇区，并扫描文件系统错误，以了解是否某些文件或文件夹放错了位置。

如果每天都使用计算机，那么应尝试每周运行一次错误检查实用工具，以帮助您防止数据丢失。运行错误检查实用工具之前，应确保关闭所有文件。

（二）系统文件检查器 sfc

系统文件检查器 sfc 是 Windows 系统自带的一个工具，用来验证系统完整性并且可以修复系统文件。Windows XP 中，它的功能就更加强大了，Windows XP 的系统文件检查器 sfc 可以扫描所有的系统文件以验证其版本，还可以设置文件缓存的大小、清除文件缓存以及重新填充%SystemRoot \ System32 \ Dllcache 目录。

（三）清理磁盘空间

通过释放磁盘空间，可以提高计算机的性能。磁盘清理工具是 Windows XP 附带的一个实用工具，可以帮助用户释放硬盘上的空间。而磁盘扫描能够检测硬盘的工作情况，减少了硬盘存取时出错的几率，并且它也是 Windows XP 附带的一个实用工具。

六、拓展训练

（一）操作训练

1）对 C 盘进行检查，将磁盘差错界面以 6-1. bmp 为文件名保存在桌面上。

2）将 D：\ KSAT \ KSATl \ PCKSl. REG 中的注册信息导入到注册表中。

3）用 Windows XP 提供的系统还原工具，建立新的还原点，还原点描述为"计算机职业技能考试检测"。

4）启动注册表编辑器，在 HKEY_ CURRENT_ USER 下面建立新的项，命名为 JSJCESHI，并在该项下建立新的"字符串值"，命名为 KAOSHI18，值为 CESHI。完成后，将 HKEY_ CURRENT_ USER 下面的所有信息导出，并以 CESHIREG18 为文件名保存到 D 盘根目录下。

5）用 Windows XP 提供的系统文件检查器，对 Windows XP 的系统文件进行扫描，将扫描过程的界面以 SFC. bmp 为文件名保存到 D 盘根目录下。

（二）理论知识练习

请从给出的选项中选择正确的答案填在空白处。

1）在 Windows XP 操作系统中，用于查看计算机的 IP 地址信息的命令是＿＿＿＿。（单选）

A. Ipconfig

B. Ping

C. Tracert

D. Netstat

2）磁盘碎片整理程序的主要优点是_____。（单选）

A. 修复坏扇区

B. 修复文件错误

C. 增加内存空间

D. 缩短系统访问时间

3）为了清理注册表中的垃圾信息，可以运行的程序是_____。（单选）

A. msconfig. exe

B. format. exe

C. fdisk. exe

D. regedit. exe

4）在 Windows XP 操作系统中卸载了某个应用程序后，发现"我的电脑"中的硬盘盘符图标变成了其他图标，造成这种现象的原因是_____。（单选）

A. 系统文件问题

B. 注册表问题

C. 显示属性问题

D. 硬盘分区问题

项目二　使用测试软件检测系统硬件参数

一、项目目标

1）会安装和使用测试软件。

2）会进行相关的参数设置。

二、项目内容

工具见表 6-2。

表 6-2　工具

工具名称	规　格	数　量	备　注
HWiNFO32 软件		1 套	预先安装到计算机中
SiSoftware Sandra 软件		1 套	预先安装到计算机中
笔记本或台式计算机		1 台	

三、操作步骤

【任务一】　使用提供的 HWiNFO32 工具软件进行硬件测试，并保存测试结果。

1）关闭所有正在运行的程序，以免产生干扰。

2）单击 Benchmarks →Benchmark 菜单，或者单击工具栏中的 Benchmark 按钮开始计算机测试。这时程序会弹出 Select Benchmark（s）To Perform（选择基准执行）对话框。在该对话框中一共有 4 个选项，可以任意选择它们，然后单击 Start（开始）按钮让它开始自动检测硬件，如图 6-17 所示。

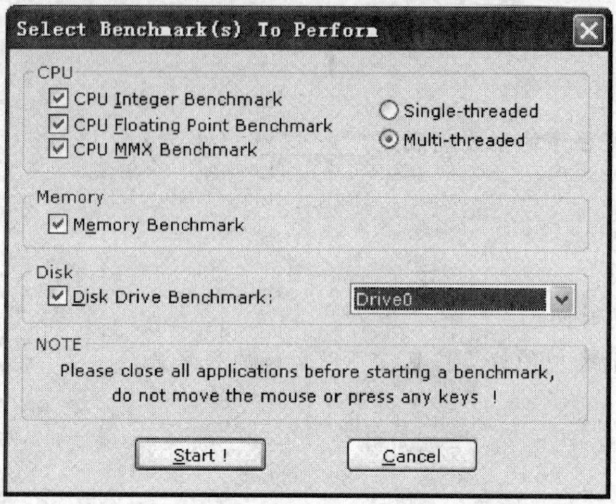

图 6-17

几秒后结果就出来了，在出现的对话框中已将硬件的性能数值罗列出来，只需要单击每个数值右边的 Compare（比较）按钮，就可以通过比较了解计算机的该项性能，如图 6-18 所示。

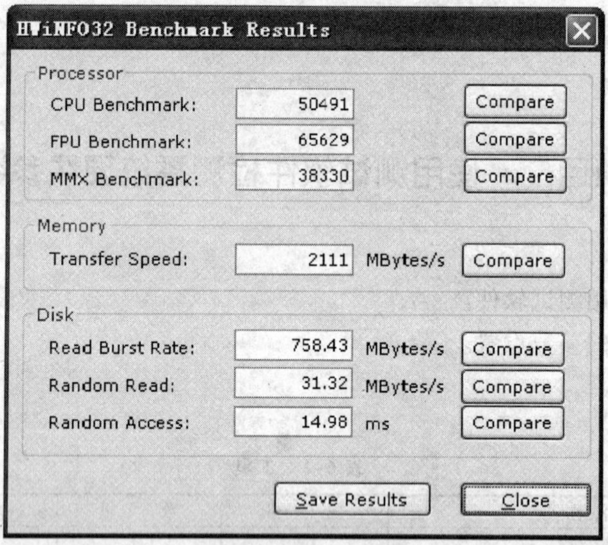

图 6-18

比如，想知道 CPU 的数值，只要单击其右边的 Compare 按钮，随后就会弹出一个信息显示框，在里面，计算机的 CPU 数值用红色标注出来，另外还罗列了其他 CPU 的属性值，通过比较可以直观地了解计算机的档次。

3）单击 Save Results 按钮保存测试结果。

【任务二】 测试数据存档保存。

1）单击 Logfile→Create Logfile（创建测试文档）菜单，或者直接单击工具栏中的 Report（报告）按钮，在出现的对话框中对存档文件名和保存的路径进行设置，选择 Export Format 选项组中的 Text Logfile 单选按钮，然后单击 Browse 按钮，可设定测试报告的文件名和保存的位置，如图 6-19 所示。

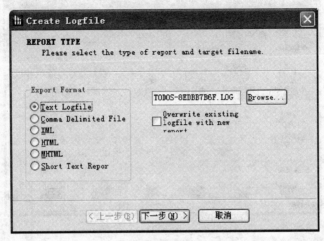

图 6-19

2）单击"下一步"按钮，就会弹出一个对话框要求选择生成的 LOG（日志）文件的内容，如图 6-20 所示。

从这里可以清楚地看到，在 HWiNFO32 中可以对 Computer（计算机）、CPU、Memory（内存）、Motherboard（主板）、DMI、Bus（总线）、Video（显卡）、Monitor（显示器）和 Drive（驱动器）这 9 大类进行设置，可让存档中的信息更加详细和准确。

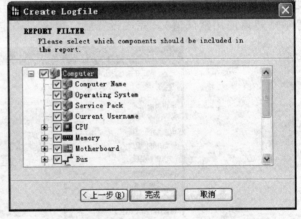

图 6-20

3）最后单击"完成"按钮，HWiNFO32 即可自动生成测试数据文件，并保存至相应位置。

通过上面的测试工作，基本上可以看到机器的优劣了。另外，在系统运行过程中，也会造成系统运行缓慢或是不稳定。这里，需要使用相应的系统优化工具来对计算机硬件系统进行优化。

【任务三】 利用 SiSoftware Sandra 进行系统检测，测试系统的稳定性。

SiSoftware Sandra 加载、启动的模块共分为 5 大类，分别是向导模块、信息模块、对比模块、测试模块和列表模块等，如图 6-21 所示。其中向导模块可以综合检测系统运行环境、系统综合性能、系统稳定性，根据检测结果提出优化系统的具体方案并生成报告。

其中"老化向导"选项是通过持续地运行对比模块来测试系统的稳定性，也就是使计算机中的硬件进行超负荷工作，那么所有不稳定的因素都将被显示出来。

1）单击"文件"→"老化向导"菜单或直接在 SiSoftware Sandra 主界面中双击"老化向导"图标运行该向导，之后开始进行老化配置，如图 6-22 所示。

2）在对比模块中选择"对比项目"复选框，在"计数"窗口中输入要执行测试组的运

图 6-21

行次数、运行优先级，并选择"监视系统状况"和"过热/失败时终止"复选框，必要时也可选择"持续运行"选项，其中完成测试的时间和所选模块的数量成正比。

3）在"处理器"窗口中设置处理器的最小使用率，在"最高温度"和"风扇最低速度"窗口中分别设置主板、CPU、电源、硬盘、PCI 温度以及机箱风扇速度、CPU 风扇速度等项（建议使用默认值）。完成设置后，单击"确定"按钮开始老化测试。

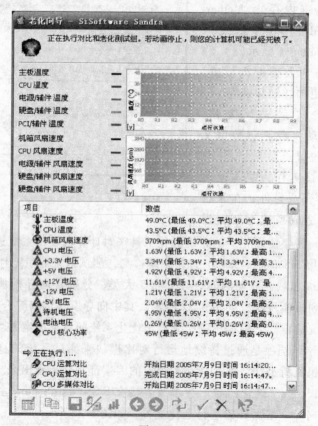

图 6-22

在 SiSoftware Sandra 中，每一种测试项目都是一个独立的模块，因此，测试和管理起来非常方便，可以利用向导功能对计算机整体性能进行测试，而且还可以对其中单个项目进行测试，如在"对比模块"中可单独对 CPU 的运算性能进行对比测试。除此之外，SiSoftware Sandra 还支持远程测试和协同测试。

四、考核标准

1）会安装和使用测试软件测试计算机参数、比较计算机的性能档次。

2）能测试计算机长时间连续运行的可靠性。

五、相关知识

（一）HWiNFO32

HWiNFO32 是一款计算机硬件检测软件。它主要可以显示处理器、主板及芯片组、PC-MCIA 接口、BIOS 版本、内存等信息，另外 HWiNFO32 还提供了对处理器、内存、硬盘以及 CD-ROM 的性能测试功能。

HWiNFO32 的安装非常简单，它完全是我们熟悉的 Windows 应用软件的界面模式。下载完成后，直接双击其安装文件运行，然后按照安装向导的提示，单击 Next 按钮，按照默认的设置安装即可。

安装完成，启动 HWiNFO32 后会先弹出一个信息框显示它的版本信息，在该对话框的下方单击 Continue 按钮，随后程序会对硬件进行自检，自检结束后就进入了程序的主界面，同时给出系统配置概要数据，如图 6-23 所示。

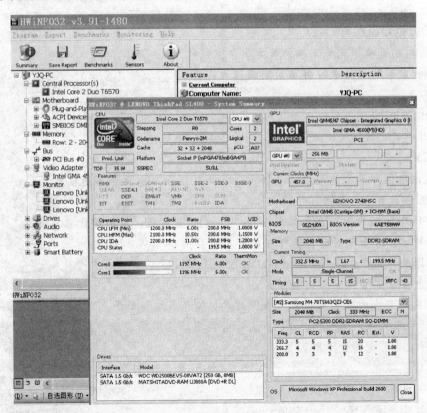

图 6-23

HWiNFO32 的主界面非常简洁，与 Windows "系统工具" 中 "系统信息" 的界面差不多。下面的信息显示区域分为左右两部分，左边罗列了全部硬件的树形目录，从上至下依次是 CPU、内存、主板、总线、显卡、显示器、驱动器、声卡、网络以及接口 10 个信息类，而右边的信息显示框将会根据左边选择的硬件的不同而更换显示的信息。

（二）SiSoftware Sandra

SiSoftware Sandra 是一套功能强大的系统分析评测工具，拥有 30 种以上的测试项目，主要包括 CPU、驱动器、CD-ROM/DVD、内存、SCSI、APM/ACPI、鼠标、键盘、网络、主板、打印机等项目。

SiSoftware Sandra 既有类似于 EVEREST 软硬件信息检测功能的信息模块和列表模块，又具有类似于 CrystalMark 性能测试功能的对比模块和测试模块。启动 SiSoftware Sandra 后，需要启用连接向导，分析数据源，加载相应模块。

六、拓展训练

（一）操作训练

1）利用 SiSoftware Sandra 软件对一台新组装的计算机进行长时间的满负荷老化测试。

2）测试本机上的主板芯片组类型并记录在作业本上。

3）测试计算机上的 "已用中断号"，并将测试结果画面以 IRQ18. bmp 为文件名保存，并在该文件中将测试的指标用红线画出。

4）从互联网下载软硬件测试工具软件 EVEREST，对计算机系统的软硬件参数进行检测。

（二）理论知识练习

请从给出的选项中选择正确的答案填在空白处。

1）下列软件中属于软硬件参数测试软件的是_____。（多选）

A. QQ

B. AIDA32

C. CPU – Z

D. PCMark

2）某光电鼠标器左键微动开关损坏，但没有配件，也没有备用鼠标，现在有工作急于完成，采取以下哪种方法使它可以暂时使用_____。（多选）

A. 在 DOS 下使用时，在加载驱动程序时加上/L 参数，以右键代替左键

B. 在 Windows 下使用时将鼠标左右键功能互换

C. 如是串口鼠标，则将鼠标由 COM1 改到 COM2 上

D. 以上方法都不行

3）用户计算机的配置有板载声卡，最近更换了一块完好的创新 SB Live Value 声卡，可安装了驱动程序并进入 Windows XP 系统后出现蓝屏死机的现象，而拔下声卡后就没有这个问题了，则最为可能的故障原因是_____。（单选）

A. 声带损坏

B. 该主板与声卡有严重冲突

C. 驱动程序不匹配

D. Windows 系统有问题

4）一台兼容机，运行时经常发生自启动现象，经检测该机未感染病毒，则故障最可能发生在_____。（单选）

A. 显卡　　　　　　　　　　B. 主板

C. 硬盘　　　　　　　　　　D. 调制解调器

项目三　清除病毒、备份硬盘的主引导扇区

一、项目目标

1）会安装和使用杀毒软件，清除计算机中的病毒。

2）能够备份硬盘的主引导扇区。

二、项目内容

工具见表6-3。

表6-3　工具

工具名称	规　格	数　量	备　注
瑞星杀毒软件		1 套	
多媒体计算机		1 台	

三、操作步骤

【任务一】　安装瑞星杀毒软件，并查杀计算机中的病毒。

1）启动计算机，把瑞星杀毒软件光盘放入光驱，自动运行安装程序，把杀毒程序安装到计算机中。计算机重新启动后，双击桌面上的瑞星杀毒软件图标，开始运行杀毒程序。选择"杀毒"选项卡，如图6-24所示。

图 6-24

2）确定要扫描的文件夹或者其他目标，方法是在"查杀目标"选项组中选择需要进行查杀的目录作为查杀目标。

3）单击"开始查杀"按钮，则开始查杀相应目标，发现病毒立即清除；扫描过程中可

随时单击"暂停查杀"按钮来暂时停止查杀病毒，单击"继续查杀"按钮则继续查杀，或单击"停止查杀"按钮停止查杀病毒。

查杀病毒过程中，文件数、病毒数和查杀百分比将显示在下面，并且可以通过单击"详细信息"按钮查看查杀病毒的详细情况，其中包括：当前查杀文件路径、查杀信息、查杀进度、病毒列表等。若瑞星杀毒软件发现病毒，则会将文件名、所在文件夹、病毒名称和状态显示在此窗口中。在每个文件名称前面有图标表示病毒类型，病毒类型详见病毒类型识别。通过选择"概要信息"单选按钮返回到前一页面。另外，也可以通过使用快捷菜单对染毒文件进行处理。

4）查杀结束后，扫描结果将自动保存到杀毒软件工作目录的指定文件中，可以通过"查看日志"功能来查看以往的查杀病毒记录。

5）如果想继续查杀其他文件或磁盘，重复步骤2）和3）即可。

【任务二】 使用引导区备份功能备份硬盘，使用恢复功能进行数据恢复。

在计算机的使用过程中，如果遇到硬盘引导区数据丢失、损坏等问题，可以使用瑞星杀毒软件提供的引导区备份/恢复功能进行引导区记录的数据恢复。当然只有先备份本机的引导区记录后，才能用来恢复。

1. 备份硬盘引导区记录

1）单击"开始"→"所有程序"→"瑞星杀毒软件"→"瑞星工具"→"引导区备份"菜单，弹出"引导区备份"设置窗口。

2）单击"浏览"按钮指定备份文件存放的文件夹，输入引导区记录备份文件的名称。单击"确定"按钮进行备份。

2. 恢复硬盘引导区记录

1）单击"开始"→"所有程序"→"瑞星杀毒软件"→"瑞星工具"→"引导区恢复"菜单，弹出"引导区恢复"设置窗口，如图6-25所示。

2）单击"浏览"按钮并从备份目录中选择本机的引导区记录文件，然后单击"确定"按钮进行恢复。

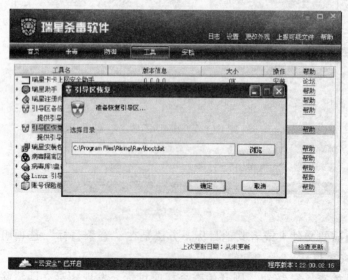

图 6-25

四、考核标准

1）能清除机器中的病毒。

2）对于硬盘的主引导扇区损坏能够恢复。

五、相关知识

（一）瑞星界面与功能布局

瑞星杀毒软件的主程序界面是用户使用的主要操作界面，为用户提供了瑞星杀毒软件所有的功能和快捷控制选项，如图 6-26 所示。通过简便、友好的操作界面，用户无须掌握丰富的专业知识即可轻松地使用瑞星杀毒软件。

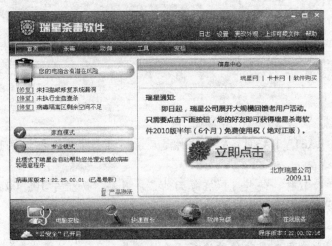

图 6-26

1. 菜单栏

菜单栏用于进行菜单操作，包括"日志"、"设置"、"更改外观"、"上报可疑文件"和"帮助"5 个菜单。

2. 选项卡

菜单栏的下面是 5 个选项卡，分别是"首页"、"杀毒"、"防御"、"工具"、"安检"选项卡。

（二）手动查杀设置

通过手动查杀病毒的设置界面，用户可以根据实际需求，对手动查杀时的病毒处理方式和查杀文件类型进行不同的设置，也可以使用滑块调整查杀级别，如图 6-27 所示。单击"自定义级别"按钮，同样可以对安全级别进行设置，单击"恢复默认级别"将恢复瑞星杀毒软件的出厂设置，单击"应用"或"确定"按钮将保存全部设置，以后程序在扫描时即根据此级别的相应参数进行病毒扫描。

在图 6-27 中，"处理方式"选项卡的具体内容如下。

"发现病毒时"下拉列表：包括"询问我"、"清除病毒"和"不处理"3 个选项。

"杀毒结束时"下拉列表：包括"返回"、"退出"、"重启"和"关机"4 个选项。

"记录日志信息"复选框：可以选择此复选框设置记录日志。

"发现病毒时报警"复选框：选择此复选框后，当手动查杀发现病毒时会发出报警提示。

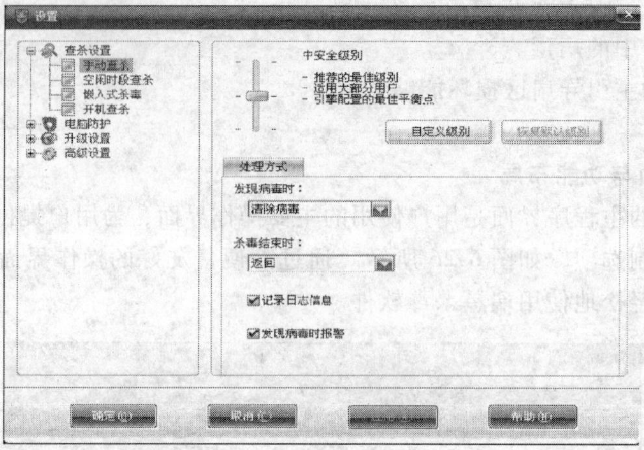

图 6-27

六、拓展训练

（一）操作训练

1）检测 C：\ KAST \ KASTl \ A. * 文件是否有病毒，将整个扫描界面以 6-3. bmp 为文件名保存在桌面上。

2）设置瑞星杀毒软件，使其可以在每天的某一时刻（如上午 10：00）查杀病毒。

（二）理论知识练习

请从给出的选项中选择正确的答案填在空白处。

1）关于获取一些常用工具软件的途径不合法的是_____。（单选）

A. 免费赠送　　　　　　　　B. 盗版光盘

C. 购买　　　　　　　　　　D. 共享软件

2）当计算机感染病毒时，应该_____。（单选）

A. 立即更换新的硬盘　　　　B. 立即更换新的内存储器

C. 立即进行病毒查杀　　　　D. 立即关闭电源

3）下列工具软件中不能用来查杀病毒的是_____。（单选）

A. 金山毒霸　　　　　　　　B. KV3000

C. 瑞星杀毒　　　　　　　　D. 超级解霸

4）金山毒霸系统升级的目的是_____。（单选）

A. 重新安装　　　　　　　　B. 更新病毒库

C. 查杀病毒　　　　　　　　D. 卸载软件

5）杀毒软件可以查杀_____。（单选）

A. 任何病毒　　　　　　　　B. 任何未知病毒

C. 已知病毒和部分未知病毒　D. 只有恶意的病毒

项目四　压缩与还原文件

一、项目目标

1）会压缩文件。

2）会解压缩文件。

3）会给文件加密。

二、项目内容

工具见表6-4。

表6-4 工具

工具名称	规格	数量	备注
台式或笔记本计算机	多媒体	1台	Windows XP 操作系统,已安装常用工具软件
压缩软件 WinRAR		1套	中文版
压缩软件 WinZip		1套	英文版
启动光盘制作完全手册.doc		1份	电子文档

三、操作步骤

【任务一】 利用 WinZip 软件对文件进行压缩，生成压缩文件 abc.zip。

1）首先从系统的资源管理器中找到需要压缩的文件或文件夹，单击鼠标右键，从弹出的快捷菜单中选择 WinZip→Add to Zip file 命令。

2）在弹出的对话框中输入压缩后的文件名 abc，单击 Add 按钮便可开始压缩，如图 6-28 所示。

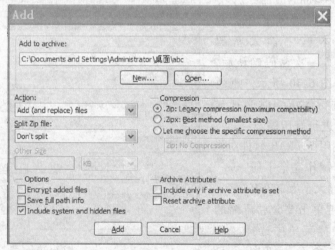

图 6-28

3）压缩完成后，硬盘上会生成一个新的压缩文件 abc，文件扩展名为 zip。

【要点提示】 在进行步骤1）时，直接在弹出的快捷菜单中选择 Add to abc.zip（abc 为文件名）命令就可快速地生成压缩文件。

【任务二】 利用 WinZip 软件对压缩文件进行解压缩。

1）在系统的资源管理器中，用鼠标右键单击某个 zip 格式的压缩文件，比如 abc.zip 压缩文件。在弹出的快捷菜单中选择 Actionscript→Extract 命令，打开 WinZip Extract 窗口，如图 6-29 所示。

2）在 Extract 框中输入解压后要存放的文件路径，再单击 Extract 按钮，就可以将压缩文件解压至其中。

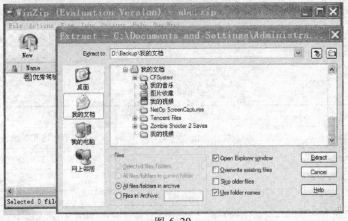

图 6-29

【要点提示】 WinZip 8.1 会记录下压缩过的文件。要想更快地对压缩文件实施解压，可以用鼠标右键单击系统任务栏上的 Zip 小图标，然后在弹出的快捷菜单中进行选择。

【任务三】 利用 WinZip 软件对桌面上的 abc. zip 压缩文件进行加密，密码是 12345678。

1）在系统的资源管理器中选中文件 abc. zip，单击右键，从弹出的快捷菜单中选择 WinZip→Encrypt 命令。

2）此时会弹出一个对话框，在 Enter password 文本框中输入密码 12345678，重复输入一次密码确认后，单击 OK 按钮，如图 6-30 所示。密码设置完成，以后进行解压缩时必须输入正确的密码才能进行解压缩。

【任务四】 利用 WinRAR 软件对指定文件"启动光盘制作完全手册 . doc"进行分卷压缩，每卷大小为 500KB。

1）用鼠标右键单击要分卷压缩的文件，从弹出的快捷菜单中选择"添加到压缩文件"命令，如图 6-31 所示。

2）在"压缩文件名和参数"对话框中设置压缩分卷的大小，以字节为单位，如图 6-32 所示。例如，设压缩分卷大小为 500KB，则 1024 字节 × 500 = 512000 字节。

3）然后单击"确定"按钮，开始分卷压缩，如图 6-33 所示。

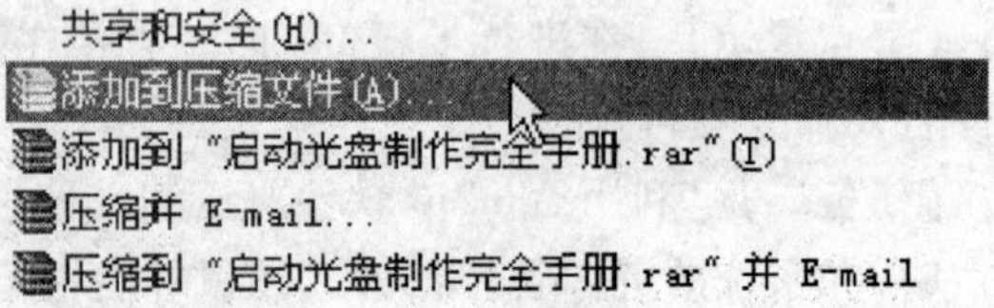

图 6-30

图 6-31

4）这些分卷压缩后的文件，以数字为扩展名，如启动光盘制作完全手册 . part01、启动光盘制作完全手册 . part02。

5）下载完这些分卷压缩包以后，把它们放到同一个文件夹里，双击扩展名中数字最小

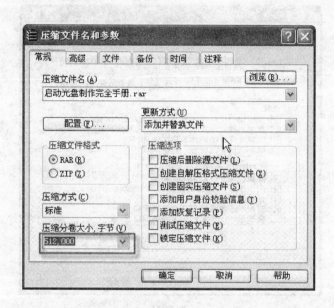

图 6-32

的压缩包进行解压缩，WinRAR 就会自动解出所有分卷压缩包中的内容，并把它合并成一个整体。

四、考核标准

1）能够选择正确的压缩工具软件解压缩文件。

2）会创建加密的压缩文件。

五、相关知识

（一）压缩分卷

压缩分卷就是把一个比较大的文件用 WinZip 或 WinRAR 等压缩软件进行压缩时，根据需要的压缩文档的大小，分别压缩成若干个小文件，以便软盘储存、邮件发送等。但当把它们组合成一个整体时，必须能解压出原文件，缺一不可。

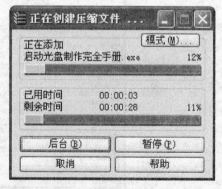

图 6-33

（二）隐藏文件的克星

一般情况下，某些重要的系统文件和隐藏属性的文件是不可见的，要查看它们，必须在“文件夹选项”对话框的“查看”选项卡中把“显示所有文件和文件夹”单选按钮选中，如图 6-34 所示。做完工作以后，为了安全还要改回选择“不显示隐藏的文件和文件夹”单选按钮。

启动 WinRAR，在地址栏中选择文件所在的目录，这个目录下所有的文件将全部列出。如 C 盘下的 boot.ini 文件一般是看不到的，但在 WinRAR 中却可以查看到，如图 6-35 所示。

六、拓展训练

（一）操作训练

1）显示压缩文件 6-4.rar 中的内容。

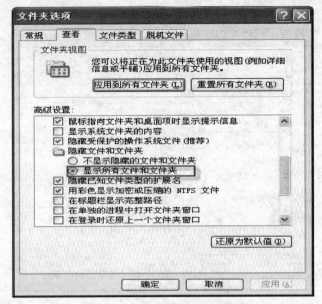

图 6-34

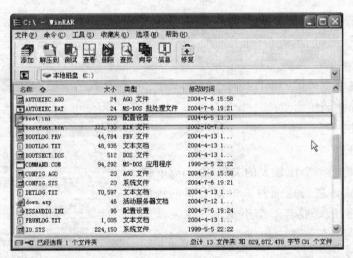

图 6-35

2）把 C：\ KSCT \ 6-5. TXT 文件压缩并保存到桌面上。

（二）理论知识练习

请从给出的选项中选择正确的答案填在空白处。

1）WinZip 和 WinRAR 除了都具有压缩、解压缩文件的功能外，还具有的共同功能是_____。（单选）

A. 对压缩文件设置密码

B. 修复损坏的压缩包

C. 编辑文件

D. 重命名和移动文件

2）在 WinRAR 软件中给压缩文件添加密码，可以使用_____。（单选）

　　A. 高级标签中的设置密码

　　B. 常规标签中的密码

　　C. 文件标签中的密码

　　D. 备份标签中的设置密码

3）WinRAR 不能进行解压的文件有＿＿＿＿＿。（多选）

　　A. photoshop.rar

　　B. 网络.cab

　　C. 图像.avi

　　D. 象棋.uue

4）WinRAR 的压缩率一般在＿＿＿＿＿。（单选）

　　A. 40%

　　B. 30%

　　C. 50%

　　D. 60%

5）下列对于单个独立的分卷压缩文件 aaa.001.rar 的说法，错误的是＿＿＿＿＿。（单选）

　　A. WinRAR 支持分卷压缩和解压，可以只解压这一个分卷

　　B. 可以使用 WinRAR 软件生成类似的文件

　　C. 无法通过直接单击鼠标调用 WinRAR 软件进行解压

　　D. 只是分卷压缩包中的第一个文件

项目五　用 Ghost 备份与还原硬盘系统分区

一、项目目标

1）掌握 Ghost 软件的使用。

2）能够进行硬盘的备份与还原。

二、项目内容

工具见表6-5。

表 6-5　工具

工 具 名 称	型 号 规 格	数　　量	备　　注
计算机主机	多媒体	1 台	带光驱
DOS 启动光盘	包含 Ghost 工具软件	1 张	

三、操作步骤

【任务一】　制作 C 盘分区镜像文件 cwin98.gho，存放在 D：\ sysbak 目录下。

1）启动计算机，把提供的光盘插入光驱，从光盘引导 DOS 操作系统（若不能从光盘启动，请检查 CMOS 设置中的启动顺序）。在 DOS 提示符下输入 Ghost 并按［Enter］键后，出现 Ghost 菜单画面；用光标方向键将光标从 Local 经 Disk、Partition 移动到 To Image 菜单项上，如图 6-36 所示，然后按［Enter］键。

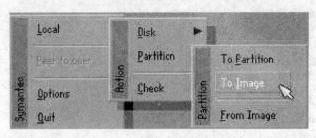

图 6-36

2）出现选择本地硬盘窗口，单击 OK 按钮，如图 6-37 所示。

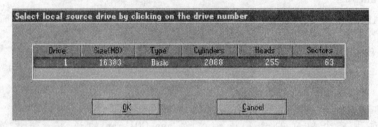

图 6-37

3）出现选择源分区窗口（源分区就是要把它制作成镜像文件的那个分区），如图 6-38 所示。

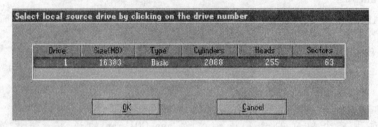

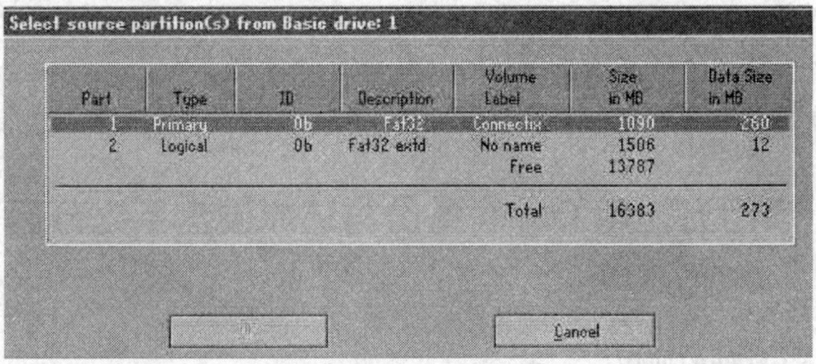

图 6-38

将光条定位到要制作镜像文件的分区上（C 盘为 Primary 分区），按［Enter］键确认要选择的源分区，再按一下 Tab 键将光标定位到 OK 键上（此时 OK 键变为白色），如图 6-39 所示，再按［Enter］键。

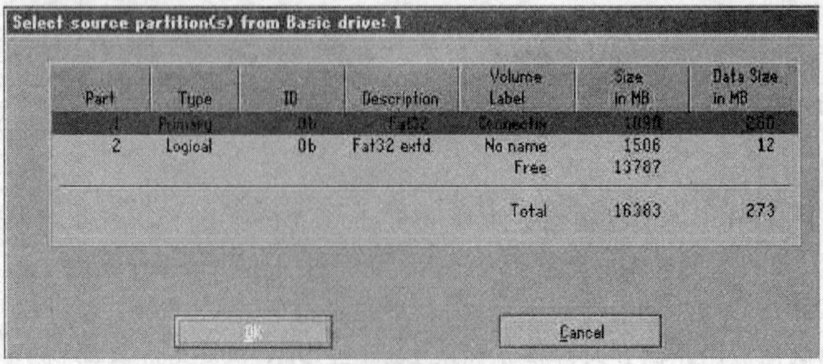

图 6-39

4）进入镜像文件存储目录，默认存储目录是 Ghost 文件所在的目录，在 File name 文本框中输入镜像文件的文件名，也可带路径输入文件名（此时要保证输入的路径是存在的，否则会提示非法路径），如输入 d：\ sysbak \ cwin98，表示将镜像文件 cwin98. gho 保存到 d：\ sysbak 目录下，然后单击 Save 按钮，如图 6-40 所示。

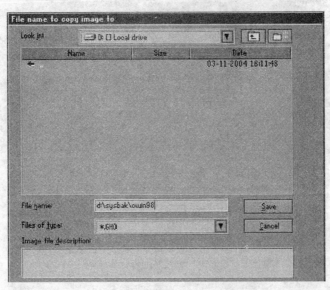

图 6-40

5）接着弹出 Compress Image（是否要压缩镜像文件）提示框，如图 6-41 所示，有 No（不压缩）、Fast（快速压缩）、High（高压缩比压缩），压缩比越低，保存速度越快。一般选 Fast 即可，用向右光标方向键将光标移动到 Fast 上，按［Enter］键确定，再单击 Yes 按钮，确认操作过程。

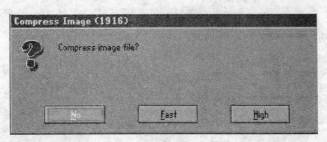

图 6-41

6）Ghost 开始制作镜像文件，如图 6-42 所示。

7）建立镜像文件成功后，会出现提示创建成功的提示框，如图 6-43 所示。

按［Enter］键即可回到 Ghost 界面。

8）再按 Q 键，然后按［Enter］键即可退出 Ghost。返回 DOS 操作系统，利用 DOS 命令查看建立的镜像文件。

【任务二】 把前面备份的分区镜像文件 cwin98. gho 还原到 C 盘。

制作好镜像文件后，就可以在系统崩溃后还原，这样又能恢复到制作镜像文件时的系统状态，节省了安装操作系统的时间。下面介绍镜像文件的还原过程。

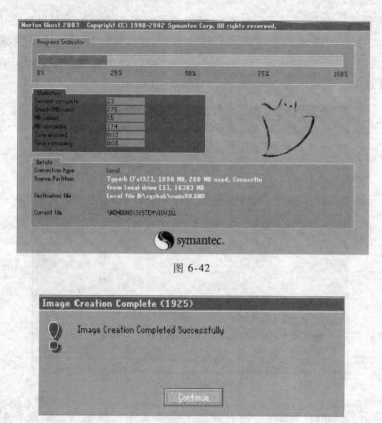

图 6-42

图 6-43

1）在 DOS 状态下，进入 Ghost 所在目录，输入 Ghost 并按［Enter］键，即可运行 Ghost。

2）出现 Ghost 主菜单后，用光标方向键将光标从 Local 经 Disk、Partition 移动到 From Image 菜单项上，如图 6-44 所示，然后按［Enter］键。

3）出现 Image file name to restore from（镜像文件还原位置）窗口，如图 6-45 所示。在 File name 文本框中输入镜像文件的完整路径及文件名（也可以用光标方向键配合 Tab 键分别选择镜像文件所在路径、输入文件名，但比较麻烦），如 d：\ sysbak \ cwin98，再按［Enter］键。

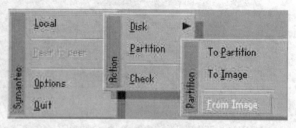

图 6-44

4）出现从镜像文件中选择源分区窗口，直接按［Enter］键。

5）又出现选择本地硬盘窗口，如图 6-46 所示，再按［Enter］键。

6）在随后出现的选择硬盘目标分区窗口中，用光标键选择目标分区（即要还原到哪个分区，此时必须小心确认目标分区，因为选中后该分区的原有内容将被修改），然后按［Enter］键。

7）出现提示确认的提示框，如图 6-47 所示，单击 Yes 按钮并按［Enter］键确定，

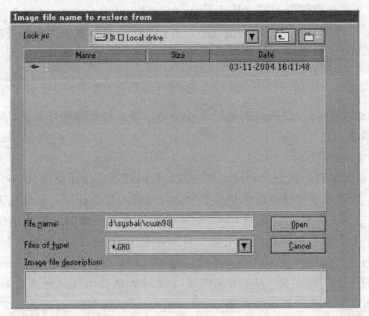

图 6-45

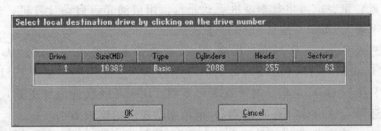

图 6-46

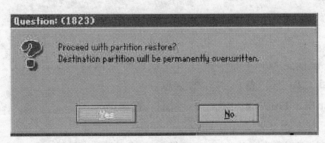

图 6-47

Ghost 开始还原分区信息。

8）还原完毕后出现还原完毕窗口，单击 Reset Computer 按钮并按［Enter］键重启计算机。

【任务三】　备份硬盘。

1）Ghost 的 Disk 菜单下的子菜单项可以实现从一块硬盘到另一块硬盘的直接对拷（Disk To Disk）。

2）硬盘到镜像文件（Disk To Image）。

3）从镜像文件还原硬盘内容（Disk From Image）。

在多台计算机的配置完全相同的情况下，可以先在一台计算机上安装好操作系统及应用软件，然后用 Ghost 的硬盘复制功能将系统完整地"复制"一份到其他计算机，以提高系统安装的效率。

四、考核标准

C 盘操作系统崩溃时，能从以前备份的 C 分区镜像文件还原操作系统。

五、相关知识

（一）Ghost

Ghost 软件是美国赛门铁克公司推出的一款出色的硬盘备份还原工具，可以实现 FAT16、FAT32、NTFS、OS2 等多种硬盘分区格式的分区及硬盘的备份还原，俗称克隆软件。

1）既然称之为克隆软件，说明 Ghost 的备份还原是以硬盘的扇区为单位进行的。也就是说，可以将一个硬盘上的物理信息完整复制，而不仅仅是数据的简单复制；Ghost 能克隆系统中所有的内容，包括声音、动画、图像，连磁盘碎片都可以复制。Ghost 支持将分区或硬盘直接备份到一个扩展名为 .gho 的文件里（赛门铁克公司把这种文件称为镜像文件），也支持直接备份到另一个分区或硬盘里。

2）Ghost 工具主要用于当系统崩溃，无法启动时的快速还原。通常把 Ghost 文件复制到启动软盘（U 盘）里，也可将其刻录进启动光盘，用启动光盘启动计算机，进入 DOS 环境后，在提示符下输入 Ghost，按［Enter］键即可运行 Ghost。

按任意键进入 Ghost 操作界面，出现 Ghost 菜单，主菜单共有 4 项，从下至上分别为Quit（退出）、Options（选项）、Peer to Peer（点对点，主要用于网络中）、Local（本地）。一般情况下，只用到 Local 菜单，其下有 3 个子项：Disk（硬盘备份与还原）、Partition（硬盘分区备份与还原）、Check（硬盘检测），前两项功能应用比较多。

3）由于 Ghost 在备份还原时是按扇区来进行复制的，所以在操作时一定要小心谨慎。

（二）分区备份

Disk：磁盘。

Partition：分区。在操作系统里，每个硬盘盘符（C 盘以后）都对应着一个分区。

Image：镜像。镜像是 Ghost 的一种存放硬盘或分区内容的文件格式，扩展名为 .gho。

To：在 Ghost 里，To 为"备份到"的意思。

From：在 Ghost 里，From 为"从……还原"的意思。

Partition 菜单下有 3 个子菜单，如下：

To Partition：将一个分区（称源分区）直接复制到另一个分区（目标分区）。注意操作时，目标分区的空间不能小于源分区。

To Image：将一个分区备份为一个镜像文件。注意存放镜像文件的分区不能比源分区小，最好是比源分区大。

From Image：从镜像文件中恢复分区（将备份的分区还原）。

（三）利用 Ghost 企业版进行网络复制

通常讲的 Ghost 网络版实际上只是抽取了 Ghost 企业版的部分功能。Ghost 企业版的网络功能十分强大，是真正意义上的 Ghost 网络版。其标识为 Symantec Ghost，与用于个人用户的 Norton Ghost 相区别。

网络复制安装的时候，最好的情况是开机任何命令都不输入就可以直接开始 Ghost 程序。这样做有一个前提，就是开机可以自动获取 IP 地址。为此，网络中必须有一台计算机执行 DHCP 功能，最方便的是一台 Server 版的服务器。然后就可以在这台计算机上安装 Ghost 网络版服务器端软件。

网络复制多用于微机数量大的微机室的系统安装，能够提高管理效率。

六、拓展训练

（一）操作训练

1）对所给计算机的 C 盘进行备份，备份镜像文件保存在 D 盘，镜像文件名为 bak. gho。

2）在计算机上安装两块参数相同的硬盘，在其中的一块硬盘上安装 Windows XP 操作系统，然后将装有系统的硬盘数据信息，整盘备份到另一块硬盘上。

3）在老师的帮助下，验证源盘和目标盘。

（二）理论知识练习

请从给出的选项中选择正确的答案填在空白处。

1）对 Ghost 软件描述错误的是＿＿＿＿＿＿＿。（多选）

A. 用 Ghost 可以进行硬盘之间的对拷

B. 系统盘的 Ghost 镜像文件不能放在系统盘中

C. 用 Ghost 的镜像文件只能进行系统盘的还原

D. 用 Ghost 制作镜像的过程中主机断电不影响操作

2）用 Ghost 备份整个硬盘的操作是＿＿＿＿＿＿＿。（单选）

A. Local→Disk→To Disk

B. Local→Disk→To lmage

C. Local→Partition→To Disk

D. Local→Partition→To Image

模块七 安装、配置外设

项目一 安装、配置扩展声卡

一、项目目标

1）在 CMOS 设置中屏蔽内置声卡。

2）安装外置声卡及驱动程序。

二、项目内容

工具见表 7-1。

表 7-1 工具

工 具 名 称	规 格	数 量	备 注
多媒体台式计算机	带集成声卡	1 台	安装 Windows XP 操作系统
声卡	PCI 接口	1 块	
声卡驱动光盘	CD-ROM	1 张	
耳麦		1 副	

三、操作步骤

【任务一】 主板集成的 AC97 声卡，效果不是很好，要安装一块外置的 PCI 接口声卡，就必须彻底屏蔽主板集成声卡，否则安装不能成功，会出现蓝屏、死机等问题。

彻底屏蔽板载声卡的操作步骤如下：

1. 在 CMOS 设置中屏蔽内置的声卡

（1）对应于 Award BIOS

1）打开主机电源，按［Delete］键进入 BIOS，找到 Chipset Futures Setup，然后按［Enter］键。

2）找到右边的 On Chip Sound，把它设置成 Disabled。部分 award bios 改为 Integrate Peripherals，然后把 AC97 Audio 设置为 Disabled。

3）按［F10］键，保存退出 BIOS 设置程序，重新启动计算机。

（2）对应于 Phoenix Award BIOS

1）进入 BIOS 后，将光标移动到 Advanced 选项卡，找到下面的 I/O Device Configuration，然后按［Enter］键。

2）找到下面的 Onboard AC97 Audio Controller，设置成 Disabled。

3）按［F10］键，保存退出 BIOS 设置程序，重新启动计算机。

2. 插入外置声卡

将计算机关机，断掉交流电源，打开机箱侧面板，找一个闲置的 PCI 插槽，插入提供的外置声卡，并用螺钉固定好。

3. 插入耳麦

把耳麦插入外置声卡的对应插孔。

4. 启动计算机

打开计算机电源，启动计算机，系统会自动检测到安装了新硬件。

【任务二】　手工安装声卡驱动。

1）如果系统没有自动安装并加载外置声卡驱动，则会出现以下对话框，如图 7-1 所示。

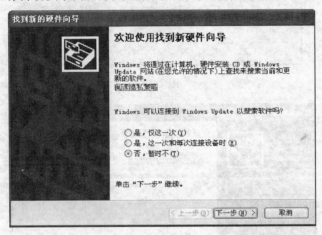

图 7-1

这里选择"否，暂时不"单选按钮，出现如图 7-2 所示的对话框。

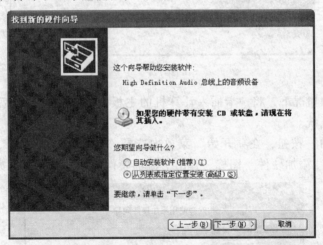

图 7-2

2）选择"从列表或指定位置安装（高级）"单选按钮，出现如图 7-3 所示的对话框。

3）选择"在搜索中包括这个位置"复选框，单击"浏览"按钮，选择驱动文件。单击"下一步"按钮，开始复制驱动文件。驱动安装成功后，出现驱动安装完成界面，显示向导已经完成声卡设备驱动程序的安装，如图 7-4 所示。

【任务三】　安装非即插即用声卡。

如果选用的是以前购买的非即插即用声卡，一般会附带驱动程序光盘可以通过手动从磁盘安装其驱动程序。

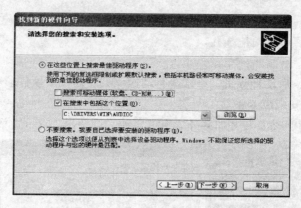

图 7-3

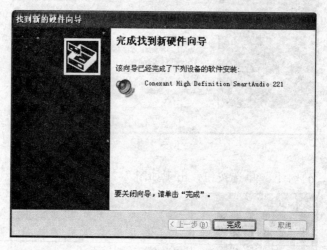

图 7-4

1）在未开机的情况下，将声卡插入计算机的主板上的插槽内，然后打开计算机电源，启动 Windows XP 系统。

2）单击"开始"按钮，在"开始"菜单中选择"控制面板"命令，在打开的"控制面板"窗口中双击"添加硬件"图标，弹出"添加硬件向导"对话框，如图 7-5 所示。

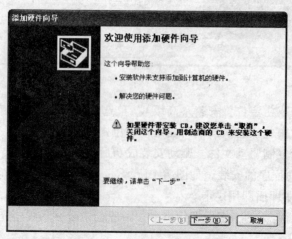

图 7-5

图7-5所示的对话框说明了该向导的作用——安装驱动程序以支持添加到计算机中的硬件，解决已添加的计算机硬件的问题。

3）单击"下一步"按钮，打开"添加硬件向导"之二对话框。这时系统会搜索最近连接到计算机但尚未安装的硬件，当搜索完毕后，将出现"硬件连接好了吗?"界面，询问用户是否已将这个硬件跟计算机连接，选择"是，我已经连接了此硬件"单选按钮，然后单击"下一步"按钮，如图7-6所示。

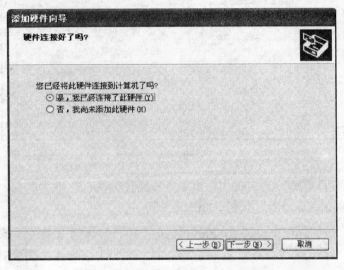

图7-6

4）显示有关用户计算机上所安装硬件情况的界面，在"已安装的硬件"列表框中列出了当前计算机上所安装的硬件，可以选择一个已安装的硬件，来查看其属性或者解决运行过程中所出现的问题。在这里要选择"添加新的硬件设备"选项，如图7-7所示。

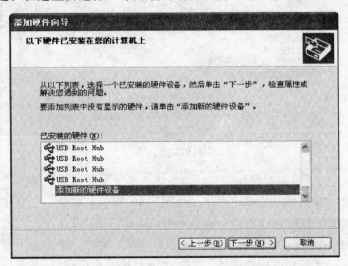

图7-7

5）在接下来的界面中让用户选择安装声卡的方式，选择"安装手动从列表选择的硬件（高级）"单选按钮，然后单击"下一步"按钮，如图7-8所示。

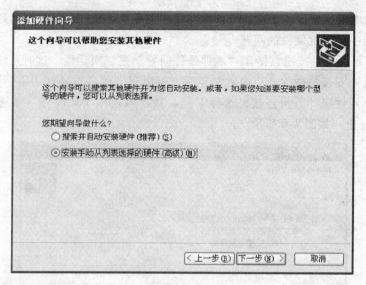

图 7-8

6）在"常见硬件类型"列表框中列出了各种硬件类型，选择"声音、视频和游戏控制器"选项，然后单击"下一步"按钮，如图 7-9 所示。

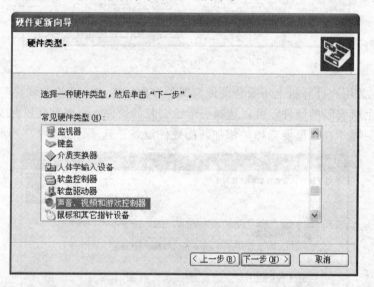

图 7-9

7）在弹出的"选择要为此硬件安装的设备驱动程序"界面中，单击"从磁盘安装"按钮，在打开的光盘中找到相应的驱动程序，如图 7-10 所示。在整个安装步骤中，这一步是最关键的，如果其驱动程序文件出错，就不可能成功地添加声卡。

8）找到正确的驱动程序文件后，可单击"下一步"按钮，这时会出现"向导准备安装您的硬件"界面，确认开始安装新硬件，单击"下一步"按钮即可。

在接下来的界面中若提示成功地添加了该硬件设备，则单击"完成"按钮关闭"添加硬件向导"对话框。

至此，已经完成了非即插即用声卡安装的全过程，在任务栏上会出现喇叭形状的小图

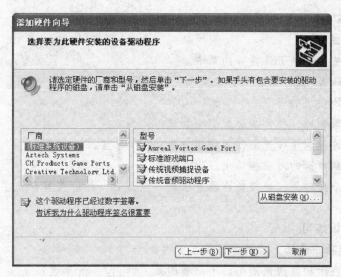

图 7-10

标，用户可以在"设备管理器"窗口中查看该硬件设备的相关资料。

四、考核标准

能够通过手动安装添加的外置声卡播放出音频。

五、相关知识

（一）中文版 Windows XP 操作系统中即插即用声卡的驱动安装

在中文版 Windows XP 操作系统中安装新硬件是非常方便的，它自带了很多通过兼容测试的硬件驱动程序。对于即插即用的声卡，只要用户将声卡插入计算机的主板上，系统就会检测到新硬件并自动加载其驱动程序。

具体的操作步骤如下：

1）在关机的情况下，用户先将要安装的声卡插入计算机主板上的插槽内，然后打开计算机电源，启动 Windows XP 系统。

2）在 Windows XP 系统启动登录后，在桌面的任务栏上会出现一个小图标，并有相应的文本框提示，先提示"发现新硬件"，然后提示"正在搜索新硬件的驱动程序"。

3）当驱动程序安装完毕后，会提示用户"新硬件已安装上并可使用了"。如果用户是连接好声卡后才安装 Windows XP 操作系统，那么在安装系统的过程中，系统也会检测到新硬件，然后自动安装。安装的过程是相当短暂的，用户不需要做任何工作就可以完成声卡的安装，所以说，中文版 Windows XP 操作系统的即插即用功能是非常强大的。

（二）如何获取声卡驱动软件

1）下载声卡驱动的网站不少，简便的办法是，在综合大型网站主页，把声卡型号输入到"搜索"文本框中，单击"搜索"按钮，从打开的界面中选择要下载驱动的网站。

2）在打开的网站中，如果没有显示所需要的驱动软件，则可以运用该网站搜索引擎搜索。

3）下载驱动软件时要注意：一是品牌型号要对，二是在什么系统上使用，三是要看该驱动软件公布的时间，最新的未必合适。

4）下载的驱动软件一般都有自动安装功能，打开后，单击即自动安装。

六、拓展训练

（一）操作训练

1）为计算机安装一块 PCI 接口的声卡。

2）在 Windows XP 操作系统下为该声卡安装驱动程序。

3）调整声卡所使用的资源。

4）调整音频录制时，硬件加速为完全加速。

5）用音频线连接声卡和光驱，实现播放音乐 CD 光盘。

6）将耳麦插到声卡的对应接口上。

7）安装声卡应用软件，连接扬声器并录制一段语音，然后将其存放在 D 盘，文件名由用户自定义。

（二）理论知识练习

请从给出的选项中选择正确的答案填在空白处。

1）下面有关声卡功能的说法中，不正确的是_____。（单选）

A. 声卡能够完成声音的 A/D 采集

B. 声卡能够完成数字音频信号的 D/A 转换和回放

C. 有些声卡能完成视频信号的采集和回放

D. 有些声卡具有 MIDI 接口，可外接 MIDI 设备

2）声卡俗称音效卡，是_____。（单选）

A. 纸做的卡片   B. 塑料做的卡片

C. 一块专用电路板   D. 一种圆形唱片

3）以下均为音频文件扩展名的是_____。（单选）

A. MID、WAV、MP3   B. BMP、MID、MTV

C. WAV、DOC、TXT   D. BBS、GIF、MP3

4）目前任何一块声卡都应该有_____功能。（单选）

A. 全双工   B. 3D 音

C. MIDI   D. 支持波表

5）王老师想配置一台多媒体计算机，并且想在自己的课件中添加录音，那么在他的计算机中应该安装哪种软件才可以进行录音，并且可以对声音进行编辑处理_____。（单选）

A. PhotoShop   B. Word

C. Cool Edit pro   D. PowerPoint

项目二　安装、配置扩展网卡

一、项目目标

1）会安装网卡驱动。

2）掌握网络协议的添加方法。

3）会设置网卡的 TCP/IP 参数。

二、项目内容

材料见表7-2。

表 7-2　材料

材 料 名 称	型 号 规 格	数 量	备 注
台式计算机	多媒体	1 台	
光驱	CD-ROM	1 张	
网卡	HP 10/100Mbps 自适应	1 块	PCI 接口
网卡驱动光盘		1 张	

三、操作步骤

【任务一】　安装网卡及其驱动程序，并连接到网络。

1）关闭计算机电源，打开机箱侧面板，找一个空闲的 PCI 插槽，小心插入网卡，并用螺钉固定，然后装上机箱侧面板，用螺钉固定。把网线的 RJ-45 插头插到刚安装的网卡的 RJ-45 插槽中，打开计算机电源，启动计算机。

2）在"设备管理器"窗口的"其他设备"中"以太网控制器"选项前显示一个黄色问号，说明系统已经检测到网卡硬件的存在，却未能找到相应的驱动程序。用鼠标右键单击"以太网控制器"选项，在弹出的快捷菜单中选择"更新驱动程序"命令，如图 7-11 所示，弹出"硬件更新向导"对话框。

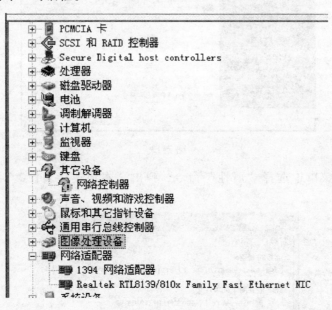

图 7-11

3）选择"从列表或指定位置安装（高级）"单选按钮，然后单击"下一步"按钮，屏幕显示如图 7-12 所示。

4）选择"在搜索中包括这个位置"复选框，在输入栏中输入该驱动程序所在的路径，然后单击"下一步"按钮，如图 7-13 所示。

5）单击"完成"按钮，即顺利完成网卡驱动程序的安装。

【任务二】　安装 TCP/IP 网络协议。

1）在 Windows XP 桌面上，用鼠标右键单击"网上邻居"图标，在弹出的快捷菜单中选择"属性"命令，在弹出的"网络连接"窗口中选择"本地连接"图标，并单击鼠标右

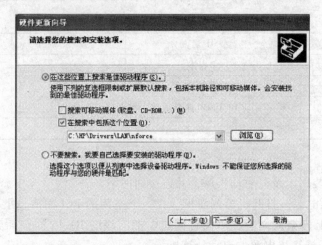

图 7-12

图 7-13

键，在弹出的快捷菜单中选择"属性"命令，弹出"本地连接属性"对话框，如图 7-14 所示。

图 7-14

2）单击"安装"按钮，在弹出的"选择网络组件类型"对话框中选择"协议"选项，然后单击"添加"按钮，如图7-15所示。

3）从弹出的"选择网络协议"对话框的"网络协议"列表框中选择"协议"选项，如果列表框中没有"协议"选项，可以单击"从磁盘安装"按钮，在Windows XP安装光盘上搜索相应的文件，最后单击"确定"按钮，如图7-16所示。

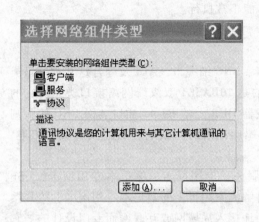

图 7-15

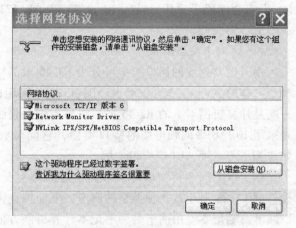

图 7-16

【任务三】 设置网卡的 TCP/IP 参数。

1）在 Windows XP 操作系统中，用鼠标右键单击"本地连接"图标，在弹出的快捷菜单中选择"属性"命令，弹出"本地连接属性"对话框。在该对话框中，选择"Internet 协议（TCP/IP）"选项，然后单击"属性"按钮，以便设置 TCP/IP 参数，如图7-17所示。

2）在"常规"选项卡中选择"使用下面的 IP 地址"单选按钮，并输入本机的"IP 地址"、"子网掩码"及"默认网关"，例如，IP 地址为 172.30.88.171，子网掩码为 255.255.252.0，默认网关为 172.30.91.254（该地址由网络管理员分配），如图7-18所示。

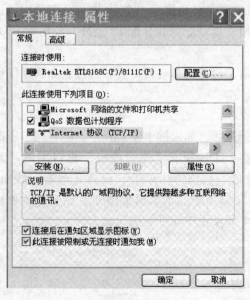

图 7-17

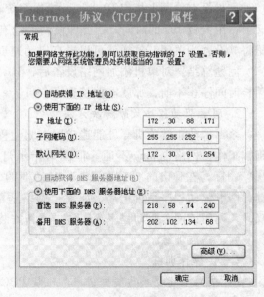

图 7-18

3）配置 DNS。选中"使用下面的 DNS 服务器地址"单选按钮，在"首选 DNS 服务器"文本框中输入 218.58.74.240。在"备用 DNS 服务器"文本框中输入 202.102.134.68。

4）设置完成后，单击"确定"按钮，结束 TCP/IP 协议参数的设置。

四、考核标准

1）安装网卡及其驱动程序，会添加 TCP/IP 协议。

2）会配置 TCP/IP 协议，ping 172.30.88.171 能正常执行。

五、相关知识

（一）网卡类型

网卡按其连线的插口类型可分为 RJ-45 水晶口、BNC 细缆口、AUI 及综合这几种插口类型于一体的 2 合 1、3 合 1 网卡。RJ-45 插口采用的是 10BASET 双绞线网络接口类型。它的一端是计算机网卡上的 RJ-45 插口，另一端是集线器 HUB 上的 RJ-45 插口。而 BNC 接头则是采用 10BASE2 同轴电缆的接口类型，它同带有螺旋凹槽的同轴电缆上的金属接头相连，如 T 型头等。而 AUI 接头很少用。

除了以上网卡类型以外，市面上还经常可见服务器专用网卡、笔记本专用网卡、USB 接口网卡等。对于这 3 种类型的网卡，下面重点讲解大家用得上的笔记本专用网卡、USB 接口网卡。笔记本专用网卡是为笔记本计算机能方便地接入局域网或互联网而专门设计的。它主要有只能接入局域网的局域网卡和既能访问局域网又能访问互联网的局域网/Modem 网卡。它一端为电话接口，另一端为 RJ-45 接口。而 USB 接口网卡也是外置的，它一端为 USB 接口，另一端为 RJ-45 接口，分为 10Mbps 和 10/100Mbps 自适应两种。

（二）安装网卡驱动常见故障及故障排除

1. 安装网卡驱动后开机速度变慢

故障现象：安装网卡驱动后重新启动计算机，发现启动速度明显比以前慢了很多。

故障解决：首先排除安装驱动过程中出现过错误。通常来说，当单机进行了网络配置后，由于系统多了一次对网卡检测，使得系统启动比以前慢了很多，这是正常现象。

如果没有给网卡指定 IP 地址，操作系统在启动时会自动搜索一个 IP 地址分配给它，这又要占用大概 10s 的时间。因此即使网卡没有使用，也最好为其分配 IP 地址，或是在 BIOS 里将其设置为关闭，这样就可以提高启动速度了。

问题总结：对单机添加网络设备后，计算机启动时一般都会慢一些，当然，如果系统启动长时间停止不前，那就需要检查了。

2. 网卡驱动程序故障解决方法

杀毒、非正常关机等可能造成网卡驱动程序的损坏。如果网卡驱动程序损坏，网卡不能正常工作，网络也 ping 不通，但网卡指示灯发光。这时双击"控制面板"窗口中的"系统"图标，在弹出的"系统属性"对话框的"硬件"选项卡中单击"设备管理器"按钮，查看网卡驱动程序是否正常，如果"网络适配器"选项中显示该网卡图标上标有一黄色感叹号，说明该网卡驱动程序不正常，重新安装网卡驱动程序即可解决问题。

六、拓展训练

（一）操作训练

1）按照下述要求为某微机增加一块 PCI 内置 Modem 卡。

① 将卡插到主板上。

② 为该 Modem 卡安装驱动程序。

2）按照以下要求对计算机进行设置。

① 设置主页为 http://www.sdqg.com。

② 设置代理服务器为 10.1.0.8，端口号为 80。

3）设置无线网络连接。

（二）理论知识练习

请从给出的选项中选择正确的答案填在空白处。

1）设置 Modem 的音量的操作步骤是_____。（单选）

A. 控制面板→系统→设备管理器→双击对应的 Modem→资源

B. 控制面板→电话和调制解调器选项→单击对应的 Modem 并单击"属性"按钮→扬声器音量

C. 控制面板→电话和调制解调器选项→单击对应的 Modem 并单击"属性"按钮→诊断

D. 控制面板→电话和调制解调器选项→拨号属性

2）设置 Modem 最快网络连接速度的操作步骤是_____。（单选）

A. 控制面板→系统→设备管理器→双击对应的 Modem→资源

B. 控制面板→电话和调制解调器选项→单击对应的 Modem 并单击"属性"按钮→诊断

C. 控制面板→电话和调制解调器选项→单击对应的 Modem 并单击"属性"按钮→最大端口速度

D. 控制面板→电话和调制解调器选项→编辑

3）若将某微机接入局域网中，需在微机中增加_____设备。（单选）

A. 网卡   B. 多功能卡   C. MPEG 卡   D. 网络服务板

4）常见的网卡接口类型有_____。（多选）

A. AGP 接口   B. USB 接口   C. PCI 接口   D. Socket 478 接口

项目三　安装、配置打印机

一、项目目标

1）会安装并连接针式打印机。

2）会安装并连接激光打印机。

二、项目内容

工具见表 7-3。

表 7-3　工具

工具名称	数量	备注
针式打印机及其驱动光盘	1 套	Epson LQ-1600K
激光打印机及其驱动光盘	1 套	HP LaserJet P1505

三、操作步骤

【任务一】 安装并行接口针式打印机 Epson LQ-1600K 及驱动程序，不共享、不打印测试页。

1. 安装并连接打印机

使用一根并行接口电缆，把打印机连接到计算机的并行接口上。

1）关闭打印机和计算机的电源开关。

2）将电缆的接口插头插入打印机的并行接口插座。

3）将固定用的钢丝扣扣向内侧，使插头固定。

4）如果电缆有地线，将地线连接到打印机接口插接器旁边的地线插接器上。

5）将接口电缆的另一端插入计算机的并行接口。

2. 安装 Epson LQ-1600K 驱动程序，并添加打印机

在计算机 Windows XP 操作系统中安装 Epson LQ-1600K 驱动程序，并添加打印机。

1）将 Epson LQ-1600K 打印机正确连接到计算机后，启动计算机。

2）单击"开始"→"设置"→"打印机和传真"→"添加打印机"菜单，弹出"添加打印机向导"对话框，如图 7-19 所示。

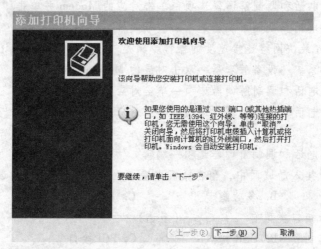

图 7-19

3）单击"下一步"按钮，选择"连接到此计算机的本地打印机"单选按钮和"自动检测并安装即插即用打印机"复选框，如图 7-20 所示，然后单击"下一步"按钮，向导自

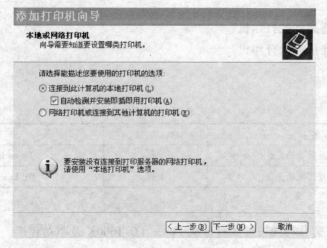

图 7-20

动检测并安装新的即插即用打印机。

4）选择打印机的连接端口 LPT1。

5）选择打印机的生产厂商和打印机型号 Epson LQ-1600K，如图 7-21 所示。

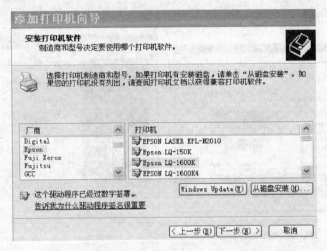

图 7-21

6）输入打印机的名称 Epson LQ-1600K，作为默认打印机；选择不共享、不打印测试页，然后单击"下一步"按钮，如图 7-22 所示。

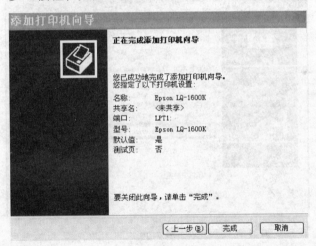

图 7-22

7）单击"完成"按钮。程序将把驱动程序文件复制到硬盘，并在"打印机"文件夹中添加一个使用打印机型号作为名称的图标。

【任务二】 安装 USB 接口的 HP LaserJet P1505 激光打印机及其驱动程序。

1）启动计算机，首先安装驱动程序。将随机光盘放入光驱中，驱动程序会自动运行（在安装打印机驱动程序之前，先不要连接打印机的 USB 连接线）。

2）依次选择所使用的打印机型号 HP LaserJet P1505；在"请选择您的连接方式"窗口中，单击 USB 按钮，如图 7-23 所示。

3）单击"开始安装"按钮。按照向导的指示，选择所使用的打印机型号 HP LaserJet

P1505，采用默认设置开始安装。

4）当在"HP LaserJet P1505 安装向导"对话框中，出现要求将打印机的 USB 连接线连接到计算机，打开打印机电源时，接通打印机电源，打印机驱动程序会自动检测连接的设备，如图 7-24 所示。

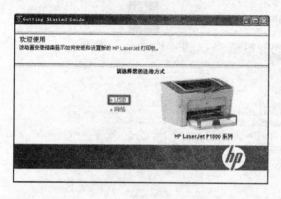
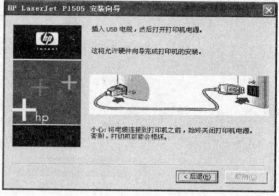

图 7-23   图 7-24

5）放入纸张，准备打印测试页。测试页打印完毕后，就可以使用打印机了，如图 7-25 所示。

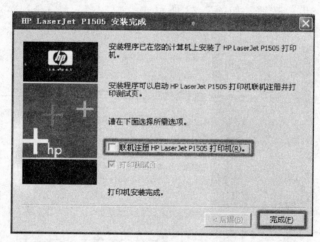

图 7-25

四、考核标准

1）安装并连接并口、USB 接口打印机时，操作规范正确，各种打印机及其驱动程序安装正确。

2）能打印出激光打印机的测试页。

五、相关知识

（一）打印机软故障现象

打印机驱动程序安装完成后打印正常，但是驱动程序属性界面出现乱码。

（二）故障原因

一是"区域和语言选项"的设置问题，二是打印机驱动程序安装不正确。

（三）软件故障的解决方法

1. 区域和语言选项的设置

1）在 Windows XP 操作系统桌面上单击"开始"→"设置"→"控制面板"→"区域和语言选项"菜单。

2）在弹出的"区域和语言选项"对话框的"区域选项"选项卡中，选择"中文（中国）"选项，如图 7-26 所示。

2. 安装正确版本的驱动程序

如果计算机操作系统的语言和安装的打印机驱动程序的语言不一致，就会造成驱动程序属性界面出现乱码。例如，计算机使用的操作系统是英文或繁体中文等非简体中文版，而下载安装的是简体中文版驱动程序，这时就会造成驱动程序属性界面出现乱码。此时，重新下载并安装对应版本的驱动程序就可以解决该问题了。

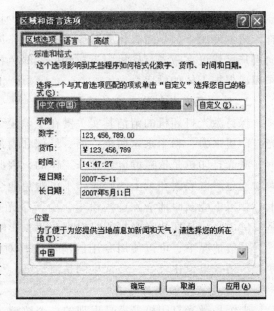

图 7-26

（四）针式打印机的使用、维护和保养

1）针式打印机在使用过程中一旦出现过热、冒烟、有异味或有异响等情况，应马上切断电源。

2）打印机长时间不用时，应把电源插头从插座中拔出。

3）为防万一，当打雷时，应将电源插头从插座中拔出；否则机器有可能受到损坏。

4）打印纸及色带盒未设置时，禁止打印；否则打印头和打印辊会受到损伤。

5）打印头处于高温状态时，在温度下降之前禁止接触，防止烫伤。

6）勿触摸打印电缆接头及打印头的金属部分。打印头工作的时候，不可触摸打印头。

7）打印头工作的时候，禁止切断电源。

8）不要随意拆卸、搬动、拖动打印机。

9）防止异物（订书针、金属片、液体等）进入打印机内部，否则会造成触电或机器故障。

10）在确保打印机电源正常、数据线和计算机连接时方可开机。

11）打印机在打印的时候，请勿搬动、拖动、关闭打印机电源。

12）在打印量过大时，应让打印量保持在 30 份以内，使打印机休息 5～10min，以免过热而损坏。

13）在打印文档的时候，不允许使用太厚（超过 80g）的纸张，也不允许使用有折痕的纸张。

（五）激光打印机的维护和保养

1. 保持良好的使用环境

激光打印机和其他的精密电子设备和仪器一样，要求电压保持稳定，如果电压不稳，应该使用稳压器，以保证打印机的正常使用。

需要指出的是，激光打印机在使用时有少量的有害气体产生，这种气体虽然不会影响到打印机的使用，但是对人体的健康会有影响，因此激光打印机在安放时其排气口不能直接吹向用户。建议在激光打印机附近放置一盆绿色植物，它会对有害气体起到很好的过滤和吸收作用，保护人体的健康。

2. 保持激光打印机自身的清洁

保持激光打印机的清洁其实关键在于除尘，粉尘是几乎所有的电器设备的天敌。对于激光打印机来说，粉尘来自两个方面：外部和内部。

激光打印机是依靠静电原理来工作的，因此它自身吸附灰尘的能力非常强；打印时墨粉颗粒通过静电吸附在纸上的同时，不可避免地会有一些残留物留在激光打印机内的一些部件上。如果不能及时地清除这些粉尘，由于激光打印机热量的作用会将这些粉尘"烧制"成坚硬的固体，从而使激光打印机发生故障，影响激光打印机的正常使用。

一般情况下，可以使用专用的清洁工具对激光打印机进行清洁，这些清洁工具使用方便，清洁效果也比较好，最常见的是清洁纸。

3. 保持良好的使用习惯

卡纸是激光打印机最容易出现的一个故障，其实只要正确用纸，卡纸的情况完全可以避免（至少几率会大大降低）。

首先，在向纸盒装纸之前，应将纸捏住抖动几下，使纸张散开，以减少因为纸张之间的粘连而造成的卡纸，在湿度较大的阴雨天更应如此。

第二，纸盒不要装得太满。虽然打印机的纸盒都有一个额定数，但是在装纸时建议不要将纸盒装得太满，一般情况下，取额定数的 80% ~ 90% 是比较合理的。

第三，注意打印介质的质量。激光打印机的精度是比较高的，因此对打印介质也是比较敏感的，一些质量较差的打印介质往往会出现卡纸的现象。所以在选购打印介质时一定要注意质量。

当然，出现卡纸现象时也不要紧张，一般来说，打印机都有卡纸处理的应急方法，只要按照说明正确操作，99% 的卡纸故障都是可以排除的。切忌使用蛮力，这样反而会伤及打印机的部件。

除此之外，不在打印时拉动打印稿，不在打印时移动打印机等都是良好的使用习惯。

六、拓展训练

（一）操作训练

1）按照以下要求，在 Windows XP 操作系统下为 A 计算机添加一台本地打印机

① 打印机型号为 HP LaserJet 6L。

② 设置打印端口为 LPT2。

③ 设置"超时重试"为 20s。

④ 设置打印机为共享，共享名为 HP6L。

2）连接安装 USB 接口喷墨打印机 HP Photosmart D5468 及其驱动程序，并进行测试。

3）为 Epson LQ-1600K 针式打印机更换色带。

（二）理论知识练习

请从给出的选项中选择正确的答案填在空白处。

1）一次用户在打印过程中发生主机停电，重启后重新打印，但在送纸后发现打印出来

是乱码，后来启动计算机及打印机后再次打印一切正常，则可能的故障原因是_____。（单选）

A. 打印机存在质量问题

B. 操作系统故障

C. 打印机驱动程序问题

D. 打印出错后，没有清除上次的残留任务

2）某喷墨打印机能够正常进行打印工作，墨盒中还有墨水，但是打印出来的字符不完整，故障可能是_____。（多选）

A. 驱动程序错误　　　　　　　　B. 打印喷嘴部分堵塞

C. 打印机电路故障　　　　　　　D. 打印机墨盒漏墨

3）一台兼容机通过并口接有一台针式打印机，接通打印机电源后出现"撞车现象"，故障可能发生在_____。（单选）

A. 打印机电缆线　　　　　　　　B. 微机主板

C. 打印机　　　　　　　　　　　D. 电源

4）打印机的数据线常见的形式有_____。（多选）

A. 并口线　　　　　　　　　　　B. 串口线

C. USB 接口线　　　　　　　　　D. RJ-45 接口双绞线

5）一台激光打印机能正常进行打印工作，但打印出来的纸上有部分黑点，这些黑点沿一条直线均匀分布，每两个黑点相隔 5~6cm，可能的故障原因是_____。（单选）

A. 打印机驱动程序故障　　　　　B. 打印机电路故障

C. 打印机线缆故障　　　　　　　D. 打印机硒鼓存在部分缺陷

项目四　安装、配置 USB 接口扫描仪

一、项目目标

1）能够进行硬件连接。

2）会安装 USB 接口设备的驱动程序。

3）能够运用扫描仪扫描图像。

二、项目内容

工具见表 7-4。

表 7-4　工具

工具名称	型号规格	数　量	备　注
扫描仪	USB 接口	1 台	HP Scanjet 4070 Photosmart
台式或笔记本计算机		1 台	
扫描仪驱动光盘		1 张	

三、操作步骤

【任务一】　进行硬件连接

1）将 USB 电缆连接至扫描仪和计算机。

2）将 TMA 电缆连接至扫描仪背部的相应端口。

3）将电源适配器连接至扫描仪，然后将其插入电源插座，如图 7-27 所示。

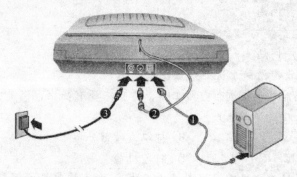

图 7-27

【任务二】　在计算机上安装扫描仪驱动程序和扫描工具软件

1）启动计算机，将扫描仪随机附赠的光盘放入光盘驱动器中，先安装扫描仪驱动程序和扫描工具软件 HP Image Zone。

2）光盘自动运行安装程序。如果没有出现自动运行的画面，执行光盘中的“setup. exe”安装程序，如图 7-28 所示。

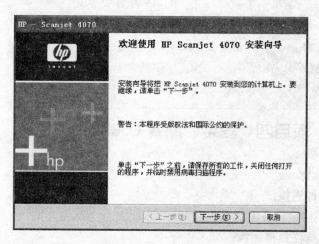

图 7-28

3）按照屏幕指示，连续单击“下一步”按钮来完成安装任务。

【任务三】　利用扫描仪扫描一张图片

Photoshop 作为常见的图像处理软件，被广泛用于调用扫描仪以及直接编辑扫描结果。这里以 Photoshop CS 为例介绍在 Photoshop 中使用扫描仪的方法。

1）首先启动 Photoshop，依次单击“文件”→“导入”→“HP Scanjet 4070 TWAIN”，即选择扫描仪设备，如图 7-29 所示。

2）系统弹出 hp 扫描窗口，在预览框中能看到扫描的图片。拉动虚线框选定需要的范围，操作完成后单击“接受”按钮，如图 7-30 所示。

3）稍等即可看到文件处理过程，如图 7-31 所示。

4）随后在 Photoshop 中能看到需要的图片了，如图 7-32 所示。

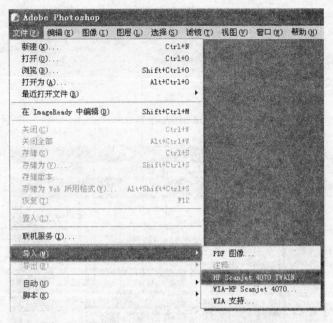

图 7-29

图 7-30

5）扫描图片完成后就可以进行保存了。依次单击"文件"→"存储为"，即可保存图片。可以利用 Photoshop 强大的存储功能将图片保存为各种格式，如 BMP、JPEG、TIF 等。

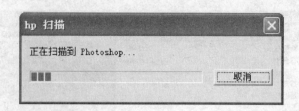

图 7-31

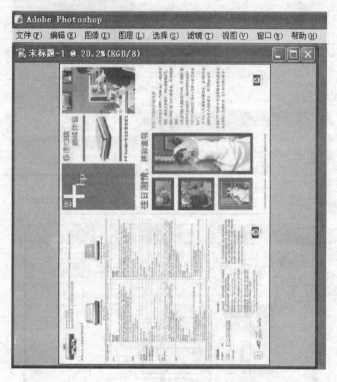

图 7-32

四、考核标准

1) 会连接扫描仪，会安装扫描仪驱动程序。

2) 会用扫描仪扫描文本和照片。

五、相关知识

1. 分辨率

扫描仪最基本的技术参数是分辨率，它表示扫描仪的扫描精度，越高越好。

光学分辨率中那个最小的数值（如 600dpi）代表真正的分辨率，后面的那个 1200dpi 是由扫描仪的机械走动产生的，通常是光学分辨率的两倍，一般情况下，分辨率参数都是由这两个数字表示的。而增强的分辨率则是将扫描结果利用软件插值获得的，对扫描仪的性能参数没有实际意义。

2. 色彩位数和灰度

色彩位数和灰度也是扫描仪的基本参数，它们分别表示扫描仪的色彩还原能力和亮度层次范围，也是越高越好。目前多数扫描仪的灰度为 256 级；扫描色彩位数越多，则扫描的图像越鲜艳、真实。

3. 扫描幅面

通常的扫描仪均为 A4 幅面的，有特殊需要时，才选购 A3 幅面的扫描仪。至于文件尺寸，主要根据使用者的目的来选择。

六、拓展训练

（一）操作训练

1）按照要求完成以下任务。

① 将现有的计算机、扫描仪进行连接，并进行驱动安装。

② 扫描老师提供的一个 Word 文档、一张旧照片，把生成的文件存盘备用。

2）把扫描仪生成的图像文件转换为 JPEG 格式文件。

3）提供一个摄像头、对应的驱动程序光盘一张，请完成以下任务。

① 安装摄像头驱动程序。

② 接上摄像头后，完成一段视频录像，并存放于计算机 D 盘中。

③ 用摄像头给自己拍一张照片，以张三. bmp 为文件名存放在桌面上。

（二）理论知识练习

请从给出的选项中选择正确的答案填在空白处。

1）目前扫描仪与计算机的接口主要有_____。（多选）

A. SCSI 接口　　　　B. USB 接口　　　　C. EPP 接口　　　　D. AGP 接口

2）采购扫描仪重点关注的性能参数主要有_____。（多选）

A. 分辨率　　　　B. 灰度级　　　　C. 色彩数　　　　D. 扫描速度

E. 扫描幅面

3）打印机和扫描仪上的 DPI 表示的含义是_____。（单选）

A. 横向和纵向两个方向上每英寸的点数

B. 打印或扫描的速度

C. 打印或扫描的纸张幅面

D. 接口电缆中的数据传输率

4）某用户计算机为早期的机型，主板上有 USB 接口，但从未使用过，用户新购置一台 USB 接口的打印机，连接后在 Windows 98 系统中不能检测到打印机，最有可能的原因是_____。（单选）

A. 该计算机不支持 USB 接口　　　　B. 打印机与主板不兼容

C. 该计算机的 USB 接口损坏　　　　D. 该计算机的 USB 接口被关闭

模块八 诊断、排除计算机故障

项目一 诊断、排除计算机软件故障

一、项目目标

1) 会分析、诊断软件故障产生的原因。
2) 掌握基本的软件故障排除方法。
3) 会根据开机检测提示信息正确设置 CMOS 设备参数。

二、项目内容

工具见表 8-1。

表 8-1 工具

工 具 名 称	规 格	数 量	备 注
DOS 启动软盘		1 张	含 FDISK、FORMAT 程序
DOS 启动 CD-ROM 光盘		1 张	含 FDISK、FORMAT 程序
杀毒软件		1 套	瑞星
操作系统光盘		1 张	Windows XP SP2
多媒体计算机		1 台	说明书、各板卡驱动程序光盘

三、操作步骤

【任务一】 诊断、处理操作系统启动异常故障。

计算机加电启动自检或启动到操作系统前计算机停止运行，并在屏幕上出现一些错误提示，操作系统无法正常启动。

由于计算机在启动自检的过程中，系统检测到硬件设备不能正常工作或者在自检后从硬盘启动时，出现硬盘分区表损坏、主引导记录损坏或硬盘分区结束标志丢失等故障，因此会在屏幕上显示故障提示。对于这一类故障现象，可以根据计算机屏幕上的错误提示来判断故障原因，再使用相应的方法排除故障。

［故障现象 1］ 计算机启动自检完成，屏幕上出现 Disk Boot Failure，Insert System Disk 提示，系统停止运行。

［诊断排除］ 当计算机屏幕上出现 Disk Boot Failure，Insert System Disk 提示时，表示硬盘的主引导记录损坏。此故障一般是由于硬盘感染病毒，导致主引导记录被损坏引起的。使用诺顿磁盘工具修复硬盘分区表即可排除故障。

［故障现象 2］ 在使用 Windows XP 操作系统时，系统提示系统文件已被替换或者删除，无法正常使用。

［诊断排除］ 对于此故障，可以使用 Windows XP 操作系统自带的系统文件保护程序进行修复。步骤如下：

1）启动操作系统后，单击"开始"→"运行"菜单。输入 cmd 命令，打开 DOS 方式窗口。

2）输入 sfc/scannow 命令，按［Enter］键后，就可以对系统文件进行扫描和恢复了。根据提示在光驱中插入 Windows XP 操作系统安装光盘，如图 8-1 所示。Windows 文件保护会用 DLL Cache 文件夹或 Windows CD 中存储的备份文件替换被破坏的系统文件。

图 8-1

系统文件恢复完成之后，故障就排除了。

sfc 命令的相关参数如下：

/scannow：立刻扫描所有受保护的系统文件。

/scanonce：只扫描一次所有受保护的系统文件。

/scanboot：系统每次启动时都扫描所有受保护的系统文件。

/cancel：取消所有暂停的受保护系统文件的扫描。

/enable：为正常的操作启用 Windows 文件保护。

/purgecache：清除文件缓存并且立即扫描所有受保护的系统文件。

/cachesize = x：设置文件缓存大小。

/quiet：不提示就替换所有不正确的文件版本。

［**故障现象 3**］ 计算机使用很长时间以后，原来运行较快的系统运行速度变得很慢。

［**诊断排除**］ 由于计算机使用时间较长，创建、删除文件和文件夹，频繁安装、删除软件，或从 Internet 下载文件都会形成文件碎片。应用软件删除不彻底也会形成垃圾文件。垃圾文件过多，硬盘碎片过多，导致硬盘读写效率下降，甚至导致系统瘫痪，应该对磁盘进行清理，然后整理磁盘碎片。

可以对计算机进行以下操作。

1. 进行磁盘清理

单击"开始"→"程序"→"附件"→"系统工具"→"磁盘清理"菜单。在弹出的"选择驱动器"对话框中选择要清理的硬盘（如 C 盘），然后单击"确定"按钮，弹出"SYS（C:）的磁盘清理"对话框，如图 8-2 所示。"要删除的文件"列表框内列举了一些文件名称，单击某一文件名称后系统就会自动描述该文件的主要内容，还可以查看该文件。一般情况下，系统对可以删除的文件已经选定，并说明了这些文件删除后可以获取的磁盘空间数，单击"确定"按钮即可。

还可以采取以下步骤进入"SYS（C:）的磁盘清理"对话框：在桌面上双击"我的电脑"图标，在弹出的"我的电脑"窗口中用鼠标右键单击分区盘符 C，然后在弹出的快捷菜单中选择"属性"命令，在弹出的"SYS（C:）属性"对话框中单击"磁盘清理"按钮，弹出"SYS（C:）的磁盘清理"对话框。

此外，在"SYS（C:）的磁盘清理"对话框中选择"其他选项"选项卡，还可以清理"Windows 组件"、"安装程序"、"系统还原"。对这些文件的清理必须慎重，防止出错。

2. 进行磁盘碎片整理

长期使用计算机，会有不少程序软件被安装或删除，以致在磁盘扇区中留下许多碎片。这样，硬盘搜寻资料便需要较多的时间，影响效能。所以需要定期进行磁盘碎片整理。操作方法如下：

单击"开始"→"所有程序"→"附件"→"系统工具"→"磁盘碎片整理程序"命令。在弹出的"磁盘碎片整理程序"窗口中选择需

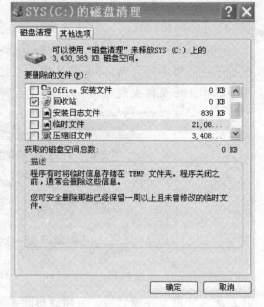

图 8-2

要整理的磁盘分区名称，然后单击"碎片整理"按钮。也可以先单击"分析"按钮，如果分析结果认为需要整理再单击"碎片整理"按钮。

【任务二】 排除 CMOS 设置不当引起的软故障。

[故障现象] 一台装有 Windows XP 操作系统的计算机，为了发挥 CPU 的性能，对 CPU 进行了超频，再启动时出现检测画面后计算机停止不动，不能正常启动。

[诊断排除] 在计算机出现该故障现象前进行了超频，由于无法正常启动，于是又把 CPU 的频率降到了默认值，但是计算机还是无法正常启动。这种由于计算机超频出现的故障，一般是由以下原因造成的。

1）主板故障。

2）CPU 被烧坏。

3）BIOS 程序中的内存参数设置不正常。

4）CPU 的电压设置不正常。

经过分析，由于 CPU 主频已经降到默认值，因此可以判断故障的主要原因不是 CPU 的频率问题。根据超频故障分析，可能是由于超频时调整了 CPU 的电压参数引起的。

先将 BIOS 程序恢复到出厂设置，开机时按 [Delete] 键，进入 BIOS 程序。

选择 Load BIOS Defaults 选项，将 BIOS 恢复到出厂设置后，保存退出，然后重新启动计算机，故障排除，确定该故障是由于 BIOS 设置不当引起的。

【任务三】 诊断、处理蓝屏故障。

[故障现象 1] 启动计算机时，计算机通过自检后，在开始载入操作系统的过程中出现蓝屏，不能正常进入操作系统，如图 8-3 所示。

[诊断排除] 计算机蓝屏故障是指由于硬件或软件某方面的原因导致计算机的驱动程序或应用程序出现严重错误，操作系统停止运行并启动 KeBugCheck 功能检查所有中断的处理进程，并与预设的停止代码和参数进行比较之后屏幕变为蓝色，并显示相应的错误信息和

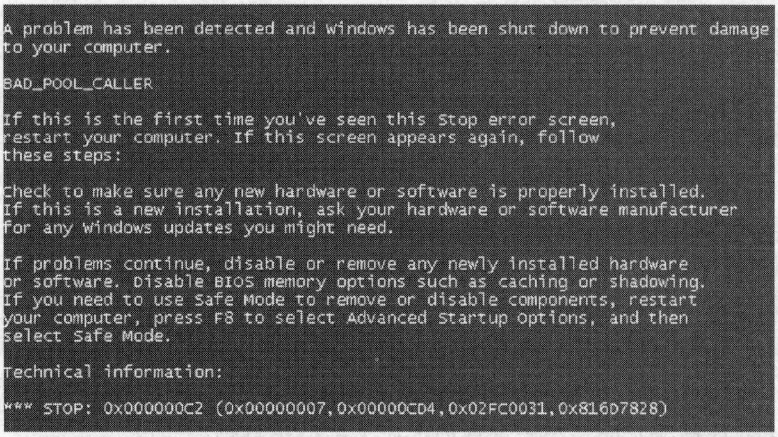

图 8-3

故障提示的现象。蓝屏是 Windows 系统特有的自我保护措施，一般可通过阅读英文提示信息来知道蓝屏产生的原因。

计算机系统蓝屏后，系统对当前内存中的内容进行写入操作，并在系统目录下生成一个扩展名为 dmp 的文件。

导致蓝屏的原因主要来自软件和硬件两个方面。解决蓝屏故障应先考虑软件原因，后考虑硬件原因。

1. 导致蓝屏的软件方面的原因

1）计算机感染病毒。

2）注册表文件损坏导致文件指向错误。

3）启动时加载程序过多。

4）系统资源产生冲突或资源耗尽。

5）虚拟内存不足造成系统多任务运行错误。

6）动态链接库文件丢失或损坏。

解决方法

当计算机出现蓝屏时，大部分情况下重新启动计算机即可解决问题。

1）重新启动计算机后用杀毒软件查杀病毒。

2）恢复到最后一次正确的配置。计算机蓝屏故障一般是由于更新设备驱动程序，安装某些软件或用户自行优化系统时删除了某些重要的系统文件所造成的。可以重新启动系统，按下［F8］键，选择"最后一次正确的配置"单选按钮启动计算机，会恢复注册表中的有效注册信息。如果能够正常进入安全模式，则说明蓝屏故障可能是由于驱动程序或系统服务的原因导致的。

3）查询错误代码并排除故障。

4）如果是虚拟内存不足导致的蓝屏故障，可以先删除系统产生的临时文件和交换文件，释放硬件空间，然后手动将虚拟内存设大。

2. 导致蓝屏的硬件方面的原因

1）系统硬件冲突或损坏往往导致蓝屏。

解决方法：实际中经常遇到的是声卡或显卡的设置冲突。在“控制面板”→“系统”→“硬件设备管理器”中检查是否存在带有黄色问号或感叹号的设备，如存在可先将其删除，并重新启动计算机，由 Windows 自动调整，一般可以解决问题。若还不行，可手工进行调整或升级相应的驱动程序。

2）内存发生物理损坏或者内存与其他硬件不兼容：内存损坏、稳定性差或不兼容也会产生蓝屏。此种故障在集成显卡芯片的计算机中占 70% 左右。

解决方法：逐一测试内存能否正常工作，更换有故障或不兼容的内存。

3）CPU 超频过度：过度超频增加了 CPU 运行功率，导致发热量大大增加，散热器不能及时有效地散热，CPU 内的电子器件特性变差，导致 CPU 不能正常工作。

解决方法：降低超频幅度或提高散热系统的散热效率。

4）劣质零部件导致蓝屏：劣质零部件工作不稳定极易导致蓝屏。

解决方法：选购名牌计算机零部件，并且使用最新的硬件测试程序对整机进行 48h 或 72h 拷机测试，如能通过这种严格的测试，则说明系统稳定性较高，一般不会出现硬件故障。

[故障现象2]　启动计算机后，过一段时间，突然弹出一个对话框，如图 8-4 所示，要求重新启动计算机，当前进行的工作无法保存，鼠标无法移动到对话框的外面。

[诊断排除]　这是典型的中了“三波”病毒（“冲击波”、“震荡波”和“狙击波”等病毒的统称）的表现，倒计时 1min 后计算机重新启动。从微软官方网站下载专用补丁程序并安装后，用杀毒软件进行查杀即可排除故障。

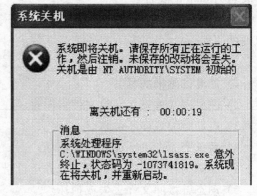

图 8-4

四、考核标准

1）能正确使用 Windows XP 操作系统集成的工具软件，优化并提高系统运行效率。

2）计算机系统设备驱动程序安装、设置正确，操作系统补丁齐全。

3）能完成计算机的病毒检测、清除和防病毒设置。

4）熟悉各种错误提示信息，能在 CMOS 参数设置中禁用和启用主板集成的各种接口。

五、相关知识

（一）计算机故障的定义

计算机故障是指造成计算机系统失去正常工作能力的硬件物理损坏和软件系统的错误，可以分为硬件故障和软件故障。

1. 硬件故障

硬件故障是指计算机硬件系统使用不当或硬件物理损坏所造成的故障。例如，计算机开机无法启动、无显示输出、声卡无法出声等。这些硬件故障又有真硬件故障、假硬件故障之分。

2. 软件故障

软件故障主要是指软件引起的系统故障，其产生原因主要有以下几点。

1）系统设备的驱动程序安装不正确，造成设备无法使用或功能不全。

2）系统中所使用的部分软件与硬件设备不能兼容。

3）CMOS 参数设置不当。

4）系统遭到病毒的破坏。

5）系统中有关内存等设备的设置不当。

6）操作系统存在的垃圾文件过多，造成系统瘫痪。

（二）借助计算机开机自检出错报警的声音可以初步判断故障原因（见表 8-2 和表 8-3）

表 8-2 Award BIOS 程序响铃声含义对照表

响 铃 声	含 义	解决方法与说明
1 短	系统正常启动	计算机没有任何问题
2 短	常规错误	进入 CMOS 设置界面，重新设置不正确的选项
1 长 1 短	RAM 或主板错误	更换内存或主板
1 长 2 短	显示器或显卡错误	
1 长 3 短	键盘控制器错误	检查主板
1 长 9 短	主板 Flash RAM 或 EPROM 错误，BIOS 损坏	更换 Flash RAM
不断地长响	内存条未插紧或损坏	重插内存条。若不行，则更换内存
不停地响	电源、显示器未和显卡连接好	检查所有插头
重复短响	电源有问题	
无声音、无显示	电源有问题	

表 8-3 AMI BIOS 程序响铃声含义对照表

响 铃 声	含 义	解决方法与说明
1 短	内存刷新失败	更换内存条
2 短	内存 ECC 检验错误	在 CMOS 中将内存关于 ECC 校验的选项设为 Disabled。如果不行，就更换内存
3 短	基本内存检查失败	更换内存
4 短	系统时钟错误	
5 短	CPU 错误	
6 短	键盘控制器错误	
7 短	系统实模式错误	即不能切换到保护模式
8 短	显示内存错误	更换显卡
9 短	ROM BIOS 检验错误	
1 长 3 短	内存错误	
1 长 8 短	显示测试错误	显示器数据连接线没连接好或显卡松动
高频率长响	CPU 过热	

（三）Windows 操作系统的启动过程

1）计算机将存储在 ROM 中的 bootstrap loader 程序和自诊断程序转移到 RAM 中。

2）运行 bootstrap loader 程序的同时，存储在硬盘中的 Windows 操作系统将系统文件送到内存中。

3）执行系统文件 io. sys 和 msdos. sys，然后显示屏上出现 Windows 系统启动进度条。

4）如果系统盘中有 config. sys 文件，则执行此文件。

5）执行系统文件 commmand. com。

6）如果有 autoexec. bat 文件，则执行此文件。

7）读取 Windows 的初始化文件 system. ini 和系统文件 win. ini，再读取注册表文件。

8）读取注册表文件后启动结束，出现初始画面，进入操作系统登录画面，输入用户名和密码后即可进入 Windows 操作系统桌面。

（四）Windows 操作系统的关机流程

1）完成所有磁盘的写操作，即保存设置。

2）清除磁盘缓存。

3）关闭当前运行的所有程序。

4）将所有保护模式的驱动程序转换为实模式。

（五）在计算机的使用过程中避免软件故障的方法

1）在安装一个新软件之前，检查它与系统的兼容性。

2）在安装一个新的程序之前，要保护已经存在的被共享使用的 DLL 文件，防止在安装新文件时被其他文件覆盖。

3）在出现非法操作和蓝屏的时候，仔细研究提示信息并分析原因。

4）随时查看系统资源的占用情况。

5）使用卸载软件删除已安装的程序。

卸载软件可以在"控制面板"中操作，单击"开始"→"控制面板"→"添加或删除程序"，在已安装程序列表中找到要删除的程序。单击"更改/删除"按钮，Windows 会首先查找该程序自带的卸载程序，如果有则执行该程序，如果没有则利用 Windows 的卸载功能将它卸载。但 Windows 的程序卸载功能并不完善，经常会在系统文件夹或注册表中遗留垃圾文件或信息，容易造成系统瘫痪。所以可以使用软件公司开发的专门的软件卸载工具，从而较彻底地卸载程序。

六、拓展训练

（一）操作训练

1）计算机启动时屏幕上出现错误提示 Keyboard Error or No Keyboard Present，即键盘无法使用。请分析故障原因，并写出维修方法。

2）在 Windows XP 操作系统下单击"开始"→"关机"菜单，屏幕变暗，却始终不能切断电源。请分析故障原因，并写出维修方法。

（二）理论知识练习

请从给出的选项中选择正确的答案填在空白处。

1）Windows 系统崩溃后，无法进入 Windows 窗口模式，备份 DOS 目录下中文文件名文件的方法是？_____。（单选）

A. 直接用 DOS 命令就可以将中文文件名的文件备份了

B. 在 DOS 状态下直接将中文文件名改为英文再备份

C. 启动 DOS 下的鼠标驱动程序，利用鼠标拖动来备份文件

D. 启动 DOS 下的汉字系统软件，如 Windows 98 自带的 DOS95. DAT，再进行操作

2）某计算机安装有 Windows XP，经常发生蓝屏现象，重启后故障依旧，但第二天早晨开机后运行正常，2h 后又出现上述现象，造成这种现象的原因可能是_____。（多选）

A. 主板驱动程序故障

B. 系统散热不良

C. Windows XP 系统有问题

D. 计算机内元器件存在质量问题

3）某用户最近发现计算机上自动生成了一个名为 desktop 的文件。几乎每个文件夹都有，删除了不到 3min，就会自动生成，可能的故障原因是_____。（单选）

A. 正常现象

B. 感染病毒

C. 主板驱动有问题

D. 操作系统有故障

4）某微机，对硬盘能够进行正常的分区操作，但用 FORMAT C:/S 命令对 C 盘进行格式化时出现故障中断，屏幕上显示 Disk unsuitable for system disk 信息，故障原因是_____。（单选）

A. 硬盘分区表损坏

B. DOS 系统文件错误

C. 硬盘文件分配表损坏

D. 硬盘 DOS 分区的前几个扇区有严重的物理缺陷

5）某用户有一台 Pentium 4 计算机，17 寸 CRT 显示器，后来该用户更换了一台 15 寸 LCD 显示器，开机时能正常启动，但进入 Windows XP 操作系统后显示器却没有任何显示信息，最为可能的故障原因是_____。（多选）

A. 该 LCD 显示器存在故障

B. 分辨率过高

C. 显卡不支持该类型的 LCD 显示器

D. 刷新频率过高

6）某用户计算机安装有 Windows XP 专业版，D 盘采用 NTFS 分区格式，但在对 D 盘目录进行操作时，不能进行安全权限的设置，解决该问题的方法是_____。（单选）

A. 无法解决

B. 该分区格式转为 FAT32

C. 将"简单文件共享"选项设为无效

D. 该 Windows XP 版本不支持用户权限设置

7）在 Windows XP 中进行磁盘碎片整理总是进行至 10% 就会重新进行，磁盘碎片整理不能正常进行的原因是_____。（单选）

A. 计算机感染了病毒，必须杀毒

B. 有其他应用程序正在执行，干扰了磁盘碎片整理

C. 硬盘有坏道，必须维修

D. 磁盘碎片整理软件有问题，必须重新安装

8）在卸载了某个应用程序后，发现 Windows XP 操作系统下的"我的电脑"中的硬盘盘符图标变成其他图标了，导致该问题的原因是_____。（单选）

A. 注册表问题

B. 硬盘分区问题

C. 系统文件问题

D. 显示属性问题

9）对于使用 Windows XP 操作系统时显示颜色不正常的情况，与以下检测内容无关的是_____。（单选）

A. 重新安装显卡的驱动程序

B. 检查显示属性中颜色设置是否过低

C. 更改桌面墙纸

D. 检查显示器的设置是否正常

10）某计算机在使用一段时间后，发现 C 盘上有许多坏道，但其他盘上并未发现坏道，判断 C 盘上的坏道为逻辑坏道，修复的方法是_____。（单选）

A. 将基本分区删除再添加

B. 将硬盘进行低级格式化

C. 逻辑坏道是无法修复的

D. 用 FORMAT 命令完全格式化 C 盘

项目二　诊断、排除计算机硬件故障

一、项目目标

1）能根据计算机自检过程和自检信息，判断硬件发生故障的原因。

2）熟练掌握硬件板卡级故障诊断和排除的思路和一般方法。

二、项目内容

工具见表 8-4。

表 8-4　工具

工具名称	规格	数量	备注
一字形螺钉旋具		1 把	带磁性
十字形螺钉旋具		1 把	带磁性
尖嘴钳子		1 把	
斜口钳子		1 把	
镊子		1 把	
毛刷		1 把	
万用表	指针式	1 块	
DOS 启动软盘		1 张	含 FDISK、FORMAT 程序
DOS 启动 CD-ROM 光盘		1 张	含 FDISK、FORMAT 程序
杀毒软件		1 套	瑞星
操作系统光盘		1 张	Windows XP SP2
多媒体计算机		1 台	说明书、各板卡驱动程序光盘

三、操作步骤

【任务一】 排除由内存条引起的故障。

[故障现象1] 计算机开机黑屏，但显示器和主机箱电源指示灯亮，伴有"滴-滴-滴-滴-"报警声，系统无法正常启动。

[诊断排除] 这是典型的在安装内存时没有插牢造成的故障。计算机在搬动过程中震动、内存条"金手指"因空气潮湿而氧化等，都会引起内存与插槽的接触不良。表现为在开机过程中不能正常启动，解决的方法如下：

1）取下内存，重新安装好再开机启动。如果正常启动，说明是内存没安装好引起的接触不良；如果仍不能正常启动，则进行步骤2）。

2）取下内存用无水酒精和橡皮擦内存的"金手指"和插槽后再安装。如果正常启动，说明是"金手指"上有灰尘或氧化而引起的故障；如果还不能正常工作，进行步骤3）。

3）换一个内存插槽，试着插一下内存，如果能正常启动，说明是主板上的原来插入的内存插槽的故障。如果上述方法都无法解决，则有可能是内存条物理损坏，必须更换内存条。

经过检查，原来是在插内存条时一端没有插到位，造成内存条和主板内存插槽接触不良，重新安装后故障消失。

[故障现象2] 某用户的计算机原来装有一根512MB的DDR400内存条，又购置了一根512MB的DDR333内存条插在了相同颜色的另一个内存插槽中，组成双通道1GB内存。有时计算机不能启动，有时能进入操作系统，但是运行应用软件时会给出一些错误提示或无故死机或重新启动，不能正确识别内存容量等。

[诊断排除] 计算机升级，新买了内存，但旧的又舍不得扔，这样两根内存同时使用既不浪费又能增加内存容量；或主板支持双通道内存，用两根内存组成双通道内存系统。这些情况都是双内存条同时在工作。也许这些内存中单个工作都很正常，但组成双内存后可能存在一些兼容性上的问题，导致系统不稳定。可以试着更换内存的位置，这是最为简单，也是最为常用的一种方法，一般是把低速的旧内存插在靠前的位置上。也可以先使用其中的一个内存启动系统后进入BIOS设置，将与内存有关的设置项依照低速内存的规格设置。假设是DDR333和DDR400的内存混合使用，先装上DDR333内存，将计算机启动，进入BIOS设置，将内存的工作频率及反应时间调慢，以旧内存可以稳定运行的规格为准，再关机插入DDR400内存，这就是所谓的"就低"原则。双内存兼容问题比较彻底的解决方法是尽量购买两条品牌、速度、容量等指标相同的内存，这样能最大限度避免兼容问题的发生。

通过在CMOS设置中把内存条的时序按照DDR333的时序来设置，故障解决，系统运行稳定。

[故障现象3] 当打开一个应用软件、文件或文件夹时，总是出现提示"没有足够的可用内存来运行此程序，请退出部分程序，然后再试一次"，单击"确定"按钮后又出现提示"内存不足，无法启动，请退出部分程序"的提示。

[诊断排除] 这是由系统交换文件所在分区的自由空间不足所造成的。Windows XP操作系统在运行过程中，若物理内存不够，就会从硬盘中分出一部分自由空间来作为虚拟内存，当用来转化虚拟内存的磁盘剩余空间不足时，就会出现内存不足的提示。

在桌面上用右键单击"我的电脑"→"属性"→"高级"选项卡→单击"性能"选项组中

的"设置"按钮→"高级"选项卡→单击"虚拟内存"选项组中的"更改"，按钮，弹出"虚拟内存"对话框。在"驱动器"文本框中选择剩余磁盘空间最多的磁盘分区（如 D 盘）作为虚拟内存的使用空间，选择"自定义大小"单选按钮，输入页面文件的初始大小和最大值，然后单击"设置"按钮，完成虚拟内存空间的设置。

【任务二】 诊断、排除由显卡引起的故障。

[**故障现象 1**] 计算机开机启动时黑屏，从机箱扬声器发出"滴-滴滴"比较短促、重复的报警声（1 长 2 短），无自检画面。

[**诊断排除**] 在计算机加电自检的过程中，若能听到报警声，说明计算机的核心部件已经自检通过，可能是显卡出故障了。如果出现上述现象，表明显卡没插好或是接触不良。这时关闭电源，打开机箱，重新插好显卡，并将挡板螺钉拧紧。如果故障依旧，就可能是显卡硬件上出问题了。一般是显示芯片或显存烧毁，可把显卡换到别的机器上去试一下，若确认是显卡问题就只能更换显卡了。

拆下显卡，清除电路板上的灰尘，用橡皮清洁显卡"金手指"后，重新插在插槽中并固定好，重新启动计算机后故障排除。

[**故障现象 2**] 计算机开机经过一段时间后，屏幕颜色显示不正常，出现花屏故障。

[**诊断排除**] 显示花屏，在排除显示器故障、连接数据电缆接触可靠的情况下，显存出现问题的可能性最大；另外，显卡或 CPU 超频也容易导致这类现象出现。可以调整一下分辨率、色彩位数和刷新频率，观察情况有无改善。如果显卡连续使用时间太长，散热不好，也可能导致显示花屏。

拆开机箱侧盖，检查发现显卡的散热风扇转动很慢，有可能是显示芯片散热不好造成故障。在风扇轴承上滴入一滴润滑油，再启动时，风扇旋转正常，不再出现花屏故障。

【任务三】 诊断、排除由 CPU 引起的故障。

[**故障现象 1**] 计算机启动后工作不稳定，频繁死机。有时没进入系统就死机了；有时能运行，但一会儿就死机了。

[**诊断排除**] CPU 风扇和散热片如果不能正常工作，会导致 CPU 温度上升，使 CPU 不能正常工作。可以在 BIOS 系统中看到 CPU 的温度，也可安装 CPU 温度监控软件，随时在 Windows 系统环境下查看当前 CPU 的温度以及风扇的转速。风扇和散热片的问题和解决方法常表现在以下几个方面。

1）风扇与散热片和 CPU 不匹配，风扇的散热性能差，应及时更换成符合要求的风扇和散热片。

2）灰尘会导致风扇的噪声过大，影响风扇的转速，甚至使风扇停止转动。这样 CPU 就不能正常散热，当温度上升到设定的临界温度时，CPU 便会死机。要及时为风扇除尘和加涂润滑油。

3）在散热片与 CPU 表面之间涂上一层硅胶，以便更好地把热量传到散热片上。如果没涂硅胶或拆卸 CPU 后没更换硅胶，就会出现死机情况，应及时更换硅胶。

4）CPU 风扇和散热片的卡扣没扣好，就会导致散热片松动，散热片与 CPU 的表面接触不紧密就不能很好地散热。解决的方法就是拆开机箱重新安装。

通过打开机箱观察发现引起频繁死机的原因是散热风扇的供电插头忘了插到主板的 CPU FAN 插座上，CPU 风扇没有供电不能转动。重新插好供电插头，故障排除。

[故障现象2] 计算机超频后无法启动，散热风扇转动正常，硬盘灯只亮了一下便没有了反应，无法正常进入系统，显示器黑屏。

[诊断排除] 首先了解一下什么是超频，超频就是让 CPU 的实际工作频率高于标准的工作频率。目前 CPU 的时钟频率已经相当高，基本能够满足日常工作、学习、娱乐的需求。如果有更高要求，可选择高档次的 CPU，也可选择将处理器超频使用。当然超频后的 CPU 在性能上会提升，但对计算机的稳定性是有害的，同时也会大大缩短处理器的使用寿命。

很多情况下，CPU 进行超频后由于散热或其他部件频率跟不上等原因，会导致计算机无法正常运行。当计算机能够正常开机却进不了操作系统时，用户就需要考虑是不是因为对处理器进行超频导致的故障。对于目前的免跳线主板，可以进入主板的 BIOS 中将 CPU 的电压、外频等恢复到默认设置，这样便可解决问题。

由于本故障无法进入 CMOS 设置画面，因此只能采取恢复 CMOS 默认设置的措施。通过放电或短路的方法均可。

CPU 故障可能出现的现象有：

1）计算机不断重新启动，特别是开机启动后。

2）计算机频繁死机。

3）计算机点不亮。

【任务四】 诊断、排除由计算机主板引起的故障。

[故障现象1] 对 CMOS 放电后启动计算机，出现系统启动失败、屏幕无显示等难以直观判断的故障现象。

[诊断排除] 针对本现象，结合用户前面的操作，其中主板引起故障的可能性最大，重点检查 CMOS 放电跳线帽的插接位置。

一般情况下，CMOS 放电跳线帽所处位置有两个，一是处于放电短接状态，另一个是处于正常工作状态。计算机正常工作时，该跳线帽必须位于正常工作状态。

打开主机箱，找到 CMOS 放电跳线帽，果然处于放电短接状态，拔下跳线帽，跳接到正常工作状态后，通电启动正常，故障排除。

[故障现象2] 一台计算机加电开机后，表现为系统启动失败、屏幕无显示，显示器电源指示灯亮，无自检声，键盘灯在自检时一闪即灭，硬盘没有启动运行声，按 Reset 键重新启动几次，故障依旧。

[诊断排除] 引起显示器无显示的原因有 3 个，即显示器损坏、CPU 接触不良、显卡损坏。打开机箱，保留组成最小系统的部件，加电启动，故障依旧。把显卡和 CPU 拆下拿到别的计算机上测试，运转正常，显然是主板存在问题。

首先清扫主板上的灰尘，然后用毛刷清扫各插槽中的灰尘，仔细检查，发现有一个电解电容的外壳裂开变形，渗出了溶液。判断该电容"爆浆"损坏。用尖嘴电烙铁小心卸下该电容（为防备电烙铁静电对主板的损坏，将电烙铁加热后断电使用），找一只同型号的电容器换上，插上 CPU、内存、显卡后加电启动，计算机运行正常，故障排除。

【任务五】 诊断、排除由硬盘、光驱引起的故障。

[故障现象1] 计算机加电启动，屏幕显示 primary master hard disk fail 或 disk failure, insert system disk and press enter 等信息。

[诊断排除] 造成此现象的可能原因及解决方法如下：

1）硬盘数据线或电源线没插好，检查并重新插接数据线。

2）硬盘的跳线设置实际上位于主盘状态，但在 CMOS 硬盘参数设置中却设为了从盘，与硬盘的实际状态不符。修改 CMOS 中硬盘状态为主盘。

3）硬盘、光驱连在同一条数据线上，且跳线都设成主盘（或都设成从盘），应将硬盘跳线设成主盘，将光驱跳线设成从盘，将其接线插牢并重设 CMOS。

4）硬盘的主引导扇区的结束标识 55AA 出错，可用软件故障中提到的程序进行修复。

[故障现象 2]　计算机能自检，不能进入操作系统，但硬盘指示灯常亮。

[诊断排除]　这是典型的硬盘数据线接反的故障现象。打开机箱，将硬盘端数据线插头反过来重新正确插入后故障即可解决。

[故障现象 3]　一台计算机，对硬盘能够进行正常的分区操作，但使用 FORMAT 命令进行高级格式化时出现故障中断，屏幕显示如下信息：

Format failure

Unable to write Boot

Invalid media or track 0 bad － disk unusable

[诊断排除]　该硬盘能够进行正常分区，说明硬盘保留扇区没有问题，用 DOS FOR-MAT 命令格式化时失败并显示不能写入 DOS 引导程序，可以看出该硬盘 DOS 分区的逻辑 0 扇区有物理缺陷。

解决办法是重新对该硬盘进行低级格式化，找出坏的扇区，然后进行重新分区和高级格式化。

【任务六】　诊断、排除由电源引起的故障。

[故障现象 1]　一台计算机在每次关机时，出现"你可以安全关闭计算机了"提示信息，却无法切断电源。

[诊断排除]　根据故障现象，可以判断故障是没有设置好主板 BIOS 中的电源管理选项所导致的。只要重新设置电源管理选项，故障就会排除。

首先，开机后按［Delete］键进入 BIOS 的设置界面，移动光标到 Power Management Set-up 选项，按［Enter］键进入电源管理设置界面。将其中的 ACPI Function 选项设置为 Enable。

然后，按［F10］键保存设置，并退出 BIOS 设置界面，自动重新启动计算机。故障得以排除。

[故障现象 2]　一台计算机，配置有 120GB 的硬盘，在每次正常启动计算机后加载操作系统的过程中，会听见硬盘发出"嗒嗒"的声音，有时甚至重复响很多声，计算机才能启动成功。计算机启动成功后，可以正常运行，并在硬盘上留下很多文件碎片。

[诊断排除]　在重新启动计算机时，硬盘发出的响声与关机时硬盘磁头复位的声音是一样的，即在加载操作系统的过程中，硬盘磁头出现多次复位，那么出现文件碎片是必然的。

计算机出现此类故障，很有可能是在重新开机时硬盘磁头复位，但硬盘转速降低或者电压降低导致的。用万用表对电源进行测试，发现电源的输出电压远远低于正常的工作电压。如此看来，是电源质量问题导致故障发生。电源的质量问题是绝对不能忽视的，选择电源时一般尽量选择功率大的，这样可以保证电压稳定，对保障计算机硬件的正常使用是很重要的。

重新更换一个大功率的电源，故障解除。

四、考核标准

1）能够解决常见的 BIOS 设置不正确导致的故障。

2）会解决内存的常见接触不良故障。

3）能解决主板防病毒未关闭导致系统无法安装的故障。

4）会解决常见的双硬盘主从盘跳线设置故障。

5）掌握计算机黑屏故障的硬件解决方法。

6）能够解决常见的由显卡、显示器引起的显示故障。

7）能根据声音和提示信息初步判断故障的原因。

五、相关知识

（一）计算机系统故障分析、识别和维修的原则

1. 仔细观察原则，对于情况要了解清楚

在进行检修前，首先要做的事情就是观察，观察一般包括"看、听、闻、摸"4 个步骤。看，一般又分为两个方面。一是看故障现象，根据现象来分析产生故障的原因；二是看外观，包括是否变形、是否变色、是否有裂纹、是否有虚焊等。听，主要是听报警声和异响声，根据声音来判断故障。闻，主要是闻主机是否有烧焦的味道。摸，主要是触摸元器件表面是否有烫手的感觉，一般元器件表面温度为 40~50℃，若感觉烫手，则列为怀疑之处。

2. 先想后做原则

首先，根据观察到的故障现象，分析故障可能产生的原因。先想好怎样做，从何处入手，再实际动手。其次，对观察到的现象，可根据经验着手试一下。

维修前要弄清计算机的配置情况，所用操作系统和应用软件，了解计算机的工作环境和条件；了解系统近期发生的变化，如移动、安装、卸载软件等；了解诱发故障的直接或间接原因与死机时的现象。

3. 先软后硬原则

从整个维修判断过程看，总是先判断是否为软件故障。对于不同的故障现象，分析的方法是不一样的。待软件问题排除后，再着手检查硬件。据不完全统计，对于大多数用户来说，计算机日常使用中 80% 以上的故障是软件导致的"软故障"。

（1）先假后真

确定系统是否真有故障，操作过程是否正确，连线是否可靠。排除假故障的可能后才去考虑真故障。

（2）先外后内

先检查机箱外部，然后才考虑打开机箱。尽可能不要盲目拆卸部件。

（3）先软后硬

先分析是否存在软故障，再去考虑硬故障。

4. 主次分明原则

在维修的过程中尽量重现故障现象，以了解真实的故障原因。有时一台故障机不止一个故障，而是有两个或两个以上的故障现象。

5. 注意安全

计算机需要接通电源运行，因此在拆机检修的时候一定要检查电源是否切断。此外，静电的预防与绝缘也很重要，所以做好安全防范措施，是为了保护自己，同时也是为了保障计算机部件的安全。

（二）计算机系统故障的解决方法

1. 观察法

观察法是维修判断过程中的第一要法，它贯穿于整个维修过程。观察不仅要认真，而且要全面。观察的内容包括：

1）周围的环境：温度、湿度、灰尘等。

2）硬件环境：电源插头、插座、插槽等。

3）软件环境：各种应用软件、驱动程序等。

2. 最小系统法

最小系统法主要是判断在最基本的软硬件环境中，系统是否可以正常工作。如果不能正常工作，即可判定最基本的软硬件有故障；然后对软件系统进行判断，确认软件没有问题后，再确定硬件故障（先软后硬）。最小系统法有以下两种形式。

（1）硬件最小系统

硬件最小系统由电源、主板、CPU、内存、显卡和显示器组成。整个系统可以通过主板BIOS 报警声和开机 BIOS 自检信息来判断是否可以正常工作。

（2）软件最小系统

软件最小系统由电源、主板、CPU、内存、显卡、显示器、键盘和硬盘组成。整个系统可以通过启动操作系统并进入安全模式来判断是否可以完成正常的启动和运行。

3. 替换、添加、去除法

替换、添加、去除法是用好的部件去替换、添加、去除可能有故障的部件，以故障现象是否消失来判断的一种维修方法。好的部件可以是同型号的，也可以是不同型号的。替换、添加、去除的顺序如下。

1）根据故障现象，来考虑需要进行替换、添加、去除的部件或设备。

2）按替换部件的难易顺序进行替换、添加、去除。如先内存、显卡、CPU，后主板。

3）首先考察与怀疑有故障的部件相连接的连接线、信号线等，其次是替换、添加、去除怀疑有故障的部件，再次是替换供电部件，最后是与之相关的其他部件。

4）根据经验，从部件的故障率高低来考虑最先替换、添加、去除的部件。故障率高的部件先进行替换、添加、去除。

（三）计算机故障的分类

一般来说，计算机的故障分成两大类，即软件故障、硬件故障。

1. 硬件故障维修又分为板卡级故障维修、芯片级故障维修

板卡级故障维修是指因为 CPU、内存条、显卡、声卡、网卡、存储设备外设接口等损坏或因为与主板接触不好，而导致系统不能正常工作，通过重新插拔或更换新的板卡的方式来解决故障。

芯片级故障维修是指由于主板的电路、电子元器件发生物理性损坏，导致系统不能正常工作。芯片级故障出现后，要由专业维修人员用专业工具进行修复。

2. 计算机的硬件故障也可以分为假硬件故障和真硬件故障

所谓假硬件故障，是指由于计算机各部件接触不良、参数设置不正确、驱动程序安装不正确、感染计算机病毒等原因造成的，并非元件、板卡损坏。计算机在日常使用过程中发生的故障，大多数都属于假硬件故障，由维修人员进行简单诊断后排除即可。

真硬件故障是指因板卡、元件出现电气、机械性物理损坏，导致功能丧失或不能开机。真硬件故障出现后，要由专业维修人员修理，或者更换新的板卡、元件。

（四）计算机死机故障的原因与解决方法

计算机死机故障一般可以分为开机过程中死机、启动操作系统时死机、运行应用程序时死机和关机时死机 4 种情况。计算机在这 4 种情况下死机的原因与解决方法各不相同。

1. 开机过程中死机的故障原因与解决方法

开机过程中死机的故障原因与解决方法见表 8-5。

表 8-5　开机过程中死机的故障原因与解决方法

故 障 原 因	解 决 方 法
计算机移动时硬件设备受到震动	打开机箱，将内存和显卡等硬件设备重新插紧
BIOS 设置不当或版本过旧	修改 BIOS 设置或恢复 BIOS 默认值
CPU 超频	将 CPU 频率恢复
系统文件丢失或被损坏	修复系统文件或恢复分区
灰尘使硬件设备接触不良	清理灰尘与设备接口，重插硬件设备
硬件不兼容或质量有问题	更换硬件

2. 启动操作系统时死机的故障原因与解决方法

启动操作系统时死机的故障原因与解决方法见表 8-6。

表 8-6　启动操作系统时死机的故障原因与解决方法

故 障 原 因	解 决 方 法
系统文件丢失或被损坏	复制丢失的文件到故障计算机中
硬盘有损坏的磁道	运行 Scandisk 磁盘扫描程序，检测并修复硬盘中损坏的磁道
计算机感染病毒	在安全模式下用杀毒软件查杀病毒
非正常关机	恢复 Windows 注册表
初始化文件被损坏	用系统安装盘还原被损坏的文件

3. 运行应用程序时死机的故障原因与解决方法

运行应用程序时死机的故障原因与解决方法见表 8-7。

表 8-7　运行应用程序时死机的故障原因与解决方法

故 障 原 因	解 决 方 法
计算机感染病毒	用杀毒软件查杀计算机病毒
启动的程序过多	关闭暂时不用的应用程序
动态链接库文件丢失	恢复注册表
硬盘剩余空间过少或磁盘碎片过多	删除不用的文件并进行磁盘碎片整理
CPU 等设备散热不良	更换 CPU 风扇，改善散热环境
硬件损坏或有质量问题	更换故障硬件
硬件资源冲突	在"设备管理器"窗口中删除有冲突的硬件设备
电压不稳定	配置 UPS 稳压器

4. 关机时死机的故障原因与解决方法

关机时死机的故障原因与解决方法见表8-8。

表8-8 关机时死机的故障原因与解决方法

故 障 原 因	解 决 方 法
退出 Windows 时的声音文件被损坏	将"退出 Windows"声音设置为"无"或修复该声音文件
BIOS 中的"高级电源管理"设置不正确	重新设置 BIOS 或将其恢复到出厂默认设置
加载了不兼容或有冲突的设备驱动程序	删除或重装该驱动程序

六、拓展训练

（一）操作训练

1）一台计算机，开机后启动正常，运行各种软件均无问题，但显示的个别字符有毛刺。请分析产生这一故障的原因和维修措施。

2）一台组装的计算机，开机后，硬盘指示灯不断闪烁，主轴电动机失速，硬盘腔体发出异常响声，自检过程中有明显的"嗒嗒嗒"的长时间磁头"撞车"声，出现错误提示Hard Disk Error，这些情况都可能是硬盘的物理故障引起的。请给出排除故障的方案，并说明如何在使用过程中保护计算机硬盘。

（二）理论知识练习

请从给出的选项中选择正确的答案填在空白处。

1）某计算机在开机时屏幕无显示，但在机箱内发出一长两短的报警声，故障部位在_____。（单选）

A. 主板　　　　　　　　　　B. CPU

C. 显卡　　　　　　　　　　D. 内存

2）一台兼容机，开机时屏幕上字符显示模糊，但用电视卡播放电视节目时屏幕显示正常，经检测该机启动及运行各种软件均正常，试判断最可能发生故障的部位是_____。（单选）

A. 显示器　　　　　　　　　B. 主板

C. 显卡　　　　　　　　　　D. 电视卡

3）某计算机，在开机0.5h后显示器"黑屏"，主机电源指示灯不亮，CPU风扇转动，显示器电源指示灯亮，关机一段时间后再次开机，上述故障现象又再次出现，故障部位是_____。（单选）

A. 显示器电源　　　　　　　B. 微机软件

C. 显卡　　　　　　　　　　D. 微机电源

4）某主机与显示器正确连接，最近经常发生显示屏图像呈斜横线状（刚开机时尤其明显，几分钟后稳定），最常见的原因是_____。（单选）

A. 显卡插接不良　　　　　　B. 显卡驱动程序出错

C. 主机故障　　　　　　　　D. 显示器行同步不良

5）一台兼容机，加载鼠标驱动程序后，鼠标只能左右移动，不能上下移动，经检测驱动程序安装正确，试判断故障最可能发生的部位是_____。（单选）

A. PS/2 口　　　　　　　　B. 鼠标

C. 串口　　　　　　　　　　　　D. 主板

6）某计算机已使用多年，现在经常发生下述现象：有时启动时不能从硬盘引导，后经检查是 CMOS 中的硬盘参数丢失，进入 Setup 程序并写入正确的硬盘参数后重新启动，系统恢复正常，判断故障原因是_____。（单选）

A. 主板故障　　　　　　　　　　B. CMOS 集成块故障

C. CMOS 电池缺电　　　　　　　D. 硬盘故障

7）某计算机在开机自检时出现显示字母混乱，并不能进入 Windows，将该显卡插到其他主板上工作正常，而该机主板安装其他显卡也能正常工作，则最有可能的故障原因_____。（单选）

A. 该机主板与显卡不兼容　　　　B. 主板故障

C. 显卡故障　　　　　　　　　　D. 该显卡与主板插接有问题

8）一台微机，在正常运行时突然显示器"黑屏"，主机电源指示灯熄灭，电源风扇停转，试判断故障部位_____。（单选）

A. 显示器　　　　　　　　　　　B. 主机电源

C. 硬盘驱动器　　　　　　　　　D. 软盘驱动器

9）某微机，在文本方式下工作能正常显示文字，但在图形方式下有时出现花屏，试判断最可能的原因是_____。（单选）

A. 显示器故障　　　　　　　　　B. 显卡插接不良

C. 显示器与主机接线有误　　　　D. 显卡 VRAM 局部损坏

10）一台计算机，开机自检时无报警声，屏幕无任何显示，主机与显示器电源指示灯均不亮，则最有可能的故障原因是_____。（单选）

A. 显卡故障　　　　　　　　　　B. 显示器故障

C. 电源线插接不良　　　　　　　C. 显卡驱动程序损坏

11）某微机，开机后主机电源指示灯不亮，无电源风扇转动声，屏蔽上无任何显示，但显示器电源指示灯亮，判断故障原因是_____。（单选）

A. 微机电源故障　　　　　　　　B. 主机电源指示灯损坏

C. 显卡故障　　　　　　　　　　D. 显示器故障

12）某主机与显示器正确连接，最近经常发生显示屏图像整屏上下滚动的现象（刚开机时尤其明显，几分钟后稳定），则最常见的故障原因是_____。（单选）

A. 显卡插接不良　　　　　　　　B. 显示驱动程序出错

C. 主机故障　　　　　　　　　　D. 显示器垂直同步不良

13）一台微机，能正常启动、引导系统装入操作系统，但 Reset 按键不起作用，经检查按键开关及连线无问题，可能的故障部位是_____。（单选）

A. 内存　　　　　　　　　　　　B. 主板复位电路

C. 微机软件　　　　　　　　　　D. 硬盘驱动器

附　　录

附录A　模拟试卷一

一、选择题

1. 在计算机内部,数字是以_____形式存储和运算的。(单选)

A. 二进制

B. 十六进制

C. 十进制

D. 八进制

2. 在微型计算机中,执行一条指令所需要的时间称为_____。(单选)

A. 时钟周期

B. 指令周期

C. 总线周期

D. 读写周期

3. Pentium 4 CPU 是 Intel 公司的产品,所采用的接口类型是_____。(多选)

A. Socket 370

B. Socket 423

C. Socket 478

D. LGA 775

4. 要将计算机联入网络中,需在该微机内增加一块_____。(单选)

A. 网卡

B. 网络服务板

C. MPEG 卡

D. 多功能卡

5. SATA(即 Serial ATA)是一种高速的串行连接方式,可以广泛应用于硬盘、光驱和磁盘阵列等存储设备。一个 SATA 接口可以同时接_____块硬盘或光驱。(单选)

A. 1

B. 2

C. 4

D. 8

6. 主机箱面板上的电源开关引线连接到主板上标有_____字样的接脚上。(单选)

A. SPEAKER

B. RST SW

C. PWR SW

D. HDD LED

7. 现在的显卡一般会插在主板的_____插槽内。（单选）

A. PCI

B. PCI-E

C. SATA

D. DIMM

8. CPU 的主频、外频和倍频的关系是_____。（单选）

A. 主频 = 外频 × 倍频

B. 倍频 = 外频 × 主频

C. 外频 = 主频 × 倍频

9. 屏幕上显示"CMOS battery state low"错误信息，含义是_____。（单选）

A. CMOS 电池电能不足

B. CMOS 内容校验有错误

C. CMOS 系统选项未设置

D. CMOS 电能不稳

10. 下列说法正确的是_____。（多选）

A. 一个外设可以占用多个 I/O 地址

B. 一个中断号 IRQ 可以同时分配给两个以上设备

C. 如果一个中断号 IRQ 或 DMA 通道同时分配给两个以上设备，则会造成混乱

D. DMA 通道可以多个设备共用

11. 在 MS-DOS 系统中，所有的内部命令都包含在_____文件内，并在开机时自动装入内存。（单选）

A. COMMAND. COM

B. FORMMAT. COM

C. CONFIG. SYS

D. AUTOEXEC. BAT

12. 启动 FDISK 程序，可对硬盘进行分区。以下关于 FDISK 命令的说法中，正确的是_____。（多选）

A. FDISK 对用 SUBST 命令形成的驱动器不起作用

B. FDISK 可用于建立基本 MS-DOS 分区和扩展 MS-DOS 分区

C. 改变一个分区的大小，不必先删掉此分区

D. 如果不小心删掉了一个分区，有可能丢掉那个分区上的所有数据

13. 如果命令方式下屏幕上显示"Insufficient disk space"错误信息，其含义是_____。（单选）

A. 磁盘空间不够　　B. 磁盘损坏　　C. 内存不够　　D. 磁盘未格式化

14. 下列说法正确的是_____（单选）

A. Windows XP 要求系统最低内存为 16MB

B. Linux 操作系统是免费的

C. Windows XP 所有产品都支持 4 个 CPU

D. 以上都不对

15. 要为某型号计算机增加一块 PCI 网卡，升级该网卡驱动程序的步骤是_____。（单选）

A. 控制面板→添加硬件→从列表中选择硬件→选择网络适配器→从磁盘安装驱动程序

B. 控制面板→系统→硬件→设备管理器→双击网络适配器下相应的设备→驱动程序

C. 控制面板→网络→添加→适配器

D. 控制面板→系统→硬件→设备管理器→单击"刷新"按钮

16. 调整声卡资源的步骤是_____。（单选）

A. 控制面板→系统→硬件→设备管理器→单击"刷新"按钮

B. 控制面板→系统→硬件→设备管理器→双击相应的设备→资源

C. 控制面板→声音和音频设备→录音→首选设备

D. 控制面板→声音和音频设备→声音播放高级属性→性能→采样率转换质量

17. 调整显示器刷新频率的步骤是_____。（单选）

A. 控制面板→系统→设备管理器→单击"刷新"按钮

B. 控制面板→显示→设置→高级→性能

C. 控制面板→显示→设置→高级→监视器→刷新速度

D. 控制面板→显示→设置→高级→适配器→刷新速度

18. 打印机上的 DPI 表示的含义是_____。（单选）

A. 打印的速度

B. 打印纸张的幅面

C. 横向和纵向两个方向上每英寸点数

19. 在 Windows XP 操作系统中卸载了某个应用程序后，发现"我的电脑"中的硬盘盘符图标变成其他图标了，造成这种现象的原因是_____。（单选）

A. 系统文件问题

B. 注册表问题

C. 显示属性问题

D. 硬盘分区问题

20. 杀毒软件可以查杀_____。（单选）

A. 任何病毒　　　　　　　　B. 任何未知病毒

C. 已知病毒和部分未知病毒　　D. 只有恶意的病毒

21. 一台兼容机通过并口接有一台针式打印机，接通打印机电源后出现"撞车现象"则故障可能发生在_____。（单选）

A. 打印机电缆线

B. 计算机主板

C. 打印机

D. 电源

22. 某计算机对硬盘能够进行正常的分区操作，但用"FORMAT C：/S"命令对 C 盘进行格式化时出现故障中断，屏幕上显示"Disk unsuitable for system disk"信息，故障原因是_____。（单选）

A. 硬盘分区表损坏

B. DOS 系统文件错误

C. 硬盘文件分配表损坏

D. 硬盘 DOS 分区的前几个扇区有严重的物理缺陷

23. 某计算机在开机时屏幕无显示，但在机箱内发出一长两短的报警声，故障部位在_____。（单选）

　A. 主板　　　　　　　　B. CPU

　C. 显卡　　　　　　　　D. 内存

24. 某用户最近发现计算机上自动生成了一个名为 desktop 的文件。几乎每个文件夹都有，删除不到 3min 后，会自动生成，可能的故障原因是_____。（单选）

A. 正常现象

B. 感染病毒

C. 主板驱动有问题

D. 操作系统有故障

25. 为了使 CPU 和散热器良好地接触，可以在 CPU 的核心上涂_____。（单选）

　A. 胶水　　　　　　B. 机油　　　　　　C. 硅脂　　　　　　D. 柏油

26. 对于 Award BIOS，进入设置程序的方式是_____。（单选）

　A. 按［Delete］键　　B. 按［F2］键　　　　C. 按［Esc］键　　　D. 按［F10］键

27. 目前市面上大都采用的 BIOS 是_____。（多选）

A. Flash BIOS

B. Award BIOS

C. Phoenix BIOS

D. AMI BIOS

28. 可以对硬盘进行分区的是_____。（单选）

A. FORMAT

B. FIND

C. FDISK

D. SYS

29. 计算机病毒不可能通过_____传染。（多选）

　A. 网络　　　　　　B. 内存的互换　　　　C. 软盘　　　　　　D. 硬盘

30. 某计算机硬盘为 80GB，分区包括个基本分区和 4 个逻辑盘，一天用户在使用过程中发生死机现象，重启后发现硬盘只有一个 C 盘，D、E、F 和 G 盘全都不见了，可能的故障原因是_____。（单选）

A. 操作系统故障

B. 分区表损坏

C. 硬盘损坏

D. CMOS 故障

31. 某用户购买了一台 15 寸 CRT 显示器，但屏幕的对角线只有 13.8 英寸，可能的原因是_____。（单选）

A. 显示器质量不合格

B. 用户购买的实际为 14 寸显示器

C. 属于正常现象

D. 不能确定

32. 某针式打印机联机自检均正常，但打印的字符不完整，出现缺笔画现象，可能的故障原因是_____。（多选）

A. 打印针眼被脏东西堵住

B. 打印针头部分信号线断

C. 打印针发生断裂，出现缺针

D. 打印色带无色

33. 下列文件中，_____不能用 DEL 命令删除。（多选）

A. 隐含文件

B. 系统文件

C. 只读文件

D. 压缩文件

34. 屏幕显示 "Insufficient memory" 信息，其含义是_____。（单选）

A. 磁盘空间不够

B. 内存分配错误

C. 内存不够

D. 发生内存冲突

35. 在 Windows XP 下通过_____窗口更改计算机名。（单选）

A. 系统属性

B. 网络属性

C. 本地连接属性

D. 计算机管理

36. 以下属于单任务操作系统的是_____。（单选）

A. DOS

B. Linux

C. Windows

D. UNIX

37. 下列存储器中，_____是高速缓存。（单选）

A. Cache

B. EPROM

C. DRAM

D. CD-ROM

38. Windows 系统崩溃后，无法进入 Windows 窗口模式，_____可备份 DOS 目录下中文文件名的文件。（单选）

A. 直接用 DOS 命令就可以将中文文件名的文件备份了

B. 在 DOS 状态下直接将中文文件名改为英文的再备份

C. 启动 DOS 下的鼠标驱动程序，利用鼠标拖动来备份文件

D. 启动 DOS 下汉字系统软件，如 Windows 98 自带的 PDOS95. DAT，再进行操作

39. 一台微机，装有硬盘和 CD-ROM 驱动器，硬盘分为两个区，该机从硬盘启动后对硬盘进行读写操作均正常，但在进入 E 盘使用 DOS 命令进行读写操作时出现故障中断，屏幕提示下列信息"CDR101：Not ready reading drive Abort、Retry、Fail?"，故障原因是_____。（单选）

    A. 没有加载光驱驱动程序   B. CONFIG 文件中设置的备用符不够用

    C. 插入的光盘质量不佳   D. 插入的光盘是 VCD 盘

40. 计算机能正常工作，但在 Windows XP 下播放声音时，两个音箱中只有一个有声音，经检查声卡的驱动程序及音量设置等均无问题，可能的故障原因是_____。（多选）

    A. Windows XP 系统文件损坏   B. 音箱或连接线故障

    C. 声卡故障   D. 音箱调节问题

41. 一次用户在打印机过程中发生主机停电，重启后重新打印，但在送纸后发现打印出来的是乱码，第二天启动计算机及打印机后再次打印，一切正常，则可能的故障原因是_____。（单选）

    A. 打印机存在质量问题   B. 操作系统故障

    C. 打印机驱动程序问题   D. 打印出错后，没有清除上次残留任务

42. 某用户计算机安装有 Windows XP 操作系统，一直使用正常，一天当双击一个文本文件时，Windows 给出"找不到应用程序打开这种类型的文档"信息，启动记事本后打开该文件正常，其他一切工作正常，则可能的故障原因是_____。（单选）

    A. Windows XP 系统注册表出现问题   B. 记事本程序故障

    C. 系统文件损坏   D. 硬件故障

43. 一台兼容机，运行时经常发生自启动现象，经检测该机未感染病毒，则故障最可能发生在_____。（单选）

    A. 显卡   B. 调制解调器

    C. 硬盘   D. 主板

二、简答题

1）简述计算机的存储系统。

2）简述主板芯片组的功能。

3）简述维修计算机的一般思路。

4）简述组装计算机时的注意事项。

三、操作题

1）为 Windows XP 操作系统添加繁楷字体，并删除"游戏"中的"纸牌"和"红心大战"。

2）利用 Windows XP 的系统工具，对给定计算机的 C 盘进行检查。

3）启动注册表编辑器，在 HK-EY CURRENT_USER 下面建立新的项，命名为"PCT-EST"，并在该项下建立新的"字符串值"，命名为"KS2"，值为"TEST"。

完成后将 HK-EY CURRENT_USER 下面的所有信息导出，以 KSREG2 为文件名保存到桌面上。

4）按照以下要求，在 Windows 操作系统下为计算机进行电源管理设置，添加新的管理方案。

① 方案名为"PC 测试练习"。

② 关闭监视器时间为"15min 之后"。

③ 关闭硬盘时间为"30min 之后"。

④ 系统待机时间为"45min 之后"。

⑤ 系统休眠时间为"1h 之后"。

5）设置文件与打印共享。将 C:\ASAT\NET 子目录设为只读共享，共享名为"SDQG"。

6）设置 TCP/IP。将计算机的本地连接的 IP 地址设置为 14.56.25.200，子网掩码为 255.0.0.0，DNS 设置为 202.106.0.20，网关设置为 14.0.0.1。

7）附图 A-1 描述了主板各接口分布、内存条种类、接口说明。

要求合理地给主板配置 512MB 内存，从图中选择内存条的种类和根数，并标明插在主板上的位置。

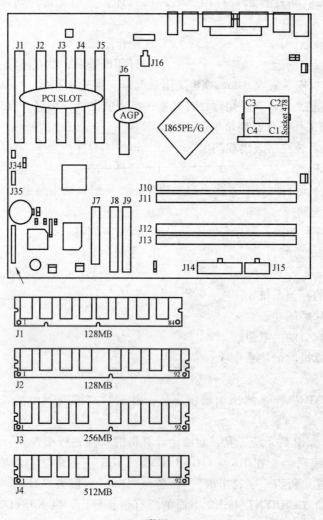

附图 A-1

J1-J6	扩展槽
J7	Floppy
J8、J9	IDE1、IDE2
J10 ~ J13	184 针 DIMM1-4
J14	ATX 电源接口
J15	AUX 电源接口
J16	12V 电源接口
J26	Audio out
J27	Line in
J28	MIC
J34 J35	前置 USB 接口

附图 A-1（续）

8）请根据硬盘跳线表的指示（见附图 A-2），把硬盘设置为从盘。

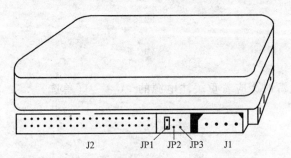

	JP1	JP2	JP3
MASTER	SHORT	OPEN	OPEN
SLAVE	OPEN	SHORT	OPEN
CABLE	OPEN	OPEN	SHORT

附图 A-2

附录 B 模拟试卷二

一、选择题

1. CPU 的中文含义是_____。（单选）

A. 主机

B. 逻辑部件

C. 中央处理器

D. 控制器

2. 计算机软硬件之间的关系是_____。（多选）

A. 硬件是软件的基础

B. 软件是硬件功能的扩充和完善

C. 软件和硬件毫无关系

D. 没有软件计算机也可以工作

3. 在 PC 中，关于 ROM 和 RAM 的论述正确的是_____。（多选）

A. 系统既能读 ROM 中的内容，又能向 ROM 中写入信息

B. RAM 所存的内容会因断电而丢失

C. RAM 存储器一般用来存放永久性的系统程序

D. ROM 存储器所存的内容不会因断电而丢失

4. 显示存储器一般安放在。（单选）

A. 微机主板上

B. 显示器适配器上

C. 显示器内部

D. 多功能卡上

5. 下列外部存储器中，读取速度最快的是_____。（单选）

A. 软盘片

B. 硬盘

C. 光盘

D. 磁带

6. 购买计算机电源时，应着重关注电源的_____。（单选）

A. 峰值功率

B. 额定功率

C. 瞬时功率

D. 容量

7. 现在接键盘、鼠标的接口不可能是_____。（单选）

A. USB 接口

B. PS/2 接口

C. 串口

D. VGA 接口

8. BIOS 通常存储于_____中。（单选）

A. RAM

B. 软盘

C. ROM

D. 硬盘

9. 设置第一启动盘应该选择_____。（单选）

A. First Boot Device

B. Second Boot Device

C. Third Boot Device

D. Save &Exit Setup

10. 需要对 CMOS 参数进行设置的情况是_____。（多选）

A. 更换了主板电池

B. 主板上加装了新设备

C. 计算机管理员丢失了系统初始化密码

D. 超频

11. 在启动 DOS 时，启动盘上无_____文件时 DOS 仍可启动。（多选）

A. IO. SYS　　　　　　B. MSDOS. SYS　　　　　　C. CONFIG. SYS

D. AUTOEXEC. BAT　　E. COMMAND. COM　　　　F. KILL. EXE

12. 在命令方式下读写磁盘操作有错误时，屏幕提示"Abort, Retry, Fail?"信息，如果要重复执行命令应输入_____。（单选）

A. A　　　　B. R　　　　C. F　　　　D. Esc

13. 在安装 Windows XP 操作系统时，一般首先运行的文件是_____。（单选）

A. setup. exe　　　　　　B. pqmagic. exe

C. cmd. exe　　　　　　D. fdisk. exe

14. 一台计算机集成有 10/100Mbit/s 网卡，在 Windows XP 下安装驱动程序的步骤是_____。（单选）

A. 运行声卡驱动程序下的 setup. exe

B. 控制面板→系统→硬件→设备管理器→单击"刷新"按钮

C. 控制面板→系统→硬件→设备管理器→双击"以太网控制器"→重新安装驱动程序

D. 控制面板→系统→硬件→设备管理器→双击"PCI Communication Device"→重新安装驱动程序

15. 添加 NetBEUI 协议的操作步骤是_____。（单选）

A. 控制面板→网络连接→本地连接属性→安装→协议→NetBEUI

B. 控制面板→网络连接→本地连接属性→安装→协议→TCP/IP

C. 控制面板→网络连接→本地连接属性→安装→协议→添加→从磁盘安装→浏览 Windows XP 光盘

D. 控制面板→网络连接→本地连接属性→安装→客户→Microsoft→Microsoft 友好登录

16. 更改计算机所在的工作组的步骤是_____。（单选）

A. 控制面板→系统→计算机名→更改

B. 控制面板→网络→双击 TCP/IP

C. 控制面板→网络→标识

D. 控制面板→网络→双击 Microsoft 网络客户

17. 将计算机屏幕分辨率调整为 640×480 的步骤是_____。（单选）

A. 控制面板→显示→设置→高级→适配器→屏幕刷新频率

B. 控制面板→显示→设置→高级→监视器→屏幕刷新频率

C. 控制面板→显示→设置→高级→适配器→列出所有模式

D. 控制面板→显示→设置→屏幕分辨率

18. 磁盘碎片整理程序的主要优点是_____。（单选）

A. 修复坏扇区

B. 修复文件错误

C. 增加内存空间

D. 缩短系统访问时间

19. 下面对声卡功能的说法中，不正确的说法是_____。（单选）

A. 声卡能够完成声音的 A/D 采集

B. 声卡能够完成数字音频信号的 D/A 转换和回放

C. 有些声卡能完成视频信号的采集和回放

D. 有些声卡具有 MIDI 接口，可外接 MIDI 设备

20. 打印机和扫描仪上的 DPI 表示的含义是_____。（单选）

A. 横向和纵向两个方向上每英寸点数

B. 打印或扫描的速度

C. 打印或扫描的纸张幅面

D. 接口电缆中的数据传输率

21. 某计算机在使用一段时间后，发现 C 盘上有许多坏道，但其他盘上并未发现坏道，判断 C 盘上的坏道为逻辑坏道，修复的方法是_____。（单选）

A. 将基本分区删除，再添加

B. 将硬盘进行低级格式化

C. 逻辑坏道是无法修复的

D. 用 FORMAT 命令完全格式化 C 盘

22. 某计算机已使用多年，现在经常发生下述现象：有时启动时不能从硬盘引导，后经检查是 CMOS 中的硬盘参数丢失，进入 Setup 程序并写入正确的硬盘参数后重新启动，系统恢复正常，故障原因是_____。（单选）

A. 主板故障　　　　　　　B. CMOS 集成块故障

C. CMOS 电池缺电　　　　D. 硬盘故障

23. 某计算机能正常启动、引导系统装入操作系统，但 Reset 按键不起作用，经检查按键开关及连线无问题，可能的故障部位是_____。（单选）

A. 内存　　　　　　　　　B. 主板复位电路

C. 微机软件　　　　　　　D. 硬盘驱动器

24. 有时自检时出现 keyboard Interface Error，有时又可以用，可能的故障是_____。（单选）

A. 主板螺钉松动　　　　　B. 主板电源接触不良

C. 主板的键盘接口处脱焊　D. BIOS 设置有误

25. 开机后显示，显示 "Starting Windows…" 信息，然后死机，问题一般出在_____。（单选）

A. 硬盘损坏

B. 主板损坏

C. config. sys 和 autoexec. bat 中的执行文件损坏

D. 显卡损坏

26. Keyboard error or no keyboard present 的含义是_____。（单选）

A. 键盘错　　B. 键盘错或不兼容　　C. 键盘错或没安装　　D. 键盘错或没有信号

27. 一台计算机如果没有_____部件则根本无法启动。（单选）

A. 硬盘　　　　　　B. 软驱　　　　　　C. 声卡　　　　　　D. 内存

28. 在接触计算机元件时，应先用手摸一下其他金属物或先洗手，这是因为_____。（单选）

A. 避免人遭静电　　　　　B. 元件上的 CMOS 器件很容易被静电击穿

C. 避免元件污染　　　　　D. 元件容易被磁化

29. 某计算机在 C 盘安装有 Windows XP，一直使用正常，一次在启动时突然出现提示 "Non→System disk or disk error, Replace and strike any key when ready"，可能的故障原因是_____。（多选）

A. CMOS 中的硬盘设置参数丢失

B. C 盘下启动系统文件损坏

C. 在软驱中插有没有启动系统的软盘

D. 硬盘分区表存在错误

30. 某 Pentium 4 计算机，主板采用 Intel 865PE 芯片组，Geforce 4MX 显卡，该计算机使用一段时间后，偶尔出现启动时发出一长两短的报警声，且显示器无显示，重启后计算机能正常启动，可能的故障原因是_____。（多选）

A. 主板芯片组故障

B. 显示卡存在质量问题

C. 显示卡插接不良

D. BIOS 故障

31. 一台计算机开机后既无报警声也无图像，电源指示灯不亮，应先从哪个方面入手检查计算机_____。（单选）

A. 主板

B. 电源

C. 显示卡

D. 内存

32. 一台兼容机连接上打印机后，经常打印出乱码，打印机自检正常，排除软件、病毒造成的影响，故障最可能发生在_____。（单选）

A. 打印机电缆线

B. 声卡

C. 内存

D. 主板

33. 在启动 DOS 时，启动盘上无_____文件，DOS 仍可启动。（多选）

A. IO. SYS

B. MSDOS. SYS

C. CONFIG. SYS

D. AUTOEXEC. BAT

E. COMMAND . COM

34. 下列软件中，不属于操作系统的是_____。（单选）

A. OS/2

B. XENIX

C. FoxBASE

D. DOS

35. 计算机从理论上讲可分为_____5个部分。（多选）

A. 主机　　　B. 显示器　　　C. 运算器　　　D. 存储器　　　E. 中央处理器

F. 控制器　　G. 外设　　　　H. 输入设备　　I. 内存　　　　J. 输出设备

36. 硬盘在理论上讲可以作为计算机的_____。（单选）

A. 输入设备

B. 输出设备

C. 存储器

D. 既是输入设备，又是输出设备

37. 某主机与显示器正确连接，最近经常发生显示屏图像整屏上下滚动的现象（刚开机时尤其明显，几分钟后稳定），则最常见的故障原因是_____。（单选）

A. 显示卡插接不良　　　　　　B. 显示驱动程序出错

C. 主机故障　　　　　　　　　D. 显示器垂直同步不良

38. 某用户计算机安装有 Windows XP 专业版，D 盘采用 NTFS 分区格式，但在对 D 盘目录进行操作时，不能进行安全权限的设置，该问题的解决办法是_____。（单选）

A. 该 Windows XP 版本不支持用户权限设置

B. 该分区格式转为 FAT32

C. 将"简单文件共享"选项设为无效

D. 无法解决

39. 一台兼容机加载鼠标驱动程序后，鼠标只能左右移动而不能上下移动，经检测驱动程序安装正确，试判断故障最可能发生的部位是_____。（单选）

A. PS/2 接口　　　　　B. 鼠标　　　　　C. 串口　　　　　D. 主板

40. 某学校的一台计算机连接在一个以太网络中，最近经常发生不能与其他计算机正常通信的现象，将该计算机连接到其他端口上故障依然存在，经检查操作系统及网络配置都没有问题，可能的故障原因是_____。（多选）

A. 网卡性能不稳定　　　　　　B. 网络连接存在故障

C. 内存故障　　　　　　　　　D. 网络接口完全损坏

41. 一台计算机在 PS/2 接口接一机械鼠标，正常使用一段时间后，运行 Windows 时鼠标有时移动不灵活，应用_____进行修理。（单选）

A. 重新设置系统配置文件

B. 重新安装 Windows

C. 拆开鼠标对机械装置进行擦洗

D. 以上三种方式同时实行

42. 在微型计算机中，可利用硬件使数据在外设与内存之间直接进行传送而不通过 CPU，一般将这种工作方式简称为_____方式。（单选）

A. DMA

B. INT

C. IRQ

D. NMI

二、简答题

1）简述计算机主板（Main Board）的基本组成部分。

2）简述 FSB 与 CPU 的外频的关系。

3）简述对操作系统维护的常用操作。

4）简述计算机的组装流程。

三、操作题

1）将 CMOS 中的计算机系统的日期和时间修改为当前的日期和时间，并取消 CMOS 中的病毒防护功能。

2）利用 Windows XP 的系统工具，对给定计算机的 C 盘进行碎片整理。

3）用 Windows 提供的系统还原工具建立新的还原点，还原点描述为"计算机装配调试维修测试"。

将建立还原点后的系统还原程序界面以 RSTRU12. bmp 为文件名保存到 Windows 桌面上。

4）在 Windows 操作系统下，为计算机添加一台本地打印机。

① 打印机型号为 HP LaserJet 6L。

② 设置打印端口为 LPT2。

③ 设置"超时重试"为 20s。

④ 设置该打印机为共享，共享名为"HP6L"。

5）添加调制解调器。按下述要求在 Windows XP 操作系统下对计算机进行网络设置。

① 为计算机添加一台调制解调器，该调制解调器型号为 Best Data Smart One 2834FX Modem。

② 将该调制解调器连接至 COM1（不考虑是否真的有调制解调器连接到计算机上），已知该调制解调器的驱动程序位于 C：\ATA\DRIVER 目录下。

6）在 Windows XP 操作系统下建立新连接。为计算机创建一个新的连接，该连接类型为采用 COM2 直接电缆连接；将计算机作为客户端，接入的计算机名称为"sdqgserver"，用户名为"administrator"，密码为"12345"。

7）附图 B-1 描述了主板各接口分布、内存条种类、接口说明。

要求给主板正确配置 128MB 内存（主板配置的 CPU 为 AMD Athlon XP 2000 +），从图中选择内存条的种类和根数，并标明插在主板上的位置。

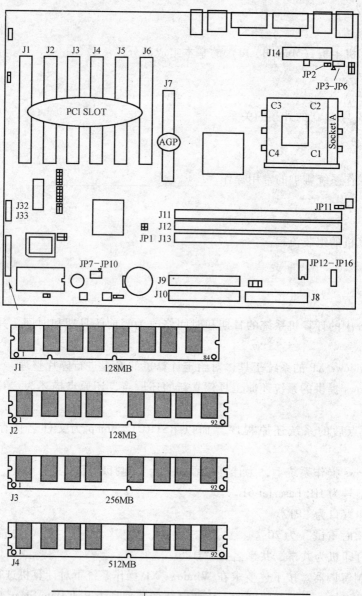

J1-J7	扩展槽
J8	Floppy
J9、J10	IDE1、IDE2
J11 ~ J13	DDR 内存槽
J14	ATX 电源接口
J24	MIC
J25	Line in
J26	Audio out
J33，J34	前置 USB 接口

附图 B-1

8）请根据光驱跳线表的指示（见附图 B-2），把光驱设置为主盘。

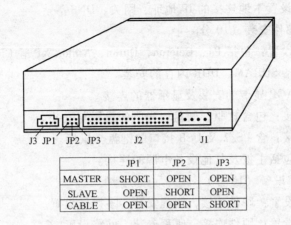

J3 JP1 JP2 JP3   J2   J1

	JP1	JP2	JP3
MASTER	SHORT	OPEN	OPEN
SLAVE	OPEN	SHORT	OPEN
CABLE	OPEN	OPEN	SHORT

附图 B-2

附录 C 计算机安装调试与维修（中级）考试大纲

一、系统基本设置（15 分）

1. CMOS 的基本设置：进入 BIOS 设置，设置日期、时间及硬盘参数。

2. BIOS 基本信息的了解：根据屏幕显示的 BIOS 信息，了解系统基本配置情况。

3. 操作系统的基本操作：进入操作系统，建立考生文件夹及考生文件。

二、日常维护（20 分）

1. 常用压缩软件：掌握 Winzip 和 Winrar 的使用。

2. 注册表工具：了解 Regedit 的使用。

3. 磁盘工具：掌握磁盘扫描工具及碎片管理工具的使用。

4. 查杀病毒：掌握常用杀毒工具的使用。

5. 系统备份和检查：Rescue 或 Winrescue、系统还原工具的使用。

6. 系统文件检查：掌握 Sfc 的使用。

7. 系统测试软件的使用：如 Hwinfo for win，Sisoft Sandra 等软件的使用。

三、系统软件安装设置（10 分）

1. 显示属性的基本设置：显示分辨率，外观，屏幕保护程序，背景，显示颜色的设置与调整。

2. 打印机的设置：打印机安装，端口调整及参数设置。

3. 添加/删除 WINDOWS 组件：掌握 WINDOWS 组件的添加和删除。

4. 字体设置：字体的添加。

5. 用户设置：添加新用户。

6. 电源管理：新的电源管理方案的建立与设置。

四、网络设置（10 分）

1. 添加调制解调器：添加调制解调器至指定端口。

2. 新建连接：建立拨号连接、宽带连接、工作场所连接等多种形式的连接。

3. 文件与打印共享：将指定目录设为共享。

4. TCI/IP 设置：设置本地连接的 IP 地址、网关、DNS 等。

五、主机内基本部件安装（10分）

1. CPU 的安装与设置：包括 P4，Celeron，Duron，Athlon XP 等 CPU 的安装与设置。

2. 内存安装：包括 SDRAM、DDR 内存的安装。

3. 显卡的安装：AGP 显卡的安装及显示器的连接。

4. 外存设备的连接：包含软驱、硬盘、光驱的设置与安装。

5. 键盘鼠标的连接：含 PS/2 及 USB 接口的键盘与鼠标。

6. 电源的连接：包括主板及其他设备电源的连接。

六、系统扩充外部设备（10分）

1. 声卡的安装与设置：硬件连接，驱程安装，多媒体设置。

2. 网卡的安装与设置：硬件连接，驱程安装，网络设置。

3. 主板驱动的安装：主板芯片组补丁程序的安装。

4. 显卡的设置：显卡驱动的安装，高级显示属性的设置。

5. MODEM 的安装与设置：硬件连接，驱程安装，MODEM 属性设置及测试。

七、微机故障检测与定位（15分）

1. 主板及所属部件的故障定位。

2. 基本外部设备的故障定位。

3. 磁盘、光盘驱动器的故障定位。

4. 供电设备的故障定位。

5. 其他板卡及设备的故障定位。

6. 常见操作系统软件故障的定位与排除。

八、微型计算机基本知识（10分）

1. 微机基本结构及工作基本原理。

2. 数制、码制及数字电路知识。

3. 操作系统及软件基本知识。

4. 病毒基本知识。

5. 常用 DOS 命令及错误信息。

6. Windows 常识及错误信息。

7. DOS、BIOS 功能、作用。

8. 各种外设分类、功能、参数。

9. 主板上主要部件及功能。

10. 板卡分类、功能及 PC 的重要参数。

附录 D　计算机安装调试与维修（中级）鉴定标准

一、定义

完成微型计算机系统的安装调试、运行管理与系统维护、故障诊断与故障排除、故障设备修复的工作技能。

二、适用对象

微型计算机维护、维修人员、系统管理技术人员，微型计算机硬件技术支持人员及其他需要掌握微机维修、维护操作技能的社会劳动者。

三、相应等级

微机系统维修员（中级）：专项技能水平达到相当于中华人民共和国职业资格技能等级四级。独立完成微型计算机系统的板级安装、调试，日常维护，简单故障排除和系统升级工作。

四、技能标准

1. 知识要求

1）了解微型计算机的基本工作原理和系统配置要求及相关外设的功能、使用方法和注意事项。

2）熟悉微型计算机常用操作系统的基本命令（如：DOS/Windows），能熟练操作机器。

3）了解微型计算机的安装、调试方法和使用注意事项，相关测试软件、诊断软件的使用方法，理解常见错误信息。

4）了解计算机系统运行基本环境要求（用电、温度/湿度、常用设备禁用环境等）。

5）了解系统的 CPU、中断、内存、I/O 地址、DMA、BIOS 等及相关参数。

6）了解更换设备的方法（板级维修）和操作注意事项。

7）具备计算机系统维护的知识。

2. 技能要求

1）熟悉常见的微型计算机板、卡、存储器、驱动器、外设及其规格、型号、接口和使用要求，能正确熟练地连接和设置微型计算机和打印机等常用外部设备。

2）能熟练拆装微型计算机，完成板、卡和外设的硬件开关设置，完成常用设备硬件及驱动程序的安装和设置（例如 CD-ROM、声卡等）。

3）能熟练使用系统维护软件进行数据备份、数据压缩/还原、软盘拷贝、软盘数据镜像等。

4）能熟练完成一般消耗材料的更换。

5）能熟练地使用简单的维修工具和仪器。

6）能完成计算机的病毒检测、清除和防病毒。

7）能完成微型计算机硬件板级故障定位、维修和设备更换。

8）实际能力要求达到：能完成微型计算机的板级维修工。

五、鉴定内容

1. 正确熟练地连接微型计算机主机、显示器、打印机及多媒体系统和各种控制卡，按照规定的要求完成常见硬件设备的开关设置。

2. 能够识别各种板卡，清楚各系统级和设备级接口。

3. 熟练安装操作系统，能对硬盘进行低级格式化。

4. 熟练使用 BIOS 中或随机系统盘中的设置程序完成系统硬件参数的设置和调整。

5. 熟练使用 PC 机的数据备份/压缩软件，完成系统数据的备份、压缩/还原、软盘数据镜像等维护处理。

6. 熟练地使用微型计算机测试软件。

7. 主机板、接口卡、驱动器及外设的故障识别与板级维修处理。

8. 熟练地使用简单的维修工具和仪器。

9. 能够完成系统的病毒检测、清除和系统开机软件中设置防病毒功能。

参 考 文 献

[1] 余素芬，张健. 台式电脑维修完全手册 [M]. 北京：机械工业出版社，2009.

[2] 刘小伟，胡乃清. 组装与维护全面解决方案 [M]. 2 版. 北京：电子工业出版社，2008.

[3] 余宏生，高超. 电脑组装与维修技能实训 [M]. 北京：人民邮电出版社，2006.

[4] 巧玲，吕良燕，高明伟. 电脑组装与维修技能实训 [M]. 北京：科学出版社，2007.